R을 이용한
다층모형

백영민 지음

한나래아카데미

R을 이용한
다층모형

2018년 1월 15일 1판 1쇄 박음
2018년 1월 25일 1판 1쇄 펴냄

지은이 | 백영민
펴낸이 | 한기철

펴낸곳 | 한나래출판사
등록 | 1991. 2. 25. 제22-80호
주소 | 서울시 마포구 토정로 222, 한국출판콘텐츠센터 309호
전화 | 02) 738-5637 · 팩스 | 02) 363-5637 · e-mail | hannarae91@naver.com
www.hannarae.net

ⓒ 2018 백영민
ISBN 978-89-5566-209-2 93310

* 이 도서의 국립중앙도서관 출판예정도서목록(CIP)은 서지정보유통지원시스템 홈페이지(http://seoji.nl.go.kr)와
국가자료공동목록시스템(http://www.nl.go.kr/kolisnet)에서 이용하실 수 있습니다(CIP제어번호: CIP2018000308).
* 불법 복사는 지적 재산을 훔치는 범죄 행위입니다. 이 책의 무단 전재 또는 복제 행위는 저작권법에 따라 5년 이하의
징역 또는 5000만 원 이하의 벌금에 처하거나 이를 병과할 수 있습니다.

* 이 저서는 2016년도 정부재원(교육부 인문사회연구역량강화사업비)으로 한국연구재단의 지원을 받아
연구되었습니다(NRF-2016S1A3A2925033).

머리말

　사회 속에서 개인은 집단에 속해 있으며, 집단의 일부를 반영하고 있다. 또한 오늘의 내 모습은 과거의 내 모습과 내일의 모습과 함께, 변하지 않는 '나의 모습'의 일부를 반영하고 있다. 시간과 공간이라는 측면에서 본다면 우리가 접하는 데이터는 여러 수준의 관측치들이 위계적으로 결합된 형태를 띤다. 이러한 데이터를 흔히 '위계적 데이터(hierarchical data)'라고 부른다. 흔히 사용되는 분산분석이나 회귀분석 등의 데이터 분석기법은 데이터에 위계적 특성이 없거나 혹은 무시할 수 있을 정도로 약할 경우에 사용되는 기법이다. 집단에 속한 개인들의 관측치가 어떤 공통된 특징을 강하게 띠고 있거나, 반복측정된 데이터와 같이 하나의 개체에서 여러 차례 관측치를 얻었을 경우 일반적 데이터 분석기법은 잘못된 모형추정치를 산출한다. 다층모형은 위계적 특성이 강한 데이터 분석에 적합한 데이터 분석기법이다.

　다층모형이 적용되는 분야는 다양하다. 우선 시계열 데이터 분석이 적용되는 경제학은 물론 하나의 개체를 여러 차례 추적 조사하는 '패널 디자인(panel design)'을 사용하는 거의 모든 과학분과들에서 다층모형이 적용될 수 있다. 또한 내용분석과 같이 코더들이 여러 메시지들을 해석한 경우에도 다층모형이 적용될 수 있다(i번째 코더가 총 j개의 메시지에 대해 제시한 해석들을 m_{i1}, m_{i2}, m_{i3}, ……, m_{ij}라고 할 경우, 이 관측치들은 모두 i번째 코더의 특징을 반영하기 때문이다). 또한 조직에 속한 개인의 인지, 태도, 행동 등을 연구하는 분야에서도 다층모형이 활용될 수 있다. 대표적인 분과로는 교육학(학교나 학급에 속한 학생들), 사회학(집단이나 조직에 속한 개인들), 정치학(정당에 속한 정치인들), 언론학(언론사에 속한 저널리스트들, 온라인 집단을 구성하는 이용자들), 경영학(회사에 속한 직원들) 등이 여기에 속한다.

　다층모형의 적용분야가 매우 광범위함에도 불구하고, 적어도 사회과학 분과에서 다층모형은 그다지 널리 사용되지 않고 있다. 여러 원인들이 있겠지만, 저자는 다층모형을 추정하는 데이터 분석 프로그램에 접근하기가 쉽지 않은 것이 중요한 원인 중 하나라고 생각한다. 일단 다층모형 추정으로 가장 잘 알려진 HLM이나 Supermix의 경우 저자와 같이 연구비를 받지 못하거나 연구비가 부족한 학자들이 사용하기에 그 가격이 만만치 않다. 그러나 오픈소스 프로그램인 R을 사용하는 데는 돈이 들지 않는다. 또한 R 공간에서 데이터를 사전처리하고 다층모형을 추정하며 그래픽 작업까지 일괄적으로 처리할 수 있기 때문에 다층모형을 적용하는 방법이 훨씬 더 간단하다. R을 이용해 회귀분석이나 분산분석을 실시해본 독자라면 본서에서 제시된 다층모형 추정함수들의 형태가 매우 간명하며 직관적으로 이해되는 형태를 따르고 있다는 데 동의할 것이다.

R의 매력에 빠져 어느덧 R을 소개하는 다섯 번째 책이 나오게 되었다. 다층모형을 이해하고 적용하기 위해서는 R을 이용한 '데이터 관리 능력'과 일반최소자승 회귀모형 [ordinary least squares (OLS) regression model]과 분산분석[analysis of variance (ANOVA)], 일반선형모형[generalized linear model (GLM)] 등의 '데이터 분석기법들에 대한 기초지식'이 필수적이다. 만약 R을 처음 접하는 독자라면 이 책을 학습하기에 앞서 저자가 앞서 출간한 『R를 이용한 사회과학데이터 분석: 기초편』과 『R를 이용한 사회과학데이터 분석: 응용편』을 먼저 학습하기 바란다(혹은 R을 통하여 데이터를 관리하고 변수를 변환하며, 그래프를 그리는 방법을 소개하는 다른 개론서). 왜냐하면 이 책은 일반적인 데이터 분석에서 사용되는 데이터 사전처리와 그래프 작업을 숙지한 독자들을 대상으로 저술되었기 때문이다. 만약 여러 기초적 R 라이브러리와 R 함수들, 그래프 작업 방법에 대한 사전지식이 없다면 본서의 내용을 따라가기 어려울 것이다. 또한 OLS 회귀분석과 분산분석에서 등장하는 개념들[비표준화 회귀계수, 표준오차, 설명분산(R^2) 등]과 로지스틱 회귀모형이나 포아송 회귀모형 등과 같이 정규분포를 가정하기 어려운 종속변수인 경우 사용하는 일반선형모형에서 등장하는 개념들과 결과해석 방법에 대한 지식 역시 필수적이다.

R의 사용과 관련하여 저자가 언제나 강조하듯 "백 번 보는 것보다는 한 번 두드려보는 것이 낫다(百見不如一打)." 책을 눈으로만 보고 머리로 이해하지 말고, R을 다운로드 받은 후 명령문을 직접 입력해 보고, 또 데이터를 다르게 사전처리하고 함수 형태를 바꾸어 보면서 적극적으로 학습하길 진심으로 권한다. 본서에서 제시하는 모든 예시데이터와 R 명령문들은 한나래출판사 홈페이지에서 다운로드 가능하다. 본서에서 제시한 내용을 하

나하나 따라가면서 여러 유형의 다층모형을 실습한 후, 독자가 주로 접하는 위계적 데이터 형태에 맞도록 본서에서 제시된 다층모형을 변형하여 응용한다면 다층모형을 보다 더 쉽고 효율적으로 이해할 수 있을 것이다.

2018년 1월 2일

백영민

차례

머리말 · 3

1부 일반선형모형과 다층모형 · 9

01장 다층모형은 왜 필요한가? · 11

02장 위계적 데이터 분석시 일반선형모형 사용의 문제점 · 15

03장 다층모형 이해를 위한 필수 개념들 · 21

3.1 위계적 데이터 구조: 군집형 데이터 대(對) 시계열 데이터 · 22

3.2 효과의 종류: 고정효과 대(對) 랜덤효과 · 27

3.3 독립변수 변환: 전체평균 중심화변환 대(對) 집단평균 중심화변환 · 29

3.4 다층모형 추정법: 제한적 최대우도 추정법(REML) 대(對) 최대우도 추정법(ML) · 47

2부 다층모형 추정을 위한 데이터 사전처리 · 51

01장 군집형 데이터의 사전처리: merge() 함수와 inner_join() 함수 · 53

02장 시계열 데이터의 사전처리: reshape() 함수와 gather() 함수 · 59

03장 집단평균 중심화변환 · 62

3부 다층모형 구성 및 추정 · 69

01장 2층모형 · 71

1.1 2수준 시계열 데이터 · 72

1.2 군집형 데이터 · 105

02장 3층모형 · 139

03장 일반다층모형: 정규분포가 아닌 종속변수인 경우 · 174

3.1 로지스틱 다층모형 · 182

3.2 포아송 다층모형 · 203

04장 교차분류모형 · 219

4부 다층모형과 기타 고급 통계기법 · 239

01장 구조방정식모형(SEM) · 241

02장 문항반응이론(IRT) 모형 · 244

03장 메타분석(meta-analysis) · 257

04장 일반화추정방정식(GEE) · 267

5부 마무리 · 275

01장 요약 · 277

02장 다층모형을 둘러싼 논란 · 280

참고문헌 · 285

찾아보기 · 289

1부

일반선형모형과
다층모형

제1부에서는 하위수준의 측정치가 상위수준에 배속(配屬, embedded)되어 있거나 혹은 반복측정된(repeatedly measured) 위계적 데이터(hierarchical data)에 대해 일반적 데이터 분석기법을 적용할 때 발생하는 모형추정 문제를 소개한 후, 다층모형이 이 문제를 어떻게 해결할 수 있는지를 보여주는 간단한 데이터 분석사례를 제시하였다. 간단한 사례를 통해 다층모형의 강점을 제시한 후, 다층모형을 이해하기 위한 필수 개념들을 가급적 평이한 용어로 설명하였다.

다층모형은
왜 필요한가?

데이터 분석이 적용되는 모든 사례들은 시간적, 공간적, 문화적 맥락 속에서 존재하는 것이 보통이다. 첫째, 시간적 측면에서, 현재는 과거부터 미래까지 이르는 시간적 스펙트럼 속에 존재하는 시점이다. 시간은 모든 것을 바꾼다. 시간에 따라 유기체는 노화의 과정을 겪으며, 물질은 산화되고 파손된다. 사회과학에서도 마찬가지다. 예를 들어 대통령에 대한 호감도가 대통령의 취임부터 퇴임까지 어떻게 변하는지 생각해 보자. 대개의 대통령들은 취임 직후에는 높은 호감도를 보이지만, 퇴임이 가까워질수록 시민들의 호감도는 떨어진다. 즉 특별한 사건이 발생하지 않았다면 오늘의 대통령 호감도는 1개월 전의 대통령 호감도, 2개월 전의 대통령 호감도 등과 상관관계를 가지며, 특히 가까운 시점에 측정된 호감도 측정치들의 상관관계는 더 강하다. 따라서 여러 번 반복적으로 관측된 데이터의 경우 '시계열성'에 따른 '공유분산(common variance)'이 발생하며, 이를 무시할 경우 모형추정에 문제가 발생한다.

둘째, 공간적 측면에서, 거리가 가까울수록 측정치들의 유사성은 더 높아진다. 인도에 살고 있는 코끼리들 사이의 유전자 유사도는 인도의 코끼리와 아프리카의 코끼리 사이의 유전적 유사도보다 더 강하다. 또한 한국인과 중국인의 유전적 유사도는 한국인과 유럽인과의 유전적 유사도보다 더 강하다. 사회과학에서도 마찬가지다. 예를 들어 어떤 한국인의 가치관[이를테면 '개인주의(individualism)' 성향]은 지구 반대편의 캐나다인의 가치관보다 같은 공간에 거주하는 다른 한국인의 가치관과 유사할 가능성이 더 높다. 같은 공간에 배치된 측정치들은 서로 유사한 것이 보통이다. 즉 여러 공간들에서 표집된 측정치들

로 구성된 데이터의 경우, 같은 공간에 배속된 측정치들 사이에 존재하는 '공유분산'을
고려하지 않을 경우 모형추정에 문제가 발생한다.

셋째, 문화적 측면에서, 문화권을 공유하는 개체들일수록 측정치의 유사성은 더 높아
진다. 동일한 교사에게서 교육받은 학생들은 비슷한 생각을 갖기 쉽고, 동일한 문화권에
서 나고 자란 사람들은 동일한 가치관을 갖기 쉽다. 위대한 학자에게서 교육받은 학자들
은 학파(學派, school)를 형성하며, 같은 종교를 믿는 사람들은 삶의 철학이 서로 엇비슷한
경우가 적지 않다. 예를 들어 '죽음에 대한 태도'는 신도들이 어떤 종교, 어떤 종파에 속
해있는가에 따라 달라지는 것이 보통이다. '문화권'은 '공간'과 많은 부분이 서로 겹치기
도 하지만, 개념적으로는 구분된다. 마찬가지로 여러 문화권들에서 표집된 측정치들에
서 동일 문화권에 배속된 측정치들 사이의 유사성으로 인한 '공유분산'을 추정하지 않을
경우 모형추정에 오류가 발생할 수밖에 없다.

학문분야를 막론하고 시간적, 공간적, 문화적으로 근접한 측정치들은 공유분산을 갖
는다. 그러나 이 '공유분산' 정도는 개체의 특징에 따라 달라지기도 한다. 첫째, 시간적
변화패턴은 개체에 따라 다르다. 언급한 대통령 호감도의 변화패턴의 경우, 시민이 어떤
정치적 이념성향을 갖는가에 따라 변화패턴이 다르다. 이를테면 보수적 대통령에 대해
진보적 성향의 시민들은 초지일관 대통령에 대해 낮은 호감도를 보이는 반면, 보수적 성
향의 시민들은 일관되게 높은 호감도를 보일 수 있다. 그러나 중도적 성향의 시민들은
초반에는 높은 호감도를 보이다가 정권이 후반기에 접어들수록 호감도가 낮아지는 모습
을 보인다. 즉 시간에 따른 대통령 호감도 변화패턴은 어떤 시민들에게서는 나타나지 않
지만, 어떤 시민들에게서는 뚜렷하게 관찰될 수 있다.

둘째, 공간에 따른 동질성 수준도 해당 공간의 특징에 따라 제각각일 수 있다. 인종적
다양성이 상대적으로 낮은 국가(이를테면 대한민국이나 영국)에서는 국민들의 가치관이 서
로서로 유사한 반면, 인종적 다양성이 상대적으로 높은 국가(이를테면 미국이나 캐나다)에서
는 유사성이 매우 낮을 가능성이 높다. 보다 구체적으로 한 국가 내부의 국민들 가치관
변수의 표준편차는 어떤 경우에는 크게 나타나지만(동질성이 낮은 경우), 어떤 경우에는 작
게 나타날 수 있다(동질성이 높은 경우). 개인주의 성향을 예로 들어보자. 대한민국 국민들
의 개인주의 성향은 '낮은 평균'과 '낮은 표준편차'를 보이지만, 영국 국민들의 개인주의
성향은 '높은 평균'과 '낮은 표준편차'를 보일 수 있다. 반면 다민족 국가인 미국의 국민들

의 경우 개인주의 성향의 표준편차가 상대적으로 높을 가능성이 높다.

셋째, 마찬가지로 문화권에 따른 동질성 수준도 상이하다. '죽음에 대한 태도'의 동질성 수준도 어떤 교파에 속한 신도들에게서는 낮은 반면, 다른 교파 소속의 신도들에게서는 높을 수 있다.

정리해 보자. 앞의 사례들에서 저자는 데이터 측정치 분산을 2가지로 구분하였다. 첫째, '개체내 분산(within-subject variance)'이다. 동일 시민에게서 반복적으로 얻은 대통령 호감도 변화패턴, 단일 민족국가 내부의 국민들의 가치관의 동질성, 특정 교파에 속한 신도들의 종교관의 동질성 등은 각각 '시민', '민족국가', '교파'라는 개체 내부의 분산이라는 점에서 동일하다. 둘째, '개체간 분산(between-subject variance)'이다. 앞의 사례에서 시민의 정치적 이념성향, 국가의 인종적 다양성 수준, 교파의 특성 등은 각 개체의 상이한 특징이며, '개체간 특성'에 따라 '개체내 분산'의 수준도 달라질 수 있다.

그러나 통상적으로 사용되는 데이터 분석기법들에서는 앞에서 설명한 시간적, 공간적, 문화적 맥락을 고려하지 않거나 혹은 이에 따른 공유분산을 무시해도 될 정도로 미미하다고 가정한다. 예를 들어 일반최소자승(OLS, ordinary least squares) 회귀모형과 같은 일반선형모형(GLM, general linear model)의 통계적 가정을 떠올려 보자. 이들 모형에서는 독립변수가 결과변수를 설명하고 남은 오차항에 대해 $i.i.d.$(independently and identically distributed) 가정을 적용한다. 다시 말해 각 사례는 다른 사례와 무관하다고, 즉 사례들은 서로 독립적이라는 '독립성 가정(independence assumption)'이 적용된다. 그러나 앞서 설명하였듯 현실 속의 측정치들은 보다 가까운 시점에 얻은 측정치일수록 혹은 공간적으로 보다 가깝거나 문화적으로 유사한 측정치들일수록 서로 비슷하기 때문에, 이 독립성 가정이 충족되지 않는 경우가 적지 않다.

위와 같이 하나의 데이터에 개체내 분산과 개체간 분산이 동시에 존재하는 데이터를 "위계적 데이터(hierarchical data)"라고 부르며, 시간적 맥락에서 반복측정된 데이터의 경우 "시계열 데이터(longitudinal data)"로, 측정사례들이 공간이나 문화권에 배속(配屬)된 경우를 "군집형 데이터(clustered data)"라고 부른다. 이러한 위계적 데이터에 OLS와 같은 일반적 데이터 분석기법을 적용할 경우 모형추정에 문제가 발생한다. 본서에서 소개할 다층모형(multi-level model)은 언급한 사례들과 같이 독립성 가정이 충족되지 않는 위계적 데이터에 최적화된 데이터 분석기법들을 통칭하는 이름이다. 문헌에 따라 다층모형은 위계적 선형모형(hierarchical linear model), 혼합모형(mixed model), 랜덤효과 모형(random effect model)이라고 불린다. 또한 시계열 데이터에 적용된 다층모형의 경우 '성장곡선 모형(growth curve model)'이라는 특화된 이름으로 불리기도 한다. 비록 이들 모형들이 완전히 동일하게 사용될 수 없는 경우도 없지 않지만, 큰 틀에서 동일한 모형이라고 보는 것이 보통이다(Hox, Moerbeek, & van de Schoot, 2010; McCoach, 2010; Raudenbush & Bryk, 2002). 따라서 본서에서는 이들 모형들을 '다층모형'이라는 이름으로 통칭하였다.

## 02장

위계적 데이터 분석시
일반선형모형 사용의 문제점

설명이 추상적일 수 있으니 구체적으로 아래와 같은 가상적 사례를 살펴보자. 어떤 연구자는 학생의 학습시간이 학습성과에 미치는 영향을 살펴보고자 하였다. 이를 위해 이 연구자는 자신이 거주하고 있는 도시에서 사회과학에서 애용되는 확률표집기법의 하나인 '다단계 군집표집(multistage cluster sampling)'을 실시하였다. 이 연구자는 우선 5개의 학교를 표집한 후, 각 해당 학교마다 5명의 학생을 표집하였다. 이 데이터는 primer.csv 라는 이름의 데이터이며, 아래와 같은 변수들로 구성되어 있다.

```
> #다층모형, 왜 필요한가?
> setwd("D:/data")
> mydata <- read.csv("primer.csv",header=TRUE)
> head(mydata)
     x      y pid gid
1 4.90 3.200   1   1
2 4.84 3.210   2   1
3 4.91 3.256   3   1
4 5.00 3.250   4   1
5 4.95 3.256   5   1
6 3.94 3.386   6   2
```

- x: 학습시간, 시간과 분으로 측정하였으며, 시간단위로 표현함.
- y: 학습성과, 조사대상자 학점의 평량평균
- pid: 개별 학생의 아이디
- gid: 학교의 아이디

이들 25명의 학습시간(시간)을 X축에 배치하고, 학습성과(학점)를 Y에 배치한 산점도 (scatterplot)는 아래의 〈그림 1〉과 같다. 오른쪽 위에 배치된 범례(legend)에서와 같이 개별 학생의 소속학교에 따라 관측치의 모양을 다르게 표시하였다.[1]

그림 1. 학습시간과 학습성과의 관계: 가상적 사례

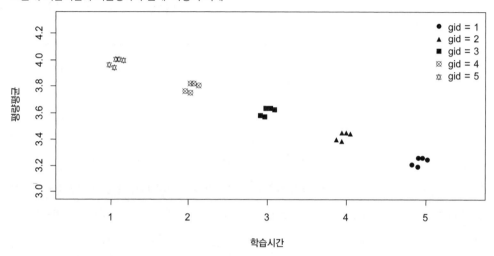

위의 그래프를 잘 살펴보자. 우선 각 학교에서 표집한 5명의 학생들의 관측치들이 서로서로 유사한 것을 확인할 수 있다. 예를 들어 1번 학교(즉 **gid** = 1)에 속한 학생(이를테면 **pid** = 1)은 다른 학교에 속한 학생(예를 들어 **pid** = 6)보다는 같은 1번 학교에 속한 다른 학생(**pid** = 2, 3, 4, 5)과 훨씬 더 유사한 것을 알 수 있다. 다시 말해 같은 학교에 속한 학

---

1   아래의 그림은 아래의 R코드를 이용해 그린 것이다. 그래프를 그리는 방법에 대해서는 저자의 『R를 이용한 사회과학데이터 분석: 응용편』을 참조하기 바란다.

```
> #Plotting
> plot(mydata$x,mydata$y,ylab='평량평균',xlab='학습시간',
+       xlim=c(0.5,5.5),ylim=c(3,4.3),type='n')
> points(mydata$x[mydata$gid==1],mydata$y[mydata$gid==1],type='p',pch=19)
> points(mydata$x[mydata$gid==2],mydata$y[mydata$gid==2],type='p',pch=17)
> points(mydata$x[mydata$gid==3],mydata$y[mydata$gid==3],type='p',pch=15)
> points(mydata$x[mydata$gid==4],mydata$y[mydata$gid==4],type='p',pch=13)
> points(mydata$x[mydata$gid==5],mydata$y[mydata$gid==5],type='p',pch=11)
> legend('topright',legend=paste('gid = ',1:5,sep="),
+        bty="n",pch=c(19,17,15,13,11))
```

생의 관측치들은 앞서 소개한 위계적 데이터의 특징인 '공유분산(common variance)'을 갖고 있다. 즉 같은 학교에 속한 관측치들은 서로 독립적이라고 가정하기 어려우며, 이는 $i.i.d.$가정의 첫 번째, 즉 독립성 가정이 충족되지 못한다는 것을 의미한다.

만약 위와 같이 독립성 가정이 충족되지 않은 데이터에 대해 일반선형모형(GLM)을 적용한 결과는 어떻게 될까? 학생들이 소속된 학교를 고려하지 않은 채, 25명의 측정치가 독립성 가정을 충족시킨다고 가정한 채 OLS 회귀모형을 추정해 보자. 추정결과는 아래와 같다.

```
> summary(lm(y~x,mydata))

Call:
lm(formula = y ~ x, data = mydata)

Residuals:
     Min       1Q   Median       3Q      Max
-0.04135 -0.03890  0.01990  0.02849  0.03301

Coefficients:
             Estimate Std. Error t value Pr(>|t|)
(Intercept)  4.184676   0.016356  255.84   <2e-16 ***
x           -0.192836   0.004968  -38.82   <2e-16 ***
---
Signif. codes:  0 '***' 0.001 '**' 0.01 '*' 0.05 '.' 0.1 ' ' 1

Residual standard error: 0.03377 on 23 degrees of freedom
Multiple R-squared:  0.985,     Adjusted R-squared:  0.9843
F-statistic:  1507 on 1 and 23 DF,  p-value: < 2.2e-16
```

OLS 회귀모형의 예측력은 놀라울 정도로 높은 편이다(R^2=.985). 그러나 원인변수가 결과변수에 미치는 효과는 상식적으로 받아들이기 어렵다. 왜냐하면 학습시간이 증가할수록 학습성과는 떨어지는 것으로 나타났기 때문이다(b=−.193, p<.001). 만약 위의 결과를 믿는다면, 학습성과를 증진시키기 위해서는 학습시간을 줄여야 할 것이다. 이는 상식적으로 이해되지 않으며, 어느 누구도 이런 식의 조언을 받아들이지 않을 것이다.

그렇다면 왜 위와 같은 결과가 나타났을까? 답은 의외로 쉽다. 그래프에서 직관적으로 확인할 수 있듯, 전반적으로 열심히 공부하는 학생들이 속한 학교에서는 학점을 박하게 주었기 때문이다. 즉 학생들의 학습시간과 학습성과라는 개인수준에서 측정된 두 변수들이 학교라는 집단수준에 따라 체계적인 관계를 갖기 때문이다. 위의 데이터는 학생이라는 개인수준의 측정치가 학교라는 집단 속에 군집화되어(clustered) 있는 "위계적 데이터(hierarchical data)"의 특징을 잘 보여준다.

아마 여기서 어떤 독자는 학교별로 OLS 회귀분석을 실시하는 방식을 제안할지도 모른다. 만약 집단의 수가 적고 집단에 속한 개별 관측치들을 충분히 확보했다면 이 방법도 그리 나쁘지는 않다. 그러나 이 방법에는 두 가지 문제들이 존재한다. 첫째, 집단의 수가 많을 경우 OLS 회귀분석을 여러 차례 실시해야 한다는 점이 번거로우며, 무엇보다 분석결과를 통합하여 해석할 때 문제가 발생할 가능성을 배제하기 어렵다. 둘째, 집단에 속한 개별 관측치의 수가 적을 경우 검증력이 낮아지는 문제가 발생한다. 즉 표본의 수가 적기 때문에 제2종 오류(type II error) 발생 가능성이 높아진다. 실제로 `primer.csv` 데이터를 `gid` 수준별로 구분한 후 학습시간(x)이 학습성과(y)에 미치는 효과를 추정한 결과는 아래와 같다.[2]

표 1. 학교별 OLS 회귀모형 추정결과

	gid=1	gid=2	gid=3	gid=4	gid=5
절편	1.738	2.216	2.654*	3.145**	3.636***
	(.966)	(.777)	(.549)	(.373)	(.197)
x	.304	.304	.318	.318	.318
	(.196)	(.196)	(.183)	(.183)	(.196)
R^2	.445	.445	.501	.501	.501

알림. $* p < .05$

---

2 위의 결과는 아래의 R 코드를 실행시킨 후 정리한 것이다. `for` 반복문의 의미와 사용법에 대해서는 저자의 『R를 이용한 사회과학데이터 분석: 응용편』을 참조하기 바란다.

```
> #집단별로 구분하는 것도 하나의 방법이지만 검증력에 문제가 발생함.
> for (i in 1:5){
+    print(paste("when gid is ",i,sep=""))
+    print(summary(lm(y~x,subset(mydata,gid==i))))
+ }
```

위의 OLS 회귀모형들에서 잘 드러나듯, 학습시간이 학습성과에 미치는 영향은 통상적인 통계적 유의도 수준에서 유의미하지 않다. 즉 학습시간과 학습성과는 무관하다는 결론을 얻게 된다. 과연 옳은 결론일까? 그렇지 않다. 왜냐하면 각 모형의 표본수는 5에 불과하며, 따라서 회귀모형의 통계적 검증력(statistical power)은 매우 낮을 수밖에 없기 때문이다.

즉 `primer.csv` 데이터의 경우, OLS와 같은 일반선형모형으로는 우리가 상식적으로 알고 있는 학습시간과 학습성과의 관계를 확인할 수 없거나 아니면 상식에 정면으로 배치되는 받아들이기 어려운 결과를 얻을 수밖에 없다. 데이터 관측치가 시간에 따라, 공간에 따라, 혹은 문화권에 따라 위계적으로 구성된 경우, 일반선형모형이 아닌 대안적 모형이 필요하다. 본서에서 소개하는 다층모형은 바로 시계열에 따라 위계성을 갖는 데이터, 공간이나 문화권에 따라 위계적으로 구성된 데이터를 각 수준별로 추정할 수 있는 통계기법이다. 뒤에서 자세히 소개하겠지만, 일단 `primer.csv` 데이터에 다층모형[3]을 적용한 결과는 아래의 〈표 2〉와 같다. '랜덤효과'라고 표현된 부분의 의미는 일단 신경 쓰지 말고, '고정효과'라고 표현된 결과에만 집중해 보자(고정효과와 랜덤효과의 구체적 의미는 다음 장에서 보다 구체적으로 살펴볼 것이다).

---

3 보다 정확하게 2층 랜덤절편 모형(two-level random intercept model)이며, 일단은 집단평균 중심화변환 (group-mean centering)을 적용하지는 않았다. 2층 랜덤절편 모형과 집단평균 중심화변환의 구체적인 의미는 뒤에서 설명할 것이다. 사용한 R 코드는 아래와 같다(R 아웃풋은 별도로 제시하지 않았음).

```
> #위계적 데이터는 다층모형을 사용
> library('lme4')
> summary(lmer(y ~ x+(1|gid),mydata))
```

표 2. 다층모형: 학습시간이 학습성과에 미치는 효과

	모수추정치(표준오차)
고정효과(fixed effect)	
절편	2.815***
	(.381)
x	.264**
	(.072)
랜덤효과(random effect)	
랜덤절편	.494557
1수준 오차항	.000413

알림. * $p < .05$. 1수준 표본수 = 25, 2수준 표본수 = 5

위의 결과($b = .264$, $p < .01$)는 상식에도 부합하는 것은 물론, 통계적 검증력 역시도 확보되었다. `primer.csv` 데이터를 통해 알 수 있듯, 위계적 데이터에 대해 $i.i.d.$ 가정이 적용되는 통상적 모형을 적용할 경우 추정결과에 문제가 발생하며, 반드시 다층모형을 적용해야 한다.

## 03장

다층모형 이해를 위한
필수 개념들

이번 장에서는 일반선형모형에서는 등장하지 않지만, 다층모형을 이해하기 위한 필수 개념들을 소개할 것이다.

첫째, 다층모형이 적용되는 위계적 데이터의 형태를 설명할 것이다. 여기서는 위계적 데이터를 시간에 따른 변화패턴을 모형화하는 시계열 데이터(longitudinal data)와 공간 혹은 문화권에 따른 동질성 수준을 모형화하는 군집형 데이터(clustered data)로 구분하여 소개하였다.

둘째, 일반선형모형에서 언급되지 않는 랜덤효과(random effect)는 무엇이고, 이 랜덤효과가 독립변수와 종속변수의 관계를 의미하는 고정효과(fixed effect)와 어떻게 다른지 설명하였다.

셋째, 다층모형에 투입되는 독립변수의 변환법들을 설명하였다. 일반선형모형에서도 평균 중심화변환(mean centering)은 자주 사용된다. 그러나 다층모형의 경우 위계적 데이터의 수준별로 적용되는 평균 중심화변환이 다르며, 어떤 평균 중심화변환을 실시하는가에 따라 모형추정의 결과와 해석도 바뀐다. 여기서는 독립변수의 값에서 표본전체의 평균값을 빼주는 전체평균 중심화변환(grand-mean centering)과 군집형 데이터의 집단 혹은 시계열 데이터의 사례의 평균값을 빼주는 집단평균 중심화변환(group-mean centering)을 소개하였다. 또한 다층모형에서 변수의 표준화 변환(standardization)의 장·단점도 같이 설명하였다.

넷째, 두 가지 다층모형 추정법을 소개한 후 각 추정법의 장·단점을 설명하였다. 다층모형에서는 일반선형모형과 마찬가지로 최대우도 추정법(ML, maximum likelihood estimation)을 사용할 수도 있다. 그러나 위계적 데이터의 복잡성으로 인해 흔히 제한적 최대우도 추정법(REML, restricted maximum likelihood estimation)이 권장된다. 각 추정법을 간략히 설명한 후 각각의 장·단점을 정리하였다.

3.1 위계적 데이터 구조: 군집형 데이터 대(對) 시계열 데이터

군집형 데이터 형태의 위계적 데이터는 "집단에 소속된 개인의 관측치들"이며, 시계열 데이터 형태의 위계적 데이터는 "동일한 개인에게서 반복적으로 얻은 관측치들"이다. 앞에서 살펴본 "학교에 배속된 학생들"은 전형적인 군집형 데이터이며, 상위수준(즉, 학교)에 배속된 하위수준(즉, 학생) 관측치들의 수는 불균형된(unbalanced) 경우가 대부분이다. 앞의 사례와 마찬가지로 학교를 먼저 표집한 후, 각 학교에서 학생을 표집하는 다단계 군집표집을 생각해 보자. 앞의 사례에서는 학교에서 동일한 수의 학생들($n=5$)을 표집하였다. 그러나 학교 규모에 비례하여 학생들을 표집하였다면 데이터의 구조는 어떻게 될까? 즉 학교 규모가 작은 학교에서는 적은 수의 학생을, 큰 규모의 학교에서는 많은 수의 학생을 표집할 경우, 상위수준을 구성하는 하위수준 관측치의 개수는 일정하지 않을 것이다.

반면 시계열 데이터의 경우 결측값이 발견되지 않는 한 상위수준에 배속된 하위수준 관측치들의 수는 균형된(balanced) 경우가 대부분이다. 앞에서 언급한 대통령에 대한 호감도 변화를 떠올려 보자. 만약 200명의 시민들을 대상으로 매년 대통령에 대한 호감도를 조사하였을 때, 중간의 '표본손실(attrition)'이 발생하지 않는 한 모든 시민에게서 각각 5번의 호감도 관측치를 얻게 된다. 물론 결측값이 발생하거나 응답자의 이사나 사망 등의 표본손실이 발생하였을 경우에는 각 개인별 반복측정된 관측치의 개수가 달라지겠지만, 특별한 일이 없는 한 균형된 경우가 대부분이다.

보다 구체적으로 다층모형에 사용되는 군집형 데이터와 시계열 데이터가 어떤 형태로 구성되어 있는지 살펴보자. 예시데이터 중 `my2level_cluster.csv` 데이터는 집단수준과 집단에 배속된 개인수준으로 구성된 군집형 데이터이며, `my2level_repeat.csv`

데이터는 같은 사람에 대해 반복측정한 시계열 데이터다.

우선 `my2level_cluster.csv` 데이터를 열어서 `clus2`라는 이름의 데이터 오브젝트로 저장하였다. 여기에는 총 5개의 변수들이 존재한다. 각 변수의 의미는 아래와 같다.

- **gid**: 집단고유번호
- **ix1**: 이타주의 성향(개인수준에서 측정된 독립변수)
- **ix2**: 타자에 대한 신뢰도(개인수준에서 측정된 독립변수)
- **gx1**: 외부기관이 평가한 집단의 신용도(집단수준에서 측정된 독립변수)
- **y**: 기부의도(종속변수)

```
> #군집형 데이터: 집단에 개인이 배속됨
> clus2 <- read.csv("my2level_cluster.csv",header=TRUE)
> head(clus2)
  gid ix1 ix2 gx1  y
1   1   5   4   3  3
2   1   4   5   3  3
3   1   6   4   3  2
4   1   5   5   3  4
5   1   4   5   3  3
6   1   4   4   3  4
```

우선 이 군집형 데이터에 몇 개의 집단과 몇 명의 개인이 있으며, 각 집단에는 몇 명의 개인들이 배속되어 있는지를 살펴보자. `clus2` 데이터에는 1,318명의 개인들이 총 33개의 집단에 배속되어 있다. 집단별 배속된 개인의 수를 살펴보면 최소 35명부터 최대 46명까지인 것을 알 수 있다. 즉 집단의 크기는 집단에 따라 다르다.

```
> #개인의 수와 집단의 수를 구하면 다음과 같다.
> dim(clus2)
[1] 1318    5
> length(unique(clus2$gid))
[1] 33
```

```
> #각 집단에 몇 명의 개인들이 배속되어 있는지 살펴보자.
> ind_per_grp <- aggregate(y ~ gid, clus2, length)
> table(ind_per_grp$y)

35 36 37 38 39 40 41 42 43 46
 2  2  2  5  2  5  4  6  4  1
```

다음으로 시계열 데이터인 **my2level_repeat.csv** 데이터를 살펴보자. 이 데이터를 R 공간에 불러온 후 **rpt2**라는 이름의 데이터로 저장하였다. 아래에서 알 수 있듯 이 데이터에는 총 여섯 개의 변수들이 있으며, 그 의미는 다음과 같다.

- **pid**: 개인고유번호
- **female**: 성별(개인수준에서 측정된 독립변수)
- **y1~y5**: 5번에 걸쳐 측정된 대통령 호감도(개인수준에서 측정된 종속변수들)

```
> #시계열 데이터: 동일 사례에서 반복적으로 데이터를 얻음
> rpt2 <- read.csv("my2level_repeat.csv",header=TRUE)
> head(rpt2)
  pid female   y1   y2   y3   y4   y5
1   1      0 3.22 2.78 2.78 1.89 3.00
2   2      0 3.67 3.67 3.22 1.44 3.33
3   3      0 2.33 2.33 3.22 2.33 2.67
4   4      0 5.00 3.22 3.67 3.67 3.33
5   5      0 2.78 3.22 1.44 3.22 4.00
6   6      0 2.78 2.78 1.89 4.11 2.00
```

아래에서 알 수 있듯 **rpt2** 데이터는 총 480명의 응답자로 구성되어 있으며, 각 응답자의 대통령에 대한 호감도는 5차례에 걸쳐 측정되었다. 즉 대통령에 대한 호감도 측정치는 총 $480 \times 5 = 2,400$개다.

```
> dim(rpt2)
[1] 480    7
> 480*5
[1] 2400
```

흔히 위와 같은 방식으로 구성된 시계열 데이터를 '넓은 형태(wide format)' 데이터라고 부른다. 독자들도 눈치챘겠지만, 넓은 형태로 측정된 시계열 데이터는 아까 우리가 살펴보았던 **clus2** 데이터와는 그 형태가 다르다. 시계열 데이터에 다층모형을 적용하기 위해서는 '넓은 형태' 데이터를 '긴 형태(long format)' 데이터로 바꾸어 주어야 한다. 데이터의 형태를 바꾸는 과정을 데이터 재배치(data reshaping)라고 부르며, 이를 위해서는 R의 **reshape()** 함수를 이용하면 편리하다.[1]

---

1 데이터 재배치 방법에 대해서는 저자의 『R를 이용한 사회과학데이터 분석: 기초편』, 『R를 이용한 사회과학데이터 분석: 응용편』, 『R를 이용한 사회과학데이터 분석: 구조방정식모형 분석』을 참조하라. 만약 최근 위컴(Hadley Wickham)을 중심으로 인기를 얻고 있는 타이디데이터(tidy data) 접근을 이용한다면 아래와 같은 방식을 택해도 된다. 타이디데이터 접근에 대해서는 저자의 이전 출간물인 『R를 이용한 사회과학데이터 분석: 응용편』(**dplyr** 라이브러리)과 『R를 이용한 텍스트마이닝』(**stringr** 라이브러리와 **tidytext** 라이브러리)을 참조하기 바란다. 타이디데이터 접근에 대해서는 본서 제2부 다층모형의 사전처리 부분에서 보다 자세히 설명할 것이다.

```
> #타이디데이터 접근
> library('tidyverse')
> #넓은 형태 데이터 -> 긴 형태 데이터
> #만약 긴 형태 데이터를 넓은 형태로 바꾸려면 spread() 함수 이용
> rpt2long <- gather(rpt2,time,y,-pid,-female)
> #time 변수를 수치형으로 바꾸는 과정
> library('stringr')
> #숫자 앞의 y를 삭제
> rpt2long$time <- str_replace(rpt2long$time,'y','')
> #문자형 데이터를 수치형 데이터로 전환
> rpt2long$time <- as.numeric(rpt2long$time)
> summary(rpt2long)
      pid             female          time          y
 Min.   :  1.0   Min.   :0.0   Min.   :1   Min.   :1.000
 1st Qu.:120.8   1st Qu.:0.0   1st Qu.:2   1st Qu.:2.330
 Median :240.5   Median :0.5   Median :3   Median :3.000
 Mean   :240.5   Mean   :0.5   Mean   :3   Mean   :2.996
 3rd Qu.:360.2   3rd Qu.:1.0   3rd Qu.:4   3rd Qu.:3.670
 Max.   :480.0   Max.   :1.0   Max.   :5   Max.   :5.000
```

```
> #넓은 형태 -> 긴 형태 데이터로
> rpt2 <- reshape(rpt2,,idvar='pid',varying=list(3:7),
+                   v.names = "y",direction='long')
> #개인 식별번호 순서로 정렬
> rpt2 <- rpt2[order(rpt2$pid),]
> dim(rpt2)
[1] 2400    4
> length(unique(rpt2$pid))
[1] 480
> head(rpt2)
    pid female time    y
1.1   1      0    1 3.22
1.2   1      0    2 2.78
1.3   1      0    3 2.78
1.4   1      0    4 1.89
1.5   1      0    5 3.00
2.1   2      0    1 3.67
```

위에서 알 수 있듯, 긴 형태의 데이터로 바뀌면서 총 480명에 2,400개의 관측치가 배속된 것을 알 수 있다. 또한 시계열 데이터의 형태 역시 군집형 데이터 형태와 동일하다는 것을 알 수 있다.

군집형 데이터든 시계열 데이터이든 아이디 변수(군집형 데이터의 경우 **gid** 변수; 시계열 데이터의 경우 **pid** 변수)가 없이는 하위수준의 측정치가 상위수준의 측정치에 어떻게 배속되어 있는지 확인할 수 없다. 즉 다층모형에서는 연구자의 가설이 다루고 있는 종속변수와 독립변수는 물론 위계적 구조를 확인할 수 있는 아이디 변수가 필수적이다. 특히 독자들은 집단수준의 측정치와 개인수준의 측정치가 합쳐져(merge) 구성되는 위계적 데이터에서는 아이디 변수가 없이는 데이터 관리(data management)가 불가능하고 무엇보다 다층모형 추정도 불가능하다는 것을 유념해야 한다.

3.2 효과의 종류: 고정효과 대(對) 랜덤효과

OLS 회귀모형의 경우 독립변수(들)와 종속변수의 관계에 초점을 맞추고, 독립변수(들)로 설명되지 않는 종속변수의 잔여분산(residual variance)을 오차(error)라고 부른다. 종속변수의 분포가 정규분포를 따르지 않을 경우(이를테면 로지스틱 회귀모형), 모형의 오차는 고정된 값을 갖는다고 가정된다. 즉 일반선형모형에서는 독립변수(들)가 종속변수에 미치는 효과에 초점을 맞춘다.

다층모형에서는 독립변수와 종속변수의 관계에 대한 모수추정치를 '고정효과(fixed effect)'라고 부른다. 즉 다층모형에서 언급되는 고정효과는 일반선형모형의 회귀계수와 동일하게 해석하면 된다. 반면 군집형 데이터에서 나타나는 집단에 따른 분산, 시계열 데이터에서 나타나는 개체에 따른 분산은 '랜덤효과(random effect)'라고 부른다. 솔직히 랜덤효과는 쉽게 이해되지 않는다. 왜냐하면 일반적으로 '효과'라는 것은 변수와 변수의 관계로 이해되고 해석되는 것이 보통이기 때문이다. 예를 들어 종속변수 y에 대한 독립변수 x의 OLS 회귀계수가 $b = .30$이라는 고정효과는 "(다른 독립변수가 종속변수 y에 미치는 효과를 통제하였을 때) x가 1단위 증가하면 y는 .30단위 증가한다"와 같이 쉽게 해석된다. 그러나 랜덤효과는 '분산'으로 표현되기 때문에 해석이 쉽지 않다.

그렇다면 구체적으로 '랜덤효과'란 무엇인가? 독자들은 `primer.csv` 데이터를 집단 수준에 따라 5번에 걸쳐 OLS 회귀분석을 실시했던 것을 기억할 것이다(〈표 1〉의 결과). 이 5개의 OLS 회귀방정식들에서 절편값과 회귀계수의 값들을 아래와 같은 별도의 데이터로 구성해 보자.

```
> #랜덤효과의 이해
> mydata <- read.csv("primer.csv",header=TRUE)
> int_slope <- data.frame(matrix(NA,nrow=5,ncol=3))
> for (i in 1:5){
+   int_slope[i,1] <- i
+   int_slope[i,2:3] <- lm(y~x,subset(mydata,gid==i))$coef
+ }
```

```
> colnames(int_slope) <- c('gid','intercept','slope')
> int_slope
  gid intercept    slope
1   1  1.737611 0.3042254
2   2  2.215668 0.3042254
3   3  2.653902 0.3177112
4   4  3.144905 0.3177112
5   5  3.635907 0.3177112
```

위의 결과에서 명확하게 드러나듯, 각 집단에 따라 절편값(intercept)과 회귀계수(slope)의 값이 동일하지 않다. 절편값의 경우는 그 값이 매우 크게 다르며, 회귀계수는 동일하지는 않지만 그 값이 아주 미미하게 다를 뿐이다. 즉 집단의 차이가 절편값의 차이에 미치는 효과는 큰 반면, 회귀계수에 미치는 효과는 거의 없다고 보아도 무방하다. 위에서 절편값의 분산과 회귀계수의 분산을 구해보면 그 차이는 명확하게 나타난다.

```
> var(int_slope$intercept)
[1] 0.5585621
> var(int_slope$slope)
[1] 5.45602e-05
```

즉 집단에 따라 차이가 크게 나타나는 절편값의 경우 .559의 분산값을 보인 반면, 독립변수의 효과인 회귀계수값의 경우 <.0001로 0에 매우 근접한 분산값을 얻었다. 즉 랜덤효과란 바로 집단의 차이가 개인수준에서의 모수추정치에 미치는 효과이며, 분산의 크기는 랜덤효과의 크기를 나타낸다. 다시 말해 서로 다른 집단들은 서로 다른 절편값을 갖지만, 기울기는 거의 비슷하다. 또한 랜덤효과는 개인수준에서 추정된 모수의 종류에 따라 랜덤절편효과(random intercept effect), 랜덤기울기(random slope effect) 등으로 구분된다.

분산으로 표현된다는 점에서 랜덤효과는 일반선형모형의 R^2와 개념적으로 동일하다. 다시 말해 다층모형에서는 전체분산을 집단수준에서 나타난 분산(즉 랜덤효과)와 개인수준에서 나타난 분산(즉 일반선형모형에서 말하는 오차항)으로 구분한다. 이러한 랜덤효과는 다층모형의 특징이자 매력이다.

첫째, 연구자는 랜덤효과 분석을 통해 자신이 설명하고자 하는 현상의 발생수준을 확

정 지을 수 있다. 예를 들어 앞서 소개했던 대통령 호감도 변화(시계열 데이터)의 경우, 호
감도의 차이가 주로 시간의 흐름으로 인해 발생하는지 아니면 시민들의 개인차에 따라
발생하는지 확인할 수 있다(예를 들어, 만약 시민의 개인차에 따른 랜덤효과가 매우 작다면 호감도
의 변화는 시간의 함수라고 볼 수 있다). 또한 학생들의 학습성과 차이가 주로 개별 학생의 차
이에 의해 발생하는지 아니면 학생이 속한 학교의 차이에 의해 발생하는지 확인할 수 있
다(만약 학교의 차이에 따른 랜덤효과가 매우 작다면, 학습성과 부진의 책임은 학교의 문제라기보다 학
생 개인의 문제라고 보아야 한다). 나중에 소개될 급내상관계수(ICC, intra-class correlation)는
전체분산 중 랜덤효과의 상대적 크기를 정량화시킨 지수다.

둘째, 만약 고정효과항(즉 독립변수)을 투입함으로써 어느 수준의 랜덤효과가 얼마나 감
소하는가를 살펴봄으로써 독립변수의 효과크기를 추정할 수 있다. 일반선형모형과는 달
리 다층모형에서는 독립변수의 효과가 어떤 수준에서 발생하며, 각 수준별로 어느 정도
의 효과크기(effect size)를 갖는지를 세밀하게 분석할 수 있다. 이는 나중에 소개될 오차감
소비율(PRE, proportional reduction in error)[2]이라는 지수와 관련되어 있다.

처음으로 다층모형을 접하는 독자들은 '분산'으로 제시되는 랜덤효과가 쉽게 해석되지
않을 것이다. 그러나 랜덤효과를 제대로 이해하지 못한다면 다층모형의 매력과 강점을
이해하기 어려우며, 무엇보다 잘못된 다층모형을 추정하는 오류를 범할 수도 있다.

3.3 독립변수 변환: 전체평균 중심화변환 대(對) 집단평균 중심화변환

다층모형을 구성하고 추정할 때 가장 논란이 되며 이해하기 까다로운 부분이 바로 독
립변수 변환의 종류, 즉 "어떤 평균 중심화변환을 사용해야 하는가?"의 문제다. 다층모
형에서 왜 평균 중심화변환이 특히 논란이 되는지 이해하기 위해서는 '평균 중심화변환'
을 제대로 이해할 필요가 있다. 일단 다층모형이 적용되는 위계적 데이터가 아닌 일반선
형모형을 적용할 수 있는 일반적인 1수준 데이터를 이용해 평균 중심화변환을 이해해 보자.

우선 일반선형모형에서 평균 중심화변환 사용을 권장하는 핵심적 이유들은 다음과 같다.

---

2   문헌에 따라 예측오차감소비율(PRPE, proportional reduction in prediction error)로 표현되기도 한다.

첫째, 평균 중심화변환을 실시하면 회귀모형의 추정결과 해석이 간단해진다. 우선 회귀모형의 절편은 모든 독립변수를 0이라고 가정할 때의 종속변수의 예측값을 의미하는데, 모든 독립변수에 대해 평균 중심화변환을 실시할 경우 절편은 표본의 종속변수 평균값이라는 구체적인 의미를 갖는다. 또한 특정 독립변수가 종속변수에 미치는 효과의 경우도 "다른 독립변수들이 표본의 평균값을 가진다고 가정할 때, x의 1단위 변화가 y에 미치는 효과"로 간명하게 해석된다.

둘째, 두 독립변수 사이의 상호작용효과를 추정할 경우, 평균 중심화변환을 실시하면 분산팽창지수(VIF, variance inflation factor)가 낮아진다. VIF는 독립변수들 사이의 상관관계, 흔히 다중공선성(multicollinearity)의 정도를 추정하는 통계지수로 자주 사용되는데, 평균 중심화변환을 실시하지 않은 채로 원래의 독립변수들의 곱(product)을 이용해 상호작용효과를 측정할 경우 VIF값이 급격하게 증가하는 문제가 발생한다. 그러나 평균 중심화변환을 실시한 두 독립변수의 곱을 이용할 경우 대개의 경우 VIF의 값이 급격하게 증가하지 않는다. 이러한 이유로 평균 중심화변환으로 다중공선성 문제를 해결했다고 오해하는 경우도 적지 않으나, 사실 상호작용효과 추정시 평균 중심화변환은 회귀모형의 설명력이나 예측력에 어떠한 영향도 미치지 않는다.

구체적 사례를 통해 평균 중심화변환이 무엇인지 살펴보자. mean_centering.csv 데이터를 열어보면 하나의 종속변수와 2개의 연속형 독립변수로 구성된 다음과 같은 간단한 데이터를 확인할 수 있다. 우선 데이터의 세 변수들 사이의 피어슨 상관관계를 살펴보자. 종속변수 y는 독립변수 x2와는 별 연관이 없지만($r=-.069$) x1과는 상당한 수준의 상관관계를 갖고 있다($r=.396$).

```
> mydata <- read.csv("mean_centering.csv",header=TRUE)
> round(cor(mydata),3)
        y      x1      x2
y    1.000   0.396 -0.069
x1   0.396   1.000   0.018
x2  -0.069   0.018   1.000
```

이제 두 독립변수 x1, x2에 대해 평균 중심화변환을 적용해 보자.

```
#평균 중심화변환을 실시
> mydata$mc.x1 <- mydata$x1 - mean(mydata$x1)
> mydata$mc.x2 <- mydata$x2 - mean(mydata$x2)
```

이제 종속변수 y가 독립변수 원점수 x1과 어떤 관계를 가지며, 또한 평균 중심화변환을 거친 mc.x1과는 어떤 관계를 가지는지 비교해 보자. 이를 위해 아래와 같은 2개의 산점도를 그려보았다. 또한 독립변수 x1과 mc.x1의 평균을 수직점선으로 표시하였으며, 종속변수(y)를 독립변수(x1 혹은 mc.x1)로 회귀시켰을 때의 절편값을 수평점선으로 표시하였다. 또한 회귀예측선을 실선으로 각각 표시하였다.

```
> #y와 x1의 원점수, 평균 중심화변환이 적용된 x1의 관계
> par(mfrow=c(2,1))
> plot(mydata$x1,mydata$y,xlim=c(-0.7,1.2),ylim=c(-0.2,1.2),
+       pch=19,col='lightblue',ylab='Y',xlab='x, 원점수',
+       main='원점수를 그대로 사용한 경우')
> #절편값을 덧붙임
> abline(h=lm(y~x1,mydata)$coef[1],lty=2)
> #x1 원점수의 평균을 덧붙임
> abline(v=mean(mydata$x1),lty=2)
> plot(mydata$mc.x1,mydata$y,xlim=c(-0.7,1.2),ylim=c(-0.2,1.2),
+       pch=19,col='lightblue',ylab='Y',xlab='x, 평균 중심화변환 점수',
+       main='평균 중심화변환을 적용한 경우')
> abline(h=lm(y~mc.x1,mydata)$coef[1],lty=2)
> abline(v=mean(mydata$mc.x1),lty=2)
> abline(lm(y~mc.x1,mydata),lty=1)
```

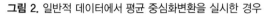

그림 2. 일반적 데이터에서 평균 중심화변환을 실시한 경우

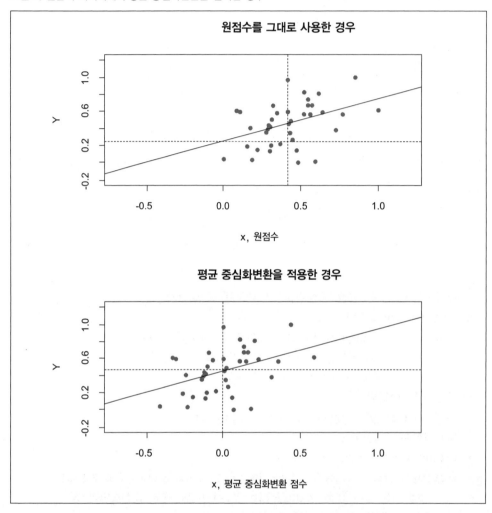

산점도에서 나타난 종속변수와 독립변수의 관계를 OLS 회귀모형으로 추정한 구체적 결과는 아래의 표와 같다.

```
> #OLS 회귀모형
> summary(lm(y~x1,mydata))

Call:
lm(formula = y ~ x1, data = mydata)
```

```
Residuals:
     Min       1Q    Median      3Q       Max
-0.52913 -0.20686   0.01541  0.16266   0.51135

Coefficients:
            Estimate Std. Error t value Pr(>|t|)
(Intercept)  0.25802    0.08521   3.028   0.0044 **
x1           0.48695    0.18308   2.660   0.0114 *
---
Signif. codes:
0 '***' 0.001 '**' 0.01 '*' 0.05 '.' 0.1 ' ' 1

Residual standard error: 0.2396 on 38 degrees of freedom
Multiple R-squared:  0.1569, Adjusted R-squared:  0.1348
F-statistic: 7.074 on 1 and 38 DF,  p-value: 0.01139


> summary(lm(y~mc.x1,mydata))

Call:
lm(formula = y ~ mc.x1, data = mydata)

Residuals:
     Min       1Q    Median      3Q       Max
-0.52913 -0.20686   0.01541  0.16266   0.51135

Coefficients:
            Estimate Std. Error t value Pr(>|t|)
(Intercept)  0.46101    0.03789   12.17 1.12e-14 ***
mc.x1        0.48695    0.18308    2.66   0.0114 *
---
Signif. codes:
0 '***' 0.001 '**' 0.01 '*' 0.05 '.' 0.1 ' ' 1

Residual standard error: 0.2396 on 38 degrees of freedom
Multiple R-squared:  0.1569,   Adjusted R-squared:  0.1348
F-statistic: 7.074 on 1 and 38 DF,  p-value: 0.01139
```

표 3. 평균 중심화변환에 따른 OLS 회귀모형 추정결과 차이

	원점수 독립변수(x1)	평균 중심화변환 독립변수(mc.x1)
절편	.258**	.461***
	(.085)	(.038)
독립변수	.487*	.487*
	(.183)	(.183)
R^2	.157	.157

알림. $^*p<.05$, $^{**}p<.01$, $^{***}p<.001$.

위의 결과는 다음과 같은 사실을 명확하게 보여준다. 첫째, 종속변수에 대한 독립변수의 설명력은 평균 중심화변환 실시 여부와 상관없이 일정하다. 그림에서의 예측회귀선 기울기, 그리고 표에서 나타난 독립변수의 회귀계수($b=.487$)와 설명분산($R^2=.157$)은 원점수를 사용한 모형이나 평균 중심화변환된 독립변수를 사용한 모형이나 동일하다. 둘째, 평균 중심화변환을 실시하면 예측변수의 평균값이 0이 되며, 회귀모형의 절편값을 쉽게 해석할 수 있다. 원점수를 사용하였을 때의 절편값은 x1 = 0인 경우의 예측된 y의 값을 의미하는 반면, 평균 중심화변환 값이 독립변수로 투입된 회귀모형의 절편값은 독립변수가 평균값인 경우 예측된 y값이며 이는 y변수의 평균과 동일하다.[3]

이제는 회귀모형에서 상호작용효과를 추정할 때 평균 중심화변환이 왜 유용한지 살펴보자. `mean_centering.csv` 데이터에서 다음과 같은 4개의 OLS 회귀모형을 추정한 후, 앞서 소개한 VIF 지수가 평균 중심화변환을 거쳐 어떻게 변하는지 살펴보자.

- 주효과-원점수 모형: y변수에 대한 x1변수와 x2변수의 주효과만 고려한 모형
- 상호작용효과-원점수 모형: y변수에 대한 x1변수와 x2변수의 주효과와 상호작용효과를 고려한 모형
- 주효과-평균 중심화 모형: y변수에 대한 `mc.x1`변수와 `mc.x2`변수의 주효과만 고려한 모형
- 상호작용효과-평균 중심화 모형: y변수에 대한 `mc.x1`변수와 `mc.x2`변수의 주효과와 상호작용효과를 고려한 모형

---

3   직접 비교해 보기 바란다. 결과는 아래와 같다.

```
> mean(mydata$y)
[1] 0.4610108
```

```
> library('car') #vif 계산을 위해
> m1.raw <- lm(y~x1+x2,mydata)
> summary(m1.raw)

Call:
lm(formula = y ~ x1 + x2, data = mydata)

Residuals:
     Min      1Q  Median      3Q     Max
-0.52150 -0.20439  0.01758  0.16018  0.53417

Coefficients:
            Estimate Std. Error t value Pr(>|t|)
(Intercept)   0.2939     0.1112   2.642    0.012 *
x1            0.4886     0.1849   2.642    0.012 *
x2           -0.0868     0.1706  -0.509    0.614
---
Signif. codes:
0 '***' 0.001 '**' 0.01 '*' 0.05 '.' 0.1 ' ' 1

Residual standard error: 0.242 on 37 degrees of freedom
Multiple R-squared:  0.1628,    Adjusted R-squared:  0.1176
F-statistic: 3.598 on 2 and 37 DF,  p-value: 0.03735

> vif(m1.raw)
      x1       x2
1.000319 1.000319
> m2.raw <- lm(y~x1*x2,mydata)
> summary(m2.raw)

Call:
lm(formula = y ~ x1 * x2, data = mydata)

Residuals:
     Min      1Q  Median      3Q     Max
-0.52901 -0.14672  0.02491  0.14158  0.54953
```

```
Coefficients:
            Estimate Std. Error t value Pr(>|t|)
(Intercept)   0.6033     0.1802   3.349  0.00191 **
x1           -0.2056     0.3712  -0.554  0.58296
x2           -0.7640     0.3577  -2.136  0.03954 *
x1:x2         1.5035     0.7068   2.127  0.04033 *
---
Signif. codes:
0 '***' 0.001 '**' 0.01 '*' 0.05 '.' 0.1 ' ' 1

Residual standard error: 0.2312 on 36 degrees of freedom
Multiple R-squared:  0.2563,    Adjusted R-squared:  0.1943
F-statistic: 4.135 on 3 and 36 DF,  p-value: 0.01285


> vif(m2.raw)
      x1        x2     x1:x2
4.413525 4.817522 8.359244
>
> m1.mc <- lm(y~mc.x1+mc.x2,mydata)
> summary(m1.mc)

Call:
lm(formula = y ~ mc.x1 + mc.x2, data = mydata)

Residuals:
     Min       1Q   Median       3Q      Max
-0.52150 -0.20439  0.01758  0.16018  0.53417

Coefficients:
            Estimate Std. Error t value Pr(>|t|)
(Intercept)  0.46101    0.03826  12.048 2.26e-14 ***
mc.x1        0.48863    0.18492   2.642    0.012 *
mc.x2       -0.08680    0.17056  -0.509    0.614
---
```

Signif. codes:
0 '***' 0.001 '**' 0.01 '*' 0.05 '.' 0.1 ' ' 1

Residual standard error: 0.242 on 37 degrees of freedom
Multiple R-squared: 0.1628,   Adjusted R-squared: 0.1176
F-statistic: 3.598 on 2 and 37 DF, p-value: 0.03735

```
> vif(m1.mc)
   mc.x1    mc.x2
1.000319 1.000319
> m2.mc <- lm(y~mc.x1*mc.x2,mydata)
> summary(m2.mc)

Call:
lm(formula = y ~ mc.x1 * mc.x2, data = mydata)

Residuals:
     Min       1Q   Median       3Q      Max
-0.52901 -0.14672  0.02491  0.14158  0.54953

Coefficients:
            Estimate Std. Error t value Pr(>|t|)
(Intercept)  0.45976    0.03657  12.574 9.82e-15 ***
mc.x1        0.42793    0.17899   2.391   0.0222 *
mc.x2       -0.13724    0.16469  -0.833   0.4102
mc.x1:mc.x2  1.50351    0.70684   2.127   0.0403 *
---
Signif. codes:
0 '***' 0.001 '**' 0.01 '*' 0.05 '.' 0.1 ' ' 1

Residual standard error: 0.2312 on 36 degrees of freedom
Multiple R-squared:  0.2563,    Adjusted R-squared:  0.1943
F-statistic: 4.135 on 3 and 36 DF,  p-value: 0.01285

> vif(m2.mc)
      mc.x1       mc.x2 mc.x1:mc.x2
   1.026411    1.021500    1.048112
```

표 4. 4가지 OLS 모형추정 결과 비교

	주효과– 원점수 모형		상호작용효과– 원점수 모형		주효과– 평균 중심화 모형		상호작용효과– 평균 중심화 모형	
	b(se)	VIF	b(se)	VIF	b(se)	VIF	b(se)	VIF
절편	.294* (.111)		.603** (.180)		.461*** (.038)		.460*** (.037)	
x1/mc.x1	.489* (.185)	1.000	−.206 (.371)	4.414	.489* (.185)	1.000	.428* (.179)	1.026
x2/mc.x2	−.087 (.171)	1.000	−.764* (.358)	4.817	−.087 (.171)	1.000	−.137 (.165)	1.022
x1×x2/ mc.x1×mc.x2			1.504* (.707)	8.359			1.504* (.707)	1.048
R^2	.163		.256		.163		.256	

알림. $*p<.05$, $**p<.01$, $***p<.001$. 비표준화 회귀계수와 표준오차를 제시하였음.

평균 중심화변환을 처음 접하거나 충분히 이해하지 못했던 독자는 위의 결과를 보고 적잖이 놀랄 수 있다. 그러나 평균 중심화변환이 어떤 역할을 하는지 제대로 이해한다면 위의 결과는 전혀 놀라운 것이 아니다. 다시 말하지만 회귀모형에서 어떤 독립변수가 종속변수에 미치는 효과는 다른 독립변수를 통제한, 즉 다른 독립변수의 값을 0으로 고정하였을 때의 효과다. 일단 이 사실을 염두에 둔 채로 결과를 살펴보자.

첫째, 원점수를 사용한 회귀모형이나 평균 중심화변환 점수를 사용한 회귀모형이나 설명력(R^2)은 동일하다. 주효과 모형의 경우 $R^2=.163$, 상호작용효과 모형의 경우 $R^2=.256$으로 전혀 차이가 없다. 다시 말해 평균 중심화변환을 실시한다고 해서 종속변수에 대한 독립변수들의 설명력이 달라지지 않는다.

둘째, 주효과 모형의 경우 '절편값'이 변하였을 뿐 종속변수에 대한 두 독립변수의 효과는 동일하며, 또한 VIF값에도 전혀 변화가 없다. 앞서 산점도에서도 살펴보았듯, 평균 중심화변환은 절편값의 해석을 용이하게 만들어 준다. 이미 설명하였듯, 여기서 절편값은 두 독립변수의 값이 모두 0인 경우 y의 예측값이다.

셋째, 상호작용효과항의 회귀계수와 표준오차는 원점수를 사용하든 평균 중심화변환 점수를 사용하든 모두 동일하다. 그러나 주효과항의 회귀계수와 표준오차는 원점수를 사용했는지 평균 중심화변환 점수를 사용했는지에 따라 매우 다르다. 이 이유는 바로 앞서 밝힌 바 있다. 회귀모형의 어떤 독립변수의 회귀계수는 다른 독립변수들이 모두 0인 상황을 가정하였을 때 해석 가능하다. 이 사실을 이해하면 왜 원점수를 사용하든 평균 중심화변환 점수를 사용하든 상호작용효과항의 회귀계수와 표준오차가 동일한지 이해할 수 있다. 그러나 상호작용효과항이 투입된 경우의 주효과항의 회귀계수는 의미가 다르다. 왜냐하면 상호작용효과항과 주효과항은 동일한 독립변수가 같이 포함되어 있기 때문이다(예를 들어 x1×x2인 상호작용효과항과 x1의 주효과항에는 모두 x1이 포함되어 있다). 다음과 같은 두 가지 문제를 직접 풀어보자.

> **문제**1: 만약 x2 = 0일 때, x1이 0에서 1로 변할 때 y의 예측값은 얼마나 변하는가?
> **문제**2: 만약 x2 = $\overline{X_2}$일 때, x1이 0에서 1로 변할 때 y의 예측값은 얼마나 변하는가?

먼저 상호작용효과-원점수 모형에서 두 문제를 풀어보자. 이를 위해 y의 예측값을 구할 수 있는 데이터를 아래와 같이 만든 후, 상호작용효과-원점수 모형의 R 오브젝트를 적용해 보았다.

```
> #문제1
> temp <- mydata[1:2,]
> #x2가 0인 경우
> temp$x2 <- c(0,0)
> #x1이 0에서 1로 변함
> temp$x1 <- c(0,1)
> predict(m2.raw,temp)
        1         2
0.6033228 0.3976764
> #문제2
> temp <- mydata[1:2,]
> #x2가 x2의 평균인 경우
> temp$x2 <- c(mean(mydata$x2),mean(mydata$x2))
> #x1이 0에서 1로 변함
> temp$x1 <- c(0,1)
> predict(m2.raw,temp)
        1         2
0.2813803 0.7093101
```

자 이제 상호작용효과-평균 중심화 모형을 이용해 문제1과 문제2를 풀어보자.

```
> #문제1
> temp <- mydata[1:2,]
> #x2가 0인 경우
> temp$x2 <- c(0,0)
> temp$mc.x2 <- temp$x2 - mean(mydata$x2)
> #x1이 0에서 1로 변함
> temp$x1 <- c(0,1)
> temp$mc.x1 <- temp$x1 - mean(mydata$x1)
> predict(m2.mc,temp)
        1         2
0.6033228 0.3976764
> #문제2
> temp <- mydata[1:2,]
> #x2가 x2의 평균인 경우
> temp$x2 <- c(mean(mydata$x2),mean(mydata$x2))
> temp$mc.x2 <- temp$x2 - mean(mydata$x2)
> #x1이 0에서 1로 변함
> temp$x1 <- c(0,1)
> temp$mc.x1 <- temp$x1 - mean(mydata$x1)
> predict(m2.mc,temp)
        1         2
0.2813803 0.7093101
```

결과가 명확하게 보여주듯 평균 중심화변환 점수의 사용 여부와 상관없이 두 회귀방정식은 같은 조건일 때 완전히 동일한 예측값을 보이는 것을 알 수 있다. 쉽게 말해 원점수를 사용한 모형과 평균 중심화변환 점수를 사용한 모형은 완전히 동일하다. 위의 결과는 회귀모형에서 상호작용효과항이 투입되었을 때 주효과항의 회귀계수를 해석할 때는 "매우 매우 신중해야 한다"는 것을 명확하게 보여주고 있다.

넷째, 세 번째에서 설명한 것과 관련하여, 상호작용효과를 살펴볼 경우 독립변수에 대해 평균 중심화변환을 실시하는 것이 매우 유용하다. 원점수를 이용하여 주효과만 고려한 경우와 상호작용효과도 같이 고려한 경우를 비교해 보면 주효과항들의 회귀계수는 매우 크게 변한 것을 알 수 있다. 반면, 평균 중심화변환 점수를 이용한 경우 상호작용효과를 추정해도 주효과항들의 회귀계수가 그리 급격하게 바뀌지 않은 것을 알 수 있다. 즉 주효과항에 대한 해석이 보다 용이하다.

끝으로, 원점수를 이용하여 상호작용효과를 추정할 경우 VIF값이 매우 높게 나타나는 반면, 평균 중심화변환을 이용하여 상호작용효과를 추정할 경우 VIF값이 1 정도로 매우 안정된 모습을 보인다. 다중공선성의 존재를 파악하기 위해 VIF값을 맹목적으로 신뢰하는 것에 대해서는 개인적으로 부정적이다. 그러나 독립변수들이 서로 독립적이라는, 즉 독립변수들 사이의 상관관계를 고려하지 않는 회귀모형의 가정을 고려할 때, 상호작용효과를 추정할 때는 평균 중심화변환을 실시하는 것이 보다 적합하다고 볼 수 있다.

일반선형모형에서 평균 중심화변환이 어떤 역할을 하는지를 살펴보았다. 이번에는 다층모형에서 평균 중심화변환이 어떤 역할을 하며, 왜 평균 중심화변환이 중요하게 거론되는지 살펴보자.

첫째, 일반선형모형과는 달리 다층모형이 적용되는 데이터의 측정수준은 2 이상이다. 군집형 데이터의 경우 집단과 집단에 배속된 개인, 시계열 데이터의 경우 개체와 개체에게서 반복적으로 측정된 관측치와 같이 서로 다른 측정수준이 하나의 데이터에 공존하고 있다. 따라서 평균 중심화변환은 독립변수가 측정된 수준이 상위수준(군집형 데이터의 집단 혹은 시계열 데이터의 개체)인지 아니면 하위수준(군집형 데이터의 개인 혹은 시계열 데이터의 반복측정된 측정치)인지에 따라 다르게 적용되어야 한다. 독립변수에서 독립변수의 평균을 빼주는 평균 중심화변환과 달리, 다층모형에서는 독립변수에서 하위수준의 측정치가 배속된 집단의 독립변수 평균치를 빼주는 방식으로 평균 중심화변환을 실시한다. 따라서 다층모형에서 사용되는 평균 중심화변환은 일반선형모형에서 사용하는 평균 중심화변환과 구분하기 위해 '집단평균 중심화변환(group-mean centering)'이라고 부르고, 집단별 독립변수 평균값이 아닌 전체표본의 독립변수의 평균값을 사용하여 평균 중심화변환을 실시하는 경우 '전체평균 중심화변환(grand-mean centering)'이라고 부른다. 조금 후에 실제 사례를 통해 전체평균 중심화변환과 집단평균 중심화변환이 어떻게 다른지 구체적으로 살펴보자.

둘째, 다층모형에서는 하위수준에서의 모수추정치가 상위수준에 따라 서로 달라질 수 있다고(즉, 랜덤효과) 가정하기 때문에, 평균 중심화변환을 실시하는 것이 좋다. 앞서 소개했던 `primer.csv` 데이터를 떠올려 보기 바란다. 집단에 따라 절편의 모수추정치가 크게 달라졌고, 회귀계수(기울기)는 크게 달라지지 않았던 것을 기억할 것이다. 사실 이 결과는 상호작용효과다[사회과학 모형에서 흔히 언급되는 '조절효과(moderation effect)']. 왜냐하면 해당 결과는 "집단의 특징은 x가 y에 미치는 효과의 방향(direction) 및 강도(magnitude)에 영향을 미친다"라고 해석할 수 있기 때문이다. 앞서 상호작용효과항을 투입한 OLS 회귀모형에서 잘 드러나듯, 원점수 독립변수들을 곱한 상호작용효과항을 사용하는 것보다 평균 중심화변환된 독립변수들을 곱한 상호작용효과를 사용하는 것이 보다 효율적이다. 다층모형은 하위수준의 모수추정치가 상위수준에 따라 어떻게 달라지는지를 살펴본다는 점에서 상호작용효과 추정시 독립변수에 평균 중심화변환을 적용하는 것이 적절하다.

셋째, 평균 중심화변환을 적용하지 않으면 모형이 수렴(convergence)되지 않거나 모형 추정시간이 많이 소요된다. 앞서의 사례에서 살펴보았듯, 원점수 형태의 독립변수들로 상호작용효과를 추정할 경우 VIF지수가 급격하게 증가하였다. 일반선형모형의 데이터가 1수준인 반면, 다층모형의 데이터는 2수준 이상의 복잡한 데이터이며, 무엇보다 고정효과와 아울러 랜덤효과 역시 추정해야 한다. 반복계산(iteration)을 통해 적절한 수준의 모형을 수렴하는 데 적지 않은 시간이 소요되며, 무엇보다 고정효과 부분(즉 독립변수가 종속변수에 미치는 효과)에서 다중공선성 문제가 심각하게 발생할 경우 랜덤효과 부분의 계산이 불가능하다. 모형추정이라는 점에서도 평균 중심화변환이 필수적으로 요구된다.

이제 앞서 살펴본 `primer.csv` 데이터에 '전체평균 중심화변환'과 '표본평균 중심화변환'을 어떻게 적용할 수 있는지 살펴보자. 여러 유형의 다층모형을 소개할 때는 보다 효율적으로 다층모형 데이터 사전처리를 할 수 있는 `dplyr` 라이브러리를 이용할 것이다. 그러나 `primer.csv` 데이터와 같이 단순한 데이터의 경우 R 베이스 함수를 이용하는 것도 그리 불편하지 않다. 두 가지 방식의 평균 중심화변환이 어떻게 다른지 이해하기 위해 여기서는 R 베이스 함수를 사용하였다. 전체평균 중심화변환을 적용한 독립변수의 이름을 `am.x`으로, 집단평균 중심화변환을 적용한 독립변수의 이름을 `gm.x`로 붙였다.

```
> #평균 중심화변환의 두 가지 방법
> mydata <- read.csv("primer.csv",header=TRUE)
> #전체평균(grand-mean) 중심화변환
> mydata$am.x <- mydata$x - mean(mydata$x)
> #집단평균(group-mean) 중심화변환
> #먼저 집단별 x변수의 평균을 구한다.
> groupmean <- aggregate(x~gid,mydata,mean)
> colnames(groupmean)[2] <- 'groupmean.x'
> mydata <- merge(mydata,groupmean,by='gid')
> mydata$gm.x <- mydata$x - mydata$groupmean.x
> head(mydata,11)
   gid    x      y pid    am.x groupmean.x    gm.x
1    1 4.90 3.200   1  1.9012       4.920  -0.020
2    1 4.84 3.210   2  1.8412       4.920  -0.080
3    1 4.91 3.256   3  1.9112       4.920  -0.010
4    1 5.00 3.250   4  2.0012       4.920   0.080
5    1 4.95 3.256   5  1.9512       4.920   0.030
6    2 3.94 3.386   6  0.9412       3.960  -0.020
7    2 3.88 3.396   7  0.8812       3.960  -0.080
8    2 3.95 3.442   8  0.9512       3.960  -0.010
9    2 4.04 3.436   9  1.0412       3.960   0.080
10   2 3.99 3.442  10  0.9912       3.960   0.030
11   3 2.97 3.572  11 -0.0288       2.998  -0.028
> #세 종류의 독립변수들의 상관계수를 구해보자.
> round(cor(mydata[,c('x','am.x','gm.x')]),3)
        x am.x gm.x
x    1.00 1.00 0.04
am.x 1.00 1.00 0.04
gm.x 0.04 0.04 1.00
```

위의 결과가 잘 보여주듯, 전체평균 중심화변환이 적용된 독립변수와 집단평균 중심화변환이 적용된 독립변수는 매우 다르다. 피어슨 상관계수에서 명확하게 드러나듯, 전체평균 중심화변환을 적용한 경우 원점수의 독립변수와 동일하다(r=1.00; 물론 평균값은 다르다). 그러나 집단평균 중심화변환을 적용한 경우 원점수 독립변수와 그리고 전체평균 중심화변환이 적용된 독립변수와 상관관계가 거의 없다(r=.04). 그러나 아래에서 보듯 집단별로 구분하여 상관계수를 구해보면 세 독립변수는 동일한 것을 발견할 수 있다.

```
> #집단별로 구분한 후 세 변수의 상관계수를 구해보자.
> for (i in 1:5){
+    print(paste("when gid is ",i,sep=""))
+    print(round(cor(mydata[mydata$gid==i,c('x','am.x','gm.x')]),3))
+ }
[1] "when gid is 1"
       x am.x gm.x
x      1    1    1
am.x   1    1    1
gm.x   1    1    1
[1] "when gid is 2"
       x am.x gm.x
x      1    1    1
am.x   1    1    1
gm.x   1    1    1
[1] "when gid is 3"
       x am.x gm.x
x      1    1    1
am.x   1    1    1
gm.x   1    1    1
[1] "when gid is 4"
       x am.x gm.x
x      1    1    1
am.x   1    1    1
gm.x   1    1    1
[1] "when gid is 5"
       x am.x gm.x
x      1    1    1
am.x   1    1    1
gm.x   1    1    1
```

　　그렇다면 독립변수에 대한 평균 중심화변환 적용에 따라 독립변수와 종속변수의 관계
는 어떻게 달라질까? 다음과 같이 3개의 그림들을 비교해 보면 전체평균 중심화변환과
집단평균 중심화변환에 따라 독립변수가 종속변수에 미치는 효과가 어떻게 달라지는지
를 눈으로 쉽게 이해할 수 있을 것이다.

```
> #Plotting: 4개의 패널에 3개의 그림을 배치하고, 마지막 패널에는 범례를 붙임
> par(mfrow=c(2,2))
> #원점수를 사용한 경우
> plot(mydata$x,mydata$y,ylab='Y',xlab='x, 원점수',
+       ,xlim=c(0.5,5.5),ylim=c(3,4.2),type='n',
+       main='원점수를 그대로 사용한 경우')
> for (i in 1:5){
+   points(mydata$x[mydata$gid==i],mydata$y[mydata$gid==i],
+           type='p',pch=2*i)
+ }
> #전체평균 중심화변환을 사용한 경우
> plot(mydata$am.x,mydata$y,ylab='Y',xlab='x, 전체평균 중심화변환',
+       ,xlim=c(-2.5,2.5),ylim=c(3,4.2),type='n',
+       main='전체평균(grand-mean) 중심화변환을 사용한 경우')
> for (i in 1:5){
+   points(mydata$am.x[mydata$gid==i],mydata$y[mydata$gid==i],
+           type='p',pch=2*i)
+ }
> #집단평균 중심화변환을 사용한 경우
> plot(mydata$gm.x,mydata$y,ylab='Y',xlab='x, 집단평균 중심화변환',
+       ,xlim=c(-.05,0.12),ylim=c(3,4.2),type='n',
+       main='집단평균(group-mean) 중심화변환을 사용한 경우')
> for (i in 1:5){
+   points(mydata$gm.x[mydata$gid==i],mydata$y[mydata$gid==i],
+           type='p',pch=2*i)
+ }
> plot(mydata$x,mydata$y,type='n',axes=F,xlab='',ylab='')
> legend('top',legend=paste('gid = ',1:5,sep=''),
+         bty="n",pch=2*(1:5))
```

그림 3. 원점수, 전체평균 중심화변환, 집단평균 중심화변환 독립변수와 종속변수의 관계

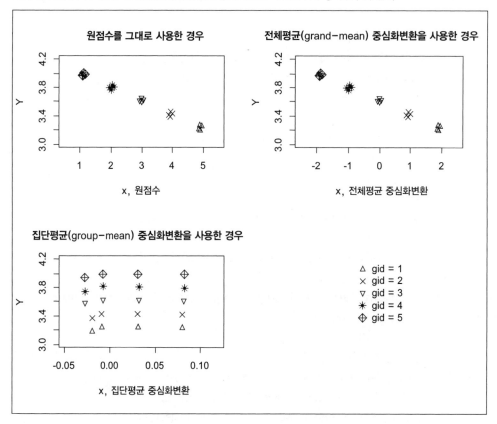

아마도 두 종류의 평균 중심화변환에 따라 독립변수가 종속변수에 미치는 효과가 어떻게 달라지는지 말로 설명할 필요가 없을 것이다. 다층모형이 적용되는 위계적 데이터의 경우 전체평균 중심화변환은 별다른 변화를 가져오지 않는다. 그러나 집단평균 중심화변환을 실시하면 개인수준에서 측정된 독립변수와 종속변수의 관계가 매우 크게 달라진다. 그림에서 명확하게 드러나듯, 집단평균 중심화변환을 적용한 독립변수가 종속변수에 미치는 효과는 거의 비슷하다. 그러나 각 집단별 y의 평균값은 달라진다. 집단평균 중심화변환을 실시한 후의 산점도와 위에서 학교별로 추정한 5개의 회귀모형 결과를 비교해 보자. 절편값에서는 큰 차이가 벌어졌지만, 회귀계수(기울기)는 거의 차이가 없었던 바로 그 결과를 위의 산점도에서 쉽게 확인할 수 있을 것이다.

3.4 다층모형 추정법: 제한적 최대우도 추정법(REML) 대(對) 최대우도 추정법(ML)

이번 절에서 언급할 내용을 이해하기 위해서는 상당히 기술적인 지식(technical knowledge)이 필요하다. 가능한 평이한 말로 설명하려 노력했지만, 쉽게 이해되지 않는다고 느끼는 독자는 다음의 세 가지 점을 받아들여 주기 바란다. 첫째, 다층모형 추정시에는 최대우도 추정법(ML, maximum likelihood estimation)보다는 제한적 최대우도 추정법(REML, restricted maximum likelihood estimation)을 사용하는 것이 이론적으로 더 낫다. 둘째, 다층모형들의 로그우도비 테스트(LR, likelihood ratio, test)[4]를 시행할 때는 REML을 사용할 수 없으며, LR 테스트를 실시하려면 ML을 사용해야만 한다. 경쟁하는 다층모형 중 어떤 모형이 더 적합한 모형인지를 판단하기 위해서는 AIC(Akaike information criterion)이나 BIC(Bayesian information criterion)과 같은 정보기준지수(information criterion index)를 이용하면 된다. 셋째, 본서에서 소개하고 있는 lme4 라이브러리의 경우, 종속변수가 정규분포를 갖는다고 가정되는 경우에 사용하는 lmer() 함수에서는 REML과 ML 두 가지가 모두 가능하지만, 정규분포를 가정하기 어려운 종속변수인 경우 사용하는 glmer() 함수에서는 ML만이 가능하며 REML은 현시점(2017년 8월 31)에서 사용이 불가능하다.[5]

그렇다면 ML과 REML은 어떻게 서로 다른가? 일반선형모형에 익숙한 독자라면 ML을 익숙하게 접하였을 것이다. ML은 표본의 우도(가능도, likelihood)를 극대화(maximize)시켜 모형의 모수(parameters)를 추정한다. 쉽게 말하자면 만약 데이터 분석자가 분석한 표본의 평균이 3.330이었다면 모집단의 평균(즉, 모수)이 3.330이 나올 가능성이 가장 높다고 추정한다. 회귀모형의 맥락에서 이를 다시 표현하자면 표본의 관측값(observed value)과 모형으로 얻은 예측값(predicted value)의 차이를 극소화시키는 방식으로 모형의 최종 모수를 추정한다는 의미다.

한번 곰곰이 생각해 보자. 일반선형모형이 적용되는 데이터는 단일 수준을 가정하는

---

4 OLS 회귀모형에서 R^2 증가분의 통계적 유의도 테스트와 유사하다. 일반선형모형에서 LR 테스트가 무엇이며 어떻게 실시되는지 궁금한 독자는 저자의 『R를 이용한 사회과학데이터 분석: 기초편』이나 『R를 이용한 사회과학데이터 분석: 구조방정식모형 분석』 혹은 관련된 다른 문헌을 참조하기 바란다.

5 따라서 본서에서는 lmer() 함수를 이용하는 경우에는 REML을 glmer() 함수를 이용하는 경우에는 ML을 사용하였다.

반면 다층모형이 적용되는 위계적 데이터에서는 최소 두 개의 수준들이 존재한다. 앞에서 소개했던 `primer.csv` 데이터를 예로 들자면 다섯 개의 집단에는 각각 5개의 관측치가 배속되어 있다. 관점을 달리해 보면, `primer.csv` 데이터는 집단별 5개의 표본들의 집합으로 볼 수 있다. 즉 하나의 데이터에 여러 개의 표본들이 존재한다고 할 때 최종모형 추정을 위해 ML을 적용하는 것이 합리적일까? 아마도 그렇지 않을 것이다. 왜냐하면 `primer.csv` 데이터에는 5개의 표본들이 존재하며, 따라서 표본의 우도를 극대화시키는 방식으로 모형의 모수를 추정하려면 5개 표본 중 어느 표본의 우도를 채택해야 할지 불명확하기 때문이다. 다층모형에서는 ML을 적용하는 것이 적합하지 못하다.

　ML을 적용하는 것이 적절하지 않은 두 번째 이유는 위계적 데이터의 수준별 사례수가 상이하기 때문이다. `primer.csv` 데이터를 다시 떠올려 보자. 학교는 5개가 있지만, 학생은 25명이 존재한다. 모든 위계적 데이터에서는 상위수준의 사례수가 하위수준의 사례수보다 적다. 앞에서 저자는 '랜덤효과'가 상위수준에서 나타나는 하위수준의 모형의 모수추정치들(즉, 독립변수와 종속변수의 관계)의 분산을 의미한다고 설명한 바 있다. 즉 고정효과로 인한 분산을 제거하고 남은 하위수준의 분산(즉, 오차항)과 랜덤효과로 나타난 분산은 서로 다른 사례수를 기반으로 계산된 것이다. 즉 상위수준의 사례수가 적을 때, ML을 적용하여 얻은 분산, 다시 말해 랜덤효과는 부정확하게 나올 가능성이 높다.[6]

　REML을 적용하면 위계적 데이터에 ML을 적용시켰을 때의 문제점들이 발생되지 않는다. REML을 설명하는 데는 여러 방법들이 있겠지만, 여기서는 아래의 공식(Laird & Ware, 1982)을 가능한 쉬운 말로 설명하는 방식을 택하였다.

$$L_{Restricted}(\theta, \sigma^2 \,|\, y) = \int L(\beta, \theta, \sigma^2 \,|\, y)\,d\beta$$

여기서 L은 우도(likelihood)를 의미하며, y는 종속변수를, σ^2는 오차항(즉, 고정효과로

6　ML에서는 제곱합을 표본의 사례수로 나눈 값을 적용한다. 위계적 데이터에서는 하위수준의 사례수가 상위수준의 사례수보다 클 수밖에 없기 때문에, ML을 적용하여 추정된 상위수준의 분산(즉, 랜덤효과)은 과소추정될 수밖에 없다. 구체적으로 `primer.csv` 데이터의 경우 ML을 적용하면 상위수준의 분산을 계산할 때 (25-모수 개수)를 분모로 사용하지만, REML을 적용하면 (5-상위수준의 모수 개수)가 분모에 사용된다(Raudenbush & Bryk, 2002, pp. 32-33). 즉 ML을 적용하였을 때 랜덤효과는 과소추정(underestimate)되기 쉽다.

인한 분산을 제외하고 남은 하위수준의 분산), β는 고정효과를, 그리고 θ는 상위수준의 분산/공분산행렬(즉, 랜덤효과)을 의미한다. REML은 베이지안 이론 틀을 바탕으로 최종 모수추정치의 사후분포(posterior distribution)를 사전분포(priori distribution)와 데이터의 합으로 추정해 낸다. 위의 공식의 오른쪽에서 나타나듯 β를 우선 추정하는데, 이는 상위수준의 집단별로 독립변수(들)가 종속변수에 동일한 효과를 미친다는 것을 가정한다는 것을 뜻한다. `primer.csv` 데이터를 예로 들자면, 학습시간이 학습성과에 미치는 고정효과가 각 집단별로 동일하다는 사전분포를 적용한 후 남은 분산을 각 수준별로 분해(decompose)한다는 것을 의미한다. 또한 표본의 단일성을 가정하는 ML과는 달리 REML에서는 각 수준별 분산/공분산 행렬을 추정할 때, 각 수준별 사례수를 적용한다(Raudenbush & Bryk, 2002, pp. 32-33). 다층모형을 혼합효과모형(mixed effect model)이라는 분산분석 맥락에서 이해한다면, 다층모형은 고정효과 추정과 오차항(하위수준의 분산)과 랜덤효과(상위수준의 분산/공분산)의 분산분해(variance decomposition 혹은 variance partitioning)로 이해할 수도 있다.[7]

위계적 데이터에 대한 다층모형 추정시 ML보다 REML가 더 타당하고 효율적이지만, 아쉽게도 REML를 이용할 경우 우도비 테스트(LR test)가 불가능하다(다시 말해 통계적 유의도 테스트가 불가능하다). 왜냐하면 앞서 설명하였듯 REML는 고정효과를 먼저 추정한 후, 반복계산을 통해 오차항과 랜덤효과로 분산을 분해하기 때문이다. 다시 말해 새로운 독립변수를 추가하면, 고정효과가 바뀌고, 따라서 오차항과 랜덤효과 역시도 이에 따라 바뀌기 때문이다. 일반적으로 위계적 데이터의 상위수준의 사례수가 많을 경우 REML 대신 ML을 써도 추정된 고정효과 및 랜덤효과는 별반 다르지 않기 때문에 LR 테스트가 가능한 ML을 사용해도 큰 무리가 없지만(Finch, Bolin, & Kelley, 2001, pp. 35-36; Snijders & Bsoker, 1999),[8] 상위수준의 사례수가 적을 경우 가급적 REML을 사용하는 것이 타당하다.

---

7 실제로 모든 다층모형 프로그램들은 분산분석의 혼합모형 알고리즘을 수정·응용·발전시킨 것이다. 본서에서 소개할 R의 lme4 라이브러리의 이름은 linear mixed effect의 약자이며, SPSS나 SAS, STATA 등의 상업용 데이터 처리 프로그램 역시도 MIXED, PROC MIXED, xtmixed 등과 같은 이름에서 잘 드러나듯 혼합모형 맥락에서 다층모형을 추정하고 있다.

8 REML과 ML을 둘러싼 논란과 관련하여서는 제5부에서 다시금 언급할 예정이다.

2부

다층모형 추정을
위한 데이터
사전처리

제2부에서는 다층모형을 추정하기 위해 필요한 데이터 사전처리 기법을 소개하였다. 일반적인 데이터 분석기법과 마찬가지로 다층모형 추정을 위해서도 변수에 대한 사전처리[예를 들어, 결측값(missing value) 처리, 변수의 리코딩 등]는 필수적이다. 여기서는 일반적 데이터 분석에서는 자주 등장하지 않지만, 다층모형 추정을 위해서는 피해갈 수 없는 사전처리 기법들을 설명한 후 구체적 사례를 통해 어떻게 데이터 사전처리를 적용할 수 있을지 소개하였다. 앞서 설명하였듯 위계적 데이터(hierarchical data)는 '군집형 데이터(clustered data)'와 '시계열 데이터(longitudinal data)'의 두 종류가 있다. 우선 다층모형을 적용시킬 수 있게끔 각 군집형 데이터와 시계열 데이터에 적용되는 사전처리 기법을 소개하였다. 다음으로 다층모형에 투입되는 독립변수에 매우 자주 적용되는 집단평균 중심화변환 사전처리를 소개하였다.

## 01장

군집형 데이터의 사전처리:
merge() 함수와 inner_join() 함수

군집형 데이터의 전형적 형태는 "집단에 배속된 개인들(individuals within groups)"이며, 여기서 집단은 상위수준에, 개인은 하위수준에 해당된다. 따라서 가장 단순한 2수준의 군집형 데이터는 "개인의 특성이 기록된 데이터"와 "집단의 특성이 기록된 데이터"로 구성되어 있다. 예시데이터들 중 my2level_L1.csv 데이터와 my2level_L2.csv 데이터를 불러온 후 살펴보자. 우선 my2level_L1.csv 데이터는 집단에 배속된 개인의 특징들을 담고 있으며, 각 변수의 의미는 아래와 같다.

- **gid**: 집단고유번호
- **ix1**: 이타주의 성향(개인수준에서 측정된 독립변수)
- **ix2**: 타자에 대한 신뢰도(개인수준에서 측정된 독립변수)
- **y**: 기부의도(종속변수)

```
> #데이터 불러오기
> setwd("D:/data")
> clus21 <- read.csv("my2level_L1.csv",header=TRUE)
> head(clus21)
  gid ix1 ix2 y
1   1   5   4 3
2   1   4   5 3
3   1   6   4 2
```

```
4   1   5   5 4
5   1   4   5 3
6   1   4   4 4
> summary(clus21)
      gid              ix1              ix2               y
 Min.   : 1.00    Min.   :2.000    Min.   :1.000    Min.   :1.000
 1st Qu.: 9.00    1st Qu.:4.000    1st Qu.:3.000    1st Qu.:3.000
 Median :17.00    Median :4.000    Median :4.000    Median :4.000
 Mean   :17.02    Mean   :4.428    Mean   :4.114    Mean   :3.621
 3rd Qu.:25.00    3rd Qu.:5.000    3rd Qu.:5.000    3rd Qu.:4.000
 Max.   :33.00    Max.   :7.000    Max.   :7.000    Max.   :7.000
```

다음으로 **my2level_L2.csv** 데이터를 열어보자. 데이터는 개인들이 속한 집단의 특징을 담고 있으며, 각 변수의 의미는 아래와 같다.

- **gid**: 집단고유번호
- **gx1**: 외부기관이 평가한 집단의 신용도(집단수준에서 측정된 독립변수)

```
> clus22 <- read.csv("my2level_L2.csv",header=TRUE)
> head(clus22)
  gid gx1
1   1   3
2   2   7
3   3   6
4   4   1
5   5   3
6   6   4
> summary(clus22)
      gid              gx1
 Min.   : 1    Min.   :1.000
 1st Qu.: 9    1st Qu.:3.000
 Median :17    Median :3.000
 Mean   :17    Mean   :3.788
 3rd Qu.:25    3rd Qu.:5.000
 Max.   :33    Max.   :7.000
```

다층모형을 적용하기 위해서는 두 개의 데이터를 집단고유번호(gid 변수)를 이용해 하나의 데이터로 합쳐야 한다. 두 가지 방법을 추천하고 싶다. 첫 번째 방법은 R의 베이스 함수인 **merge()** 함수를 이용하는 것이다. **merge()** 함수는 merge(데이터1, 데이터2, by="고유식별번호")의 형태를 띠며, 이때 데이터1과 데이터2에는 "고유식별번호"에 해당되는 변수가 모두 포함되어 있어야 한다. 위의 두 데이터에는 모두 **gid** 변수가 공통적으로 들어 있기 때문에 **merge()** 함수를 적용할 수 있다.

```
> #gid 변수를 중심으로 clus21, clus22 데이터 합치기
> clus2 <- merge(clus21,clus22,by='gid')
> head(clus2)
  gid ix1 ix2 y gx1
1   1   5   4 3   3
2   1   4   5 3   3
3   1   6   4 2   3
4   1   5   5 4   3
5   1   4   5 3   3
6   1   4   4 4   3
> summary(clus2)
      gid            ix1            ix2             y             gx1
 Min.   : 1.00  Min.   :2.000  Min.   :1.000  Min.   :1.000  Min.   :1.000
 1st Qu.: 9.00  1st Qu.:4.000  1st Qu.:3.000  1st Qu.:3.000  1st Qu.:3.000
 Median :17.00  Median :4.000  Median :4.000  Median :4.000  Median :3.000
 Mean   :17.02  Mean   :4.428  Mean   :4.114  Mean   :3.621  Mean   :3.807
 3rd Qu.:25.00  3rd Qu.:5.000  3rd Qu.:5.000  3rd Qu.:4.000  3rd Qu.:5.000
 Max.   :33.00  Max.   :7.000  Max.   :7.000  Max.   :7.000  Max.   :7.000
```

위에서 확인할 수 있듯, **merge()** 함수를 적용해 얻은 **clus2** 데이터에는 개인수준에 측정된 변수들(y, ix1, ix2)과 집단수준에서 측정된 변수(gx1)가 모두 포함되어 있다.

독자들은 **clus22** 데이터의 **gx1** 변수의 평균($M=3.788$)과 **clus2** 데이터의 **gx1** 변수의 평균($M=3.807$)이 서로 동일하지 않다는 사실에 주목하기 바란다. 이유는 간단하다. 집단에 배속된 개인들의 수가 집단마다 동일하지 않기 때문이다. 앞서 소개하였듯, 군집형 데이터는 불균형(unbalanced) 구조를 보이는 것이 보통이다. 따라서 다층모형을 추정할 경우에는 자신이 분석에 투입하는 변수의 측정수준이 어떠한지 유념해야 하며, 데이터

를 사전처리할 때 변수가 측정된 측정수준에 맞는지 유념해야 한다. 또한 집단수준의 변수에 대한 기술통계값을 구할 경우 데이터를 합쳐지기 이전의 데이터를 이용해 계산하든가, 아니면 통합된 데이터(예를 들어 clus2 데이터)를 집단수준으로 집산(aggregation)시킨 후에 계산하는 등 분석에 주의를 기울일 필요가 있다. 합쳐진 데이터를 다시 집단수준 데이터로 되돌리는 방법은 다음과 같다.

```
> #상위수준 데이터로 다시 집산
> temp <- aggregate(gx1~gid,clus2,mean)
> #아래에서 확인할 수 있듯 clus22와 동일데이터다.
> all(temp == clus22)
[1] TRUE
```

타이디데이터(tidy data) 접근법을 택하고 있는 dplyr 라이브러리의 inner_join() 함수를 이용해 데이터를 합쳐보자. inner_join() 함수는 merge() 함수와 거의 동일하다. inner_join() 함수 역시 inner_join(데이터1, 데이터2, by="고유식별번호")의 형태를 띤다. dplyr 라이브러리를 단독으로 구동해도 되지만, 여기서는 dplyr 라이브러리가 속해 있는 tidyverse 라이브러리를 이용하였다.

```
> library('tidyverse')
> clus2 <- inner_join(clus21,clus22,by='gid')
> head(clus2)
  gid ix1 ix2 y gx1
1   1   5   4 3   3
2   1   4   5 3   3
3   1   6   4 2   3
4   1   5   5 4   3
5   1   4   5 3   3
6   1   4   4 4   3
> summary(clus2)
      gid              ix1             ix2              y              gx1
 Min.   : 1.00   Min.   :2.000   Min.   :1.000   Min.   :1.000   Min.   :1.000
 1st Qu.: 9.00   1st Qu.:4.000   1st Qu.:3.000   1st Qu.:3.000   1st Qu.:3.000
 Median :17.00   Median :4.000   Median :4.000   Median :4.000   Median :3.000
 Mean   :17.02   Mean   :4.428   Mean   :4.114   Mean   :3.621   Mean   :3.807
 3rd Qu.:25.00   3rd Qu.:5.000   3rd Qu.:5.000   3rd Qu.:4.000   3rd Qu.:5.000
 Max.   :33.00   Max.   :7.000   Max.   :7.000   Max.   :7.000   Max.   :7.000
```

　　만약 타이디데이터 접근법을 이용해서 집단수준의 데이터로 집산할 경우 **group_by()** 함수와 **summarise()** 함수[1]를 파이프 오퍼레이터(%>%)를 이용하여 적용하면 앞서 소개한 **aggregate()** 함수를 이용한 결과와 동일한 결과를 얻을 수 있다. 평균 중심화변환 부분에서 다시 보다 자세하게 소개하겠지만 **group_by()** 함수는 **group_by**(데이터, 고유번호)의 형태를 띠며, 데이터를 고유번호에 따라 군집화된 형태(즉, grouped by)로 구분한다.[2] 이렇게 군집화된 형태의 데이터는 다시 **summarise()** 함수를 통해 괄호 속의 형태에 맞도록 요약(summarize)된다.

```
> #다음과 같이 group_by()와 summarise()를 동시에 사용하면 됨
> temp = group_by(clus2, gid) %>% summarise(gx1 = mean(gx1))
> temp
# A tibble: 33 × 2
      gid   gx1
    <int> <dbl>
 1     1     3
 2     2     7
 3     3     6
 4     4     1
 5     5     3
 6     6     4
 7     7     5
 8     8     4
 9     9     2
10    10     3
```

1　영국식 영어임에 주목하기 바란다.

2　**group_by()**, **summarise()** 함수 외에도 다음과 같은 함수들과 파이프 오퍼레이터를 같이 사용하면 데이터를 보다 효율적으로 관리할 수 있다. 보다 자세한 설명과 구체적인 사례에 적용하는 방법은 평균 중심화변환에 대한 부분을 참조하라.

　　• **filter()** 함수: 조건에 맞는 관측치를 찾는다. 유사한 R 베이스 함수로는 **subset()** 함수를 들 수 있다.

　　• **select()** 함수: 원하는 변수들만 선정한다. R 베이스 함수에서 세로줄(column)을 인덱싱하는 것으로 생각하면 이해가 쉬울 것이다.

　　• **arrange()** 함수: 주어진 조건에 맞게 정렬한다. 유사한 R 베이스 함수로는 **order()** 함수를 들 수 있다.

　　• **mutate()** 함수: 연산을 적용한 새로운 변수를 데이터셋에 추가한다. **group_by()** 함수와 같이 사용할 경우 집단평균 중심화변환을 매우 쉽게 실시할 수 있기 때문에 다층모형에서 매우 유용하다.

```
# ... with 23 more rows
> all((temp) == clus22)
[1] TRUE
```

위의 결과를 보면 알 수 있듯, 타이디데이터 접근을 통해 얻은 데이터는 R에서 일반적으로 사용되는 데이터 프레임(data frame) 형식과는 조금 다른 것을 알 수 있다. 타이디데이터 접근에서 사용되는 데이터 프레임 형식의 데이터를 티블(tibble) 형태의 데이터라고 부른다. 티블 데이터는 R의 데이터 프레임과 본질적으로 동일하지만(> all((temp) == clus22)의 결과를 보라), 연산(computation)을 적용할 때 훨씬 더 효율적이다. 변수이름 아래 <> 표시는 해당 변수의 속성을 의미한다. 자주 사용되는 속성들을 설명하면 다음과 같다. 그러나 R의 통상적 데이터 프레임과 별 차이가 없기 때문에, 변수의 속성을 이해하고 알맞게 모형에 적용시키는 데 큰 어려움은 없을 것이다.

- <int>: 정수(integer type) 수치
- <dbl>: 더블형(double type) 수치(예를 들어 3.15와 같은)
- <chr>: 문자형(character type)
- <fctr>: 요인형(factor type)

## 02장

시계열 데이터의 사전처리:
reshape( ) 함수와 gather( ) 함수

앞서 설명하였듯 시계열 데이터(사례별로 반복측정된 데이터)는 넓은 형태(wide format) 데이터로 저장·관리된다. 넓은 형태로 저장된 시계열 데이터는 반복측정 분산분석(ANOVA with repeated measures)[1] 혹은 구조방정식(SEM, structural equation model)을 이용한 잠재성장모형(latent growth curve model)[2]을 적용할 때 사용되는 데이터 형태다. 그러나 다층모형을 이용해 시계열 데이터를 분석하기 위해서는 넓은 형태가 아닌 긴 형태(long format)의 데이터가 필요하다. 앞서 저자는 위계적 데이터 중 시계열 데이터를 설명할 때 reshape( ) 함수를 이용하여 넓은 형태의 데이터를 긴 형태의 데이터로 바꾸는 방법에 대해 이미 설명하였다. 따라서 여기서는 별도의 설명을 제시하지 않고 R 베이스 함수 명령문만을 아래와 같이 제시하였다. 아래 명령문에 대한 보다 자세한 설명은 앞서 소개한 제1부의 03장을 참조하기 바란다.

```
> #시계열 데이터: 넓은 형태 데이터
> rpt2 <- read.csv("my2level_repeat.csv",header=TRUE)
> #넓은 형태 -> 긴 형태 데이터로
> rpt2long <- reshape(rpt2,,idvar='pid',varying=list(3:7),
+                     v.names = "y",direction='long')
```

---

1 R을 이용한 반복측정 분산분석 기법에 대해서는 저자의 『R를 이용한 사회과학데이터 분석: 기초편』을 참조하기 바란다.

2 R을 이용한 구조방정식모형에 대해서는 저자의 『R를 이용한 사회과학데이터 분석: 구조방정식모형 분석』을 참조하기 바란다.

타이디데이터 접근법에서 R 베이스 함수의 **reshape()** 함수와 동일한 기능을 수행하는 함수는 gather() 함수다. gather() 함수는 gather(데이터, 측정시점, 변수이름, -공변량, ...)과 같은 형태로 표현된다. 아래에 제시된 **gather()** 함수 표현의 의미는 다음과 같다: "반복측정된 변수들이 있는 데이터에서 반복측정된 변수가 측정된 시점에 해당되는 값을 **측정시점**이라는 변수로, 그리고 반복측정된 변수는 **변수이름**으로 붙이고, 시간에 따라 변하지 않는 개체수준의 변수들에 −를 붙이면 해당 변수는 반복측정되지 않은 것으로 인식한다." 예를 들어 **rpt2** 데이터를 gather() 함수를 이용해 긴 형태로 바꾸면 아래와 같다.

```
> #타이디데이터 접근
> library('tidyverse')
> #넓은 형태 데이터 -> 긴 형태 데이터
> #만약 긴 형태 데이터를 넓은 형태로 바꾸려면 spread() 함수 이용
> rpt2long <- gather(rpt2,time,y,-pid,-female)
> head(rpt2long)
  pid female time    y
1   1      0   y1 3.22
2   2      0   y1 3.67
3   3      0   y1 2.33
4   4      0   y1 5.00
5   5      0   y1 2.78
6   6      0   y1 2.78
```

한 가지 독특한 점은 측정된 시점의 값이 y1, y2, ... y5와 같은 문자형태로 입력되었다는 사실이다. 그러나 다층모형과 같은 모형 연산을 위해서는 y1, y2, ... y5와 같은 문자형 데이터를 1, 2, ..., 5와 같은 수치형 데이터로 바꾸어야 한다. 이를 위해서는 y1, y2, ... y5에서 숫자 앞에 붙은 y라는 문자를 삭제한 후, 1, 2, ..., 5를 수치형으로 바꾸어 주어야 한다. 타이디데이터 접근법 맥락에서 텍스트 데이터를 분석·관리하려면 **stringr** 라이브러리가 필요하다. **stringr** 라이브러리에서 **str_replace()** 함수를 사용하면 매우 간단하게 위와 같은 문자형 데이터를 수치형 데이터로 바꿀 수 있다. **stringr** 라이브러리와 R을 이용한 텍스트 데이터 분석을 자세히 알고 싶은 독자는 저자(2017a)의 『R를 이용한 텍스트 마이닝』을 참조하기 바란다.

```
> #time 변수를 수치형으로 바꾸는 과정
> library('stringr')
> #숫자 앞의 y를 삭제
> rpt2long$time <- str_replace(rpt2long$time,'y','')
> is.numeric(rpt2long$time)
[1] FALSE
> #문자형 데이터를 수치형 데이터로 전환
> rpt2long$time <- as.numeric(rpt2long$time)
> is.numeric(rpt2long$time)
[1] TRUE
> summary(rpt2long)
      pid            female          time          y
 Min.   :  1.0   Min.   :0.0   Min.   :1   Min.   :1.000
 1st Qu.:120.8   1st Qu.:0.0   1st Qu.:2   1st Qu.:2.330
 Median :240.5   Median :0.5   Median :3   Median :3.000
 Mean   :240.5   Mean   :0.5   Mean   :3   Mean   :2.996
 3rd Qu.:360.2   3rd Qu.:1.0   3rd Qu.:4   3rd Qu.:3.670
 Max.   :480.0   Max.   :1.0   Max.   :5   Max.   :5.000
```

솔직히 말해 시계열 데이터에 다층모형을 적용하려는 데이터 분석자에게 이는 번거로운 일이다. 즉 적어도 저자에게는 다층모형의 경우 R 베이스 형태의 **reshape()** 함수가 **dplyr** 라이브러리의 **gather()** 함수보다 더 편리한 듯하다.

그러나 다음에 설명할 평균 중심화변환의 경우 타이디데이터 접근법을 이용하는 것이 매우 편리하다. 저자의 경험상 우선 넓은 형태의 시계열 데이터는 **reshape()** 함수를 이용하여 긴 형태의 시계열 데이터로 바꾼 후, 평균 중심화변환과 같은 사전처리 과정에서는 타이디데이터 접근법을 적용하는 것이 가장 효율적인 듯하다.

## 03장

집단평균 중심화변환

앞서 설명하였듯 다층모형에서 사용하는 평균 중심화변환은 '집단평균 중심화변환'이다. 앞서 잠시 소개하였듯, 집단평균 중심화변환에는 R 베이스 함수를 이용할 수도 있다. 그러나 타이디데이터 접근법을 이용하는 것이 훨씬 더 편하고 실수할 위험도 적다.

R 베이스 함수를 이용할 경우, 다음의 3단계를 통해 집단평균 중심화변환을 실시한다. 첫째, 먼저 집단별로 독립변수의 평균값을 구한 후 이를 별도의 데이터로 저장해 둔다. 둘째, 집단 식별번호(아이디)를 중심으로 첫 단계에서 얻은 데이터와 원래 데이터를 merge() 함수를 적용해 합친다. 셋째, 합친 데이터의 원점수 독립변수에서 집단별 평균값을 빼는 방식으로 집단평균 중심화변환된 독립변수를 새로 형성한다. 앞서 살펴본 군집형 데이터인 clus2 데이터와 시계열 데이터인 rpt2long 데이터에 대해 R 베이스 함수를 이용한 집단평균 중심화변환을 적용하는 과정은 아래와 같다.[1]

```
> #R베이스 함수 이용
> #clus2 데이터: 1단계
> clus2 <- read.csv("my2level_cluster.csv",header=TRUE)
> groupmean <- aggregate(ix1~gid,clus2,mean)
> colnames(groupmean)[2] <- 'groupmean.ix1'
```

---

1 사실 clus2 데이터의 경우 개인수준의 독립변수가 ix1, ix2의 2개이지만, 여기서는 ix1에 대한 것만 예시하였다. 또한 rpt2long 데이터의 경우 결측값이 없기 때문에 time 변수에 그냥 3을 빼주는 것이 더 간단하다.

```
> #2단계
> clus2 <- merge(clus2,groupmean,by='gid')
> #3단계
> clus2$gm.ix1 <- clus2$ix1 - clus2$groupmean.ix1

> #rpt2long 데이터: 1단계
> rpt2 <- read.csv("my2level_repeat.csv",header=TRUE)
> rpt2long <- reshape(rpt2,,idvar='pid',varying=list(3:7),
+                     v.names = "y",direction='long')
> groupmean <- aggregate(time~pid,rpt2long,mean)
> colnames(groupmean)[2] <- 'groupmean.time'
> #2단계
> rpt2long <- merge(rpt2long,groupmean,by='pid')
> #3단계
> rpt2long$gm.time <- rpt2long$time - rpt2long$groupmean.time
```

사실 집단평균 중심화변환을 해야 할 독립변수가 1~2개인 경우 R 베이스 함수를 사용하는 것도 나쁘지 않다. 그러나 다층모형에 투입되는 하위수준의 독립변수가 여러 개(예를 들어 10개 이상)라고 한다면, 위와 같은 방식으로 집단평균 중심화변환을 실시하는 것은 '매우' 번거로운 일이다.

그러나 타이디데이터 접근법을 이용하면 매우 손쉽게 많은 수의 독립변수들을 집단평균 중심화변환할 수 있다. 타이디데이터 접근법에서 자주 사용되는 함수는 다음과 같다. 우선 다음의 세 함수들은 다층모형이 적용되는 위계적 데이터를 관리하는 데 매우 유용하다.

- group_by() 함수: 지정된 변수의 수준별로 데이터를 군집화시킨다. 상위수준에 따라 하위수준 측정치들을 군집화시킬 때 정말로 유용하다.
- ungroup() 함수: group_by() 함수가 적용된 데이터의 군집화 결과를 해지하는 함수다.
- mutate() 함수: 연산을 적용한 새로운 변수를 데이터셋에 추가한다. group_by() 함수와 같이 사용할 경우 집단평균 중심화변환을 매우 쉽게 실시할 수 있기 때문에 다층모형에서 매우 유용하다.
- summarise() 함수: 지정된 함수를 이용하여 연산을 실시한다. 유사한 R 베이스

함수로 **aggregate()** 함수를 들 수 있다. 통합된 데이터에서 상위수준 데이터를 집산할 때 **group_by()** 함수와 같이 사용하면 매우 유용하다.

또한 맥락에 따라 다음의 함수들도 유용하게 사용될 수 있다.

- **filter()** 함수: 조건에 맞는 관측치를 찾는다. 유사한 R 베이스 함수로는 **subset()** 함수를 들 수 있다. 다층모형의 경우 모형추정 결과를 그래프로 그릴 때 유용하게 사용될 수 있다.
- **select()** 함수: 원하는 변수들만 선정한다. R 베이스 함수에서 세로줄(column)을 인덱싱하는 것으로 생각하면 이해가 쉬울 것이다.
- **arrange()** 함수: 주어진 조건에 맞게 정렬한다. 유사한 R 베이스 함수로는 **order()** 함수를 들 수 있다.

자 이제 타이디데이터 접근법을 이용해 집단평균 중심화변환을 실시해 보자. 우선 앞에서 살펴보았던 **rpt2long** 데이터의 **time** 변수의 집단평균 중심화변환을 실시해 보자.

```
> #타이디데이터 접근법
> library('tidyverse')
> rpt2 <- read.csv("my2level_repeat.csv",header=TRUE)
> rpt2long <- reshape(rpt2,idvar='pid',varying=list(3:7),
+                     v.names = "y",direction='long')
> rpt2long <- group_by(rpt2long,pid) %>%
+     mutate(gm.time = time-mean(time)) %>%
+     arrange(pid)
> rpt2long
Source: local data frame [2,400 x 5]
Groups: pid [480]

    pid female  time      y gm.time
  <int>  <int> <int>  <dbl>   <dbl>
1     1      0     1   3.22      -2
2     1      0     2   2.78      -1
```

```
3      1       0       3  2.78       0
4      1       0       4  1.89       1
5      1       0       5  3.00       2
6      2       0       1  3.67      -2
7      2       0       2  3.67      -1
8      2       0       3  3.22       0
9      2       0       4  1.44       1
10     2       0       5  3.33       2
# ... with 2,390 more rows
```

mutate() 함수 내부에 집단평균 중심화변환 공식을 지정한 후 **gm.time**이라는 이름의 변수를 새로 생성하면 그것으로 충분하다. **mutate()** 함수 다음에 지정된 **arrange()** 함수는 집단평균 중심화변환을 확인하기 위해 데이터를 정렬한 것에 불과하다. 아마도 독자들도 R 베이스 함수보다 훨씬 더 간단한 과정을 거쳐 집단평균 중심화변환이 이루 어졌다는 데 동의할 것이다.

다음으로 **clus2** 데이터는 **rpt2long** 데이터와는 달리 집단평균 중심화변환을 해야 할 변수가 **ix1**과 **ix2** 두 개다. 그러나 타이디데이터 접근법을 이용하면 여러 개의 독립 변수에 대해 집단평균 중심화변환을 적용하는 것이 그다지 복잡하지 않다.

```
> #clus2 데이터
> clus2 <- read.csv("my2level_cluster.csv",header=TRUE)
> clus2 <- group_by(clus2,gid) %>%
+   mutate(gm.ix1 = ix1-mean(ix1),gm.ix2 = ix2-mean(ix2)) %>%
+   arrange(gid)
> clus2
Source: local data frame [1,318 x 7]
Groups: gid [33]

     gid    ix1    ix2    gx1      y     gm.ix1      gm.ix2
   <int>  <int>  <int>  <int>  <int>      <dbl>       <dbl>
1      1      5      4      3      3  0.8157895  -0.2631579
2      1      4      5      3      3 -0.1842105   0.7368421
3      1      6      4      3      2  1.8157895  -0.2631579
4      1      5      5      3      4  0.8157895   0.7368421
5      1      4      5      3      3 -0.1842105   0.7368421
6      1      4      4      3      4 -0.1842105  -0.2631579
```

```
7        1      4      4      3      3 -0.1842105 -0.2631579
8        1      4      3      3      3 -0.1842105 -1.2631579
9        1      5      4      3      3  0.8157895 -0.2631579
10       1      2      5      3      3 -2.1842105  0.7368421
# ... with 1,308 more rows
```

만약 R 베이스 함수에서와 같이 데이터에 각 집단별 독립변수 평균도 넣고 싶다면 다음과 같이 하면 된다.

```
> #집단별 독립변수의 평균을 추가로 저장
> clus2 <- mutate(clus2, gmix1 = mean(ix1),gmix2 = mean(ix2))
```

만약 집단크기, 즉 각 집단에 배속된 개체의 수를 계산하고자 한다면 다음과 같이 하면 된다.

```
> #집단크기 변수를 추가로 저장
> clus2 <- mutate(clus2, group.size=length(y))
```

summarise() 함수를 같이 사용하면, 집단수준으로 집산된 변수들의 기술통계치를 쉽게 구할 수 있다. 아래는 집단수준에서 측정된 두 변수, 즉 독립변수인 **gx1** 변수와 앞서 계산한 집단크기 변수인 **group.size** 변수의 평균을 summarise() 함수를 이용해 계산한 것이다.

```
> #집단수준 변수만을 추출하여 기술통계치를 구하려면 다음과 같이
> clus22 <- summarise(clus2,mean(gx1),mean(group.size))
> dim(clus22)
[1] 33   3
> summary(clus22)
      gid        mean(gx1)      mean(group.size)
 Min.   : 1   Min.   :1.000   Min.   :35.00
 1st Qu.: 9   1st Qu.:3.000   1st Qu.:38.00
 Median :17   Median :3.000   Median :40.00
 Mean   :17   Mean   :3.788   Mean   :39.94
 3rd Qu.:25   3rd Qu.:5.000   3rd Qu.:42.00
 Max.   :33   Max.   :7.000   Max.   :46.00
```

집단수준의 식별번호(아이디)를 이용해 데이터를 합치거나, 넓은 형태로 저장된 시계열 데이터를 긴 형태로 바꾸는 경우, 타이디데이터 접근법의 함수을 사용하는 것보다 R 베이스 함수를 사용하는 것이 더 편한 경우도 있다. 그러나 위계적 데이터 관리의 경우 타이디데이터 접근법을 이용하는 것이 훨씬 더 손쉽다. 따라서 제3부에 소개될 다층모형 분석사례의 경우 위계적 데이터의 사전처리는 타이디데이터 접근법에서 사용되는 함수들을 사용할 것이다.

3부

다층모형 구성 및
추정

3부에서는 여러 형태의 다층모형들을 소개하고, 어떻게 R을 활용하여 다층모형을 추정하며, 그 결과값은 어떻게 해석해야 하는지, 또한 다층모형 분석결과를 그래프로 제시하는 방법은 어떠한지 소개하였다. 우선 01장에서는 가장 간단한 형태의 다층모형인 '2층모형(two-level model)'을 소개한 후, 2층모형이 시계열 데이터와 군집형 데이터에 각각 어떻게 적용되며 그 추정결과를 어떻게 해석할 수 있는지 구체적으로 제시하였다.

02장에서는 2층모형에서 측정수준을 하나 더 추가한 '3층모형(three-level model)'을 소개하였다. 3층모형의 사례로는 시계열로 측정된 군집형 데이터[흔히 군집형 시계열 데이터(clustered longitudinal data)라고 불림]를 소개하였다.

03장과 04장에서는 종속변수가 정규분포를 따르지 않는 경우 사용되는 다층모형을 소개하였다. 종속변수 분포를 기준으로 03장의 내용은 종속변수가 이항분포(binomial distribution)인 이분변수인 경우 사용하는 로지스틱 회귀분석을 위계적 데이터에 적용한 것이라고 이해할 수 있으며, 04장의 내용은 종속변수가 포아송 분포(Poisson distribution)인 경우 사용하는 포아송 회귀분석을 위계적 데이터에 적용한 것으로 파악할 수 있다. 03장에서는 2층 군집형 데이터를 대상으로 로지스틱 다층모형 분석과정을 제시하였으며, 04장에서는 2층 시계열 데이터를 예시사례로 포아송 다층모형 분석과정을 제시하였다.

05장에서는 하위수준의 측정치가 2개 이상의 상위수준들에 교차되어 배속될 경우에 사용되는 다층모형인 교차분류모형(cross-classified model)을 소개하였다.

만약 독자들이 제3부에서 소개되는 다층모형들을 숙지하면 언론학, 사회학, 정치학, 교육학, 조직학 등의 연구에서 언급되는 다층모형을 이해하는 데 아무런 문제가 없을 것이다. 또한 여기서 소개되는 다층모형들을 응용한다면 위계적 데이터들에도 별 문제없이 보다 복잡한 형태의 다층모형을 적용하고 그 결과를 해석할 수 있을 것이다.

## 01장

2층모형

2층모형은 가장 단순한 다층모형이다. 앞서 소개한 시계열 데이터와 군집형 데이터를 이용해 2층모형을 구성해보고, R을 이용해 다층모형을 추정해 보기로 한다. 다층모형을 추정하는 R 라이브러리로는 lme4 라이브러리와 nlme 라이브러리가 있다. 본서에서는 lme4 라이브러리만을 소개할 것이다. nlme 라이브러리를 소개하지 않는 이유는 두 가지다. 첫째, nlme 라이브러리의 함수보다 lme4 라이브러리의 함수가 보다 간단한 형태로 프로그래밍이 쉽기 때문이다. 즉 복잡한 다층모형을 추정할 때, nlme 라이브러리의 함수가 lme4 라이브러리 함수에 비해 의도치 않은 실수를 할 확률이 높다. 둘째, 다층모형 추정에 소요되는 시간이 nlme 라이브러리에 비해 lme4 라이브러리에서 적게 소요된다. 이런 이유로 앞으로 본서에서는 lme4 라이브러리 함수를 위주로 소개할 예정이다. nlme 라이브러리와 lme4 라이브러리를 비교하고 싶은 독자는 스스로 그 결과를 살펴보기 바란다.

제3부에서 소개될 다층모형 사례들을 위해서는 다음과 같은 R 라이브러리들이 필요하다. 독자들은 install.packages() 함수를 이용하여 아래의 라이브러리들을 미리 설치하기 바란다.

- lme4 라이브러리: 다층모형 추정을 위해 필요하다. 가장 중요한 라이브러리다.
- lmerTest 라이브러리: 다층모형 추정결과의 통계적 유의도 테스트 확인을 위해 필요하다.

- **tidyverse** 라이브러리의 **dplyr** 라이브러리: 다층모형 데이터 사전처리에 필수적이다. 그 필요성과 적용방법에 대해서는 제2부에서 이미 설명한 바 있다.
- **tidyverse** 라이브러리의 **ggplot2** 라이브러리: 데이터를 탐색하고 다층모형 추정결과를 그래프로 나타낼 때 사용된다.

1.1 2수준 시계열 데이터

1단계. 다층모형 사전 준비작업

앞서 소개한 my2level_repeat.csv 데이터를 열어보자. 본격적으로 다층모형을 구성하기에 앞서, 시간변화에 따라 y값이 어떻게 바뀌며, 개체의 성별에 따라 y값의 변화패턴은 어떤지 탐색적 데이터 분석을 실시해 보자. 먼저 앞서 소개한 라이브러리들을 구동시킨 후 데이터를 열어보도록 하자.

```
> #아래의 두 라이브러리가 필요
> library('lme4')
> library('lmerTest')
> #사전처리/그래프 작성을 위해 다음의 라리브러리 설치
> library('tidyverse')
> #2수준 시계열 데이터 불러오기
> setwd("D:/data")
> rpt2 <- read.csv("my2level_repeat.csv",header=TRUE)
> summary(rpt2)
      pid            female          y1             y2             y3
 Min.   :  1.0   Min.   :0.0   Min.   :1.000   Min.   :1.000   Min.   :1.000
 1st Qu.:120.8   1st Qu.:0.0   1st Qu.:2.780   1st Qu.:2.330   1st Qu.:2.330
 Median :240.5   Median :0.5   Median :3.220   Median :2.780   Median :2.780
 Mean   :240.5   Mean   :0.5   Mean   :3.408   Mean   :2.907   Mean   :2.839
 3rd Qu.:360.2   3rd Qu.:1.0   3rd Qu.:3.670   3rd Qu.:3.220   3rd Qu.:3.220
 Max.   :480.0   Max.   :1.0   Max.   :5.000   Max.   :5.000   Max.   :5.000
```

```
        y4                y5
 Min.   :1.000    Min.    :1.000
 1st Qu.:2.330    1st Qu.:2.670
 Median :2.780    Median :3.330
 Mean   :2.642    Mean    :3.186
 3rd Qu.:3.220    3rd Qu.:3.670
 Max.   :5.000    Max.    :5.000
```

앞서 제2부에서 소개하였지만, 각 변수의 의미는 다음과 같다.

- pid: 개인고유번호
- female: 성별(개인수준에서 측정된 독립변수)
- y1 ~ y5: 5번에 걸쳐 측정된 대통령 호감도(개인수준에서 측정된 종속변수들)

rpt2 데이터의 경우 시점에 따른 반복측정된 시점이 하위수준(level-1)이며, pid 변수로 고유하게 확인된 개인이 상위수준(level-2)이다. rpt2 데이터는 넓은 형태 데이터이다. 긴 형태로 변환하기 전에 상위수준의 독립변수로 사용하게 될 female 변수에 대해 평균 중심화변환을 어떻게 적용할지 고민해 보자. 우선 female 변수는 남성인 경우는 0, 여성인 경우는 1의 값이 부여되었다. 일반적으로 성별과 같은 이분변수는 평균 중심화변환을 실시하지 않는다. 한 가지 방법은 원점수 독립변수 그대로 사용하는 것이고[다시 말해 0과 1의 값이 부여된 더미코딩(dummy coding)], 다른 하나는 비교코딩(contrast coding)을 적용하는 것이다. 비교코딩을 적용하면 남성에게는 −1의 값을, 여성에게는 +1의 값을 부여한다. 다시 말해 비교코딩을 적용한 선형모형(다층모형도 선형모형에 포함됨)의 절편은 남성과 여성을 구분하지 않았을 때 종속변수의 예측값이다. 여기서는 female 변수에 대해 비교코딩을 적용하였다(아래의 명령문에서 ifelse() 명령문 참조).

```
> #상위수준(개인): 가변수의 경우 비교코딩(contrast coding)
> rpt2$cc.female <- ifelse(rpt2$female==0,-1,1)
> table(rpt2$cc.female,rpt2$female)

       0   1
  -1 240   0
   1   0 240
```

성별변수에 대한 비교코딩 적용 후, reshape() 함수를 이용해 넓은 형태 데이터를 긴 형태 데이터로 전환하였다. 또한 하위수준의 독립변수인 측정시점 변수(time 변수)를 상위수준인 개체수준을 기준으로 집단평균 중심화변환을 실시하였다. 제2부에서 설명하였듯, 타이디데이터 접근법을 이용해 집단평균 중심화변환을 실시하였다.

```
> #넓은 형태 -> 긴 형태
> rpt2long <- reshape(rpt2,idvar='pid',varying=list(3:7),
+                       v.names = "y",direction='long')
> #집단평균 중심화변환 실시
> rpt2long  <- group_by(rpt2long,pid) %>%
+    mutate(gm.time = time-mean(time))
```

이제 데이터의 사전처리가 끝났다. 만약 해당 데이터를 수집한 연구자가 "이론적으로" 추정하고 싶은 연구모형이 있다면, 곧바로 다층모형을 구성한 후 모형추정을 할 수도 있다. 그러나 어떤 모형을 적용해야 할지 명확하게 정의된 이론을 갖지 못했다면, 다음과 같이 탐색적 데이터 분석을 실시해 보면 큰 도움을 얻을 수 있다. 시간에 따라 종속변수(대통령에 대한 호감도)가 어떻게 변하는지를 응답자 성별을 구분한 후 살펴보자. group_by() 함수와 summarise() 함수를 같이 사용하면 매우 유용하다.

```
> time.change <- group_by(rpt2long,female,time) %>%
+    summarise(mean(y))
> round(time.change,3)
# A tibble: 10 x 3
# Groups:    female [?]
   female  time 'mean(y)'
    <dbl> <dbl>     <dbl>
 1      0     1     3.630
 2      0     2     3.013
 3      0     3     2.839
 4      0     4     2.536
 5      0     5     3.019
 6      1     1     3.185
 7      1     2     2.801
 8      1     3     2.839
 9      1     4     2.748
10      1     5     3.353
```

수치를 하나하나 보는 것도 좋지만, 그래프를 그려보면 시간에 따른 호감도의 변화를 빠르게 이해할 수 있다. **ggplot2** 라이브러리 함수들을 이용하여 선그래프를 그리면 아래와 같다. **ggplot2** 라이브러리의 함수들을 이용해 그래프를 그리는 자세한 방법은 저자의 『R를 이용한 사회과학데이터 분석: 응용편』이나 관련된 다른 R 도서를 참조하기 바란다.

```
> #그림으로 그리면 보다 이해가 쉽다.
> ggplot(time.change,aes(x=time,y='mean(y)',shape=as.factor(female)))+
+    geom_line(stat='identity')+
+    geom_point(size=4)+
+    labs(x='시점',y='호감도',shape='성별')+
+    scale_shape_manual(values=0:1,labels=c('남','녀'))+
+    scale_y_continuous(limits=c(2,4))
```

그림 4. 성별에 따른 시점별 호감도 변화패턴

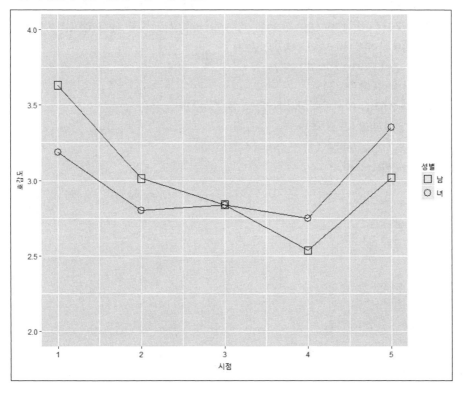

위의 그림을 보면 잘 드러나듯, 측정시점과 종속변수의 관계는 단선형(linear) 관계가 아닌 U자 형태의 곡선형(curvilinear) 관계를 갖고 있다. 즉 시점을 독립변수로 할 때 시점 변수는 일차항과 이차항이 같이 포함되는 회귀방정식, 즉 다항 회귀방정식(polynomial regression equation)을 구성해야 한다.

또한 언급하였듯 각 개인별 시간에 따른 종속변수의 변화패턴이 다를 수 있다. rpt2 데이터는 총 480명의 응답자로 구성되어 있기 때문에, 총 480가지의 시간에 따른 변화 패턴들이 나타난다. 그러나 시간에 따른 480명 전원의 종속변수 변화패턴을 그림에 표시하는 것은 그다지 효율적이지 않다. 480명 중 20명을 무작위로 추출하여 각 개인별 변화 패턴이 어떤지 그래프로 그려보자(무작위 추출이기 때문에 독자가 추출한 20명과 여기에 제시된 20명이 동일하지 않을 수 있다).

```
> #무작위로 20명의 사례를 선정하였음
> rpt2long.20 <- arrange(rpt2long,pid)
> rpt2long.20$myselect <- rep(sample(1:480,size=480,replace=FALSE),each=5)
> rpt2long.20 <- filter(rpt2long.20,myselect<21) %>% arrange(pid,time)
> ggplot(rpt2long.20,aes(x=time,y=y))+
+    geom_line(stat='identity')+
+    geom_point(size=2)+
+    geom_smooth(se = FALSE, method = "lm")+
+    labs(x='시점',y='호감도')+
+    scale_y_continuous(limits=c(0.5,5.5))+
+    facet_wrap(~pid)
```

그림 5. 시점별 호감도 변화패턴(480명의 응답자 중 20명만을 무작위로 추출하였음)

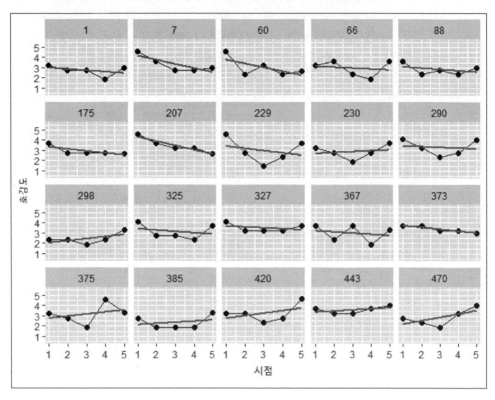

위의 결과를 보면 명확하게 드러나듯, 시간에 따른 종속변수의 변화패턴은 개인마다 다르다. 어떤 경우는 선형관계가 적합해 보이기도 하고, 또 어떤 경우는 U자형 곡선관계가 적당해 보이기도 한다. 또한 제2부에서 '랜덤효과'를 소개하였을 때처럼 같은 선형관계라고 하더라도 절편값과 회귀계수(기울기)가 개인에 따라 서로 다르다. 마찬가지로 U자형 곡선이라고 하더라도 움푹 팬 정도에서 개인차를 발견할 수 있다.

각 측정수준별로 clus2 데이터에 속한 변수들의 기술통계치를 정리해 보자. group_by() 함수, ungroup() 함수, summarise() 함수를 같이 사용하면 매우 쉽게 각 수준별 변수들의 기술통계치를 정리할 수 있다. 우선 시간수준의 두 변수인 종속변수(y)와 독립변수(time)의 기술통계치는 다음과 같이 구할 수 있다.

```
> #기술통계치 계산: 시간수준
> level1.y <- summarise(ungroup(rpt2long),
+          length(y),mean(y),sd(y),min(y),max(y))
> level1.time <- summarise(ungroup(rpt2long),
+          length(time),mean(time),sd(time),min(time),max(time))
> round(level1.y,3)
# A tibble: 1 × 5
  'length(y)' 'mean(y)' 'sd(y)' 'min(y)' 'max(y)'
      <dbl>      <dbl>   <dbl>   <dbl>    <dbl>
1      2400     2.996   0.739       1        5
> round(level1.time,3)
# A tibble: 1 × 5
  'length(time)' 'mean(time)' 'sd(time)' 'min(time)' 'max(time)'
         <dbl>        <dbl>      <dbl>      <dbl>      <dbl>
1         2400            3      1.415          1          5
```

개인수준의 독립변수(time)의 기술통계치는 다음과 같이 구할 수 있다. 우선 개인식별
번호를 기준으로 모든 변수들을 집산한 후($n=480$), 이렇게 집산된 변수에서 사례수, 평
균, 표준편차, 최솟값과 최댓값을 구하면 된다.

```
> #기술통계치 계산: 개인수준
> level2.female <- group_by(rpt2long,pid) %>%
+   summarise_all(mean) %>%
+   summarise(length(female),mean(female),sd(female),min(female),max(female))
> round(level2.female,3)
# A tibble: 1 × 5
  'length(female)' 'mean(female)' 'sd(female)' 'min(female)' 'max(female)'
          <dbl>          <dbl>        <dbl>        <dbl>        <dbl>
1           480            0.5        0.501            0            1
```

각 측정수준별로 **clus2** 데이터에 속한 변수들의 기술통계치를 정리하면 아래의 표와
같다.

표 5. "my2level_repeat.csv 데이터"의 기술통계치 정리

	사례수	평균	표준편차	최솟값	최댓값
시간수준(level-1)					
y	2,400	2.996	.739	1.000	5.000
time	2,400	3.000	1.415	1.000	5.000
개인수준(level-2)					
female	480	.500	.501	.000	1.000

2단계. 다층모형 구성: 가장 적합한 랜덤효과 구조의 확정

다층모형에서는 각 수준별 회귀방정식들을 구성한후, 이 방정식들을 동시에(simultaneously) 추정한다. 우선 첫 번째 반복측정된 시간수준(level-1), 즉 가장 하위수준에서 회귀방정식을 생각해 보자. 먼저 시간에 따른 고정효과가 전혀 존재하지 않는다고 가정해 보자. 이 경우 종속변수를 예측하는 모형은 독립변수 없이 절편과 오차항만으로 구성된다.

시간수준(level-1):

$$y_{it} = b_0 + e_{it}$$

$$e_{it} \sim N.I.D.(0, \ \sigma^2)$$

.... 〈공식 1-1-A-1〉

다음으로 '랜덤효과'를 고려해 보자. 앞서 설명하였듯 랜덤효과란 하위수준에서 나타난 모형의 모수추정치가 상위수준에 따라 다르게 나타나는 효과다. 〈공식 1-1-A-1〉에는 단 하나의 모수추정치를 찾을 수 있다(b_0). 이 모수추정치의 랜덤효과를 추정하기 위해서는 아래와 같은 두 번째 응답자 개인수준, 즉 상위수준의 회귀방정식을 설정하면 된다. 해당되는 모수가 '절편(intercept)'이기 때문에, 여기서 설정된 랜덤효과는 '랜덤절편효과(random intercept effect)'라고 불린다.

개인수준(level-2):

$$b_0 = \gamma_{00} + u_{00}$$

$$u_{00} \sim N.I.D.(0, \tau_{00})$$

.... 〈공식 1-1-A-2〉

자 이제 〈공식 1-1-A-2〉를 〈공식 1-1-A-1〉에 투입하여 두 공식을 통합해 보자. 두 회귀방정식을 통합한 결과는 다음과 같다.

통합된 회귀모형:

$$y_{it} = \gamma_{00} + u_{00} + e_{it}$$

$$e_{it} \sim N.I.D.(0, \sigma^2)$$

$$u_{00} \sim N.I.D.(0, \tau_{00})$$

.... 〈공식 1-1-A〉

위의 〈공식 1-1-A〉에서는 총 1개의 절편(γ_{00})과 두 개의 분산[1수준의 오차항 분산 σ^2, 2수준의 랜덤절편효과(random intercept effect) τ_{00}]을 추정하면 된다. 〈공식 1-1-A〉와 같이 고정효과항(fixed effect terms)이 전혀 투입되지 않은 다층모형을 기본모형(baseline model)이라고 부른다. 물론 기본모형을 이용해 연구자의 가설을 테스트하는 경우는 거의 없다.

그러나 기본모형은 위계적 데이터가 적용된 현상을 이해하는 데 매우 유용하며, 어떤 다층모형을 추정하더라도 반드시 점검해야만 하는 '기본' 모형이다. 그 이유는 2가지다. 첫째, 종속변수의 분산이 주로 어느 수준(예를 들어, 시간수준인가? 아니면 응답자 개인수준인가?)에서 발생하는지 이해할 수 있기 때문이다. 이는 기본모형 추정결과를 설명할 때 제시될 급내상관계수(ICC)에서 보다 자세히 설명하기로 한다. 둘째, 기본모형은 고정효과항을 투입하였을 때 모형이 얼마나 개선되며 설명되지 않은 분산(오차항의 분산 및 랜덤효과)이 고정효과에 의해 얼마나 설명되었는지, 즉 상위수준에서 종속변수에 대한 독립변수의 설명력을 추정하는 데 필수적이기 때문이다. 〈공식 1-1-A〉를 적용한 모형을 '모형0'이라고 부르자.

다음으로 제1수준 회귀방정식에 집단평균 중심화변환을 적용한 측정시점 변수를 투입해 보자. 우선은 측정시점과 종속변수의 관계가 선형관계를 띤다고 가정해 보자.

시간수준(level-1):

$$y_{it} = b_0 + b_1 \cdot \text{gm.time} + e_{it}$$

$$e_{it} \sim N.I.D.(0, \ \sigma^2)$$

.... ⟨공식 1-1-B-1⟩

다음으로 '랜덤효과'를 고려해 보자. 앞의 ⟨공식 1-1-A-1⟩과는 달리 ⟨공식 1-1-B-1⟩에는 2개의 모수추정치들을 찾을 수 있다(b_0, b_1). 이들 모수추정치의 랜덤효과를 추정하기 위해서는 아래와 같이 응답자 개인수준의 회귀모형을 두 개 설정하면 된다. 한 가지 유념할 점은 절편(b_0)의 예측방정식의 랜덤효과항(분산항 u_{00})과 기울기(b_1)의 예측방정식의 랜덤효과항(분산항 u_{11})은 공분산(covariance, u_{01})이 가정된다는 점이다. 여기서 u_{01}는 절편과 기울기의 상관관계로 해석할 수 있다. 즉 u_{01}을 u_{00}, u_{01}의 제곱근으로 나누면 바로 상관계수를 얻을 수 있다. 양의 값을 갖는 상관계수는 "절편이 클수록 기울기가 크다"(주의: 인과관계가 아니라 상관관계를 나타낸 것임)라고 해석할 수 있다.

개인수준(level-2):

$$b_0 = \gamma_{00} + u_{00}$$
$$b_1 = \gamma_{10} + u_{11}$$

$$\begin{pmatrix} u_{00} \\ u_{01} \ u_{11} \end{pmatrix} \sim N.I.D. \left[0, \begin{pmatrix} \tau_{00} \\ \tau_{01} \ \tau_{11} \end{pmatrix} \right]$$

.... ⟨공식 1-1-B-2⟩

마찬가지로 ⟨공식 1-1-B-2⟩를 ⟨공식 1-1-B-1⟩에 투입하여 공식을 통합해 보자. 그 결과는 다음과 같다.

통합된 회귀모형:

$$y_{it} = \gamma_{00} + u_{00} + (\gamma_{10} + u_{11}) \cdot \text{gm.time} + e_{it}$$

$$e_{it} \sim N.I.D.(0, \ \sigma^2)$$

$$\begin{pmatrix} u_{00} \\ u_{01} \ u_{11} \end{pmatrix} \sim N.I.D. \left[0, \begin{pmatrix} \tau_{00} \\ \tau_{01} \ \tau_{11} \end{pmatrix} \right]$$

.... ⟨공식 1-1-B⟩

위의 ⟨공식 1-1-B⟩에서는 총 1개의 절편(γ_{00})과 1개의 기울기(γ_{01}), 그리고 네 개의 분산/공분산[1수준의 오차항 분산 σ^2, 2수준의 랜덤절편효과 τ_{00}, 2수준의 랜덤기울기효과(random slope effect) τ_{11}, 두 랜덤효과의 공분산 τ_{01}]을 추정하면 된다. ⟨공식 1-1-B⟩에서는 **gm.time** 변수가 종속변수에 미치는 효과라는 고정효과가 투입되었다. 본서에서는 ⟨공식 1-1-B⟩를 적용한 모형을 '모형1A'라고 부르기로 한다.

다음으로는 측정시점의 제곱항을 투입하였다. 앞에서와 동일한 과정을 거치면 된다.

시간수준(level-1):

$$y_{it} = b_0 + b_1 \cdot \text{gm.time} + b_2 \cdot \text{gm.time}^2 + e_{it}$$

$$e_{it} \sim N.I.D.(0, \ \sigma^2)$$

.... ⟨공식 1-1-C-1⟩

다음으로 '랜덤효과'를 고려해 보자. ⟨공식 1-1-C-1⟩에는 총 3개의 모수추정치들을 확인할 수 있다(b_0, b_1, b_2). 이 경우 랜덤효과가 총 3개(u_{00}, u_{11}, u_{22})이기 때문에, 랜덤효과의 공분산이 3개 존재한다(u_{01}, u_{02}, u_{12}).

개인수준(level-2):

$$b_0 = \gamma_{00} + u_{00}$$

$$b_1 = \gamma_{10} + u_{11}$$

$$b_2 = \gamma_{20} + u_{22}$$

$$\begin{pmatrix} u_{00} \\ u_{01}\ u_{11} \\ u_{02}\ u_{12}\ u_{22} \end{pmatrix} \sim N.I.D. \left[0, \begin{pmatrix} \tau_{00} \\ \tau_{01}\ \tau_{11} \\ \tau_{02}\ \tau_{12}\ \tau_{22} \end{pmatrix} \right]$$

.... 〈공식 1-1-C-2〉

동일하게 〈공식 1-1-C-2〉를 〈공식 1-1-C-1〉에 투입하면 아래와 같은 통합공식을 얻을 수 있다.

통합된 회귀모형:

$$y_{it} = \gamma_{00} + u_{00} + (\gamma_{10} + u_{11}) \cdot \text{gm.time} + (\gamma_{20} + u_{22}) \cdot \text{gm.time}^2 + e_{it}$$

$$e_{it} \sim N.I.D.(0,\ \sigma^2)$$

$$\begin{pmatrix} u_{00} \\ u_{01}\ u_{11} \\ u_{02}\ u_{12}\ u_{22} \end{pmatrix} \sim N.I.D. \left[0, \begin{pmatrix} \tau_{00} \\ \tau_{01}\ \tau_{11} \\ \tau_{02},\ \tau_{12}\ \tau_{22} \end{pmatrix} \right]$$

.... 〈공식 1-1-C〉

본서에서는 〈공식 1-1-C〉를 적용한 모형을 '모형1B'라고 부르기로 한다.

이렇게 모형0, 모형1A, 모형1B를 설정한 후 데이터에 가장 적합한 모형이 무엇인지 확정한 후, 상위수준(응답자 개인수준, level-2)의 독립변수(예시데이터의 경우 `cc.female` 변수)를 추가하여 데이터에 가장 적합한 최종 다층모형을 찾으면 된다. 우선은 공식을 통해 정립한 세 다층모형들을 `lme4` 라이브러리의 `lmer()` 함수를 이용해 추정하고 가장 적합도가 높은 랜덤효과 구조를 갖는 모형을 찾아보자.

3단계. 다층모형의 추정

이제 `lme4` 라이브러리를 이용해 다층모형을 추정해 보자. 우선 가장 단순한 모형0(기본모형)을 추정해 보자. 다층모형을 추정하는 `lme4` 라이브러리 함수는 `lmer()` 함수다

(linear mixed effect regression의 약자다). R을 이용해 일반선형모형(lm( ) 함수나 glm( ) 함수)을 추정해본 독자들은 lmer( ) 함수를 쉽게 익힐 수 있다. 아래의 예에서 잘 드러나듯 **종속변수 ~ 독립변수**와 같은 형태로 표현되며, 랜덤효과는 괄호 ( )와 식별번호(아이디)변수 앞에 |을 명시하면 된다. 여기서 숫자 **1**은 절편(intercept)을 뜻한다. 즉 아래의 모형에는 고정효과항이 없다. 다층모형의 통합공식을 표현한 후, 데이터를 지정하고 해당 추정결과를 rpt2.model0이라는 이름의 오브젝트로 저장하였다. 저장결과를 보고 싶다면 일반선형모형과 마찬가지로 summary( ) 함수를 사용하면 된다. 제1부에서 설명하였듯 다층모형의 경우 일반선형모형에서 사용되는 최대우도 추정법(ML)이 아니라 제한적 최대우도 추정법(REML)이 선호되기 때문에 lmer( ) 함수의 디폴트는 REML이다. 만약 REML이 아니라 ML을 사용하고자 한다면, lmer(y~1+(1|pid),rpt2long, REML=FALSE)와 같이 별도의 옵션을 지정하면 된다.

```
> #모형0: 기본모형
> rpt2.model0 <- lmer(y~1+(1|pid),rpt2long)
> summary(rpt2.model0)
summary from lme4 is returned
some computational error has occurred in lmerTest
Linear mixed model fit by REML ['lmerMod']
Formula: y ~ 1 + (1 | pid)
   Data: rpt2long

REML criterion at convergence: 5338.9

Scaled residuals:
    Min      1Q   Median       3Q      Max
-2.89688 -0.72017  0.04272  0.69679  2.69156

Random effects:
 Groups   Name        Variance Std.Dev.
 pid      (Intercept) 0.04476  0.2116
 Residual             0.50194  0.7085
Number of obs: 2400, groups:  pid, 480

Fixed effects:
            Estimate Std. Error t value
(Intercept)  2.99637    0.01739   172.3
```

우선 "summary from lme4 is returned some computational error ..." 부분은 신경쓰지 않아도 무방하다. `lmerTest` 라이브러리는 고정효과항의 통계적 유의도 테스트 결과를 제시하는데, 모형0에서는 고정효과항이 없기 때문에 통계적 유의도 테스트 결과가 제시되지 않는다는 의미에 불과하기 때문이다. 〈공식 1-1-A〉에서 지정된 모수추정치는 각각 다음과 같다.

- $\gamma_{00} = 2.996$
- $\tau_{00} = .04476$
- $\sigma^2 = .50194$

여기서 분산값들(τ_{00}, σ^2)에만 초점을 맞추어 보자. 우선 σ^2는 반복측정된 시간수준에서의 분산값이며(오차항 분산), τ_{00}는 응답자 개인의 차이로 인해 발생한 분산값이다(랜덤절편효과). 다시 말해 σ^2는 하위수준(level-1)의 분산을, τ_{00}는 상위수준(level-2)의 분산을 의미한다. 두 분산값을 더해주면 2층으로 구성된 위계적 데이터의 총분산을 구할 수 있다. 이 총분산 중에서 상위수준, 즉 개인차이로 인해 발생한 분산값의 비율을 "급내상관계수(ICC, intra-class correlation)"라고 부른다. 즉 2층의 시계열 데이터의 경우 ICC는 전체분산 중 개인차이에 의해 발생된 분산의 비율을 뜻한다. 한번 ICC를 계산해 보자.

```
> .04476/(.04476+.50194)
[1] 0.08187306
```

ICC = .0819로 나타났다. ICC는 위계적 데이터로 표현된 현상에 대해 매우 중요한 정보를 담고 있다. 우선 ICC는 다음과 같이 해석할 수 있다: "전체분산 중 약 8%는 개인차이에 의해 발생하였지만, 약 92%는 측정시점 차이에 의해 발생하였다." 매우 간단한 수치지만, 매우 중요한 정보를 담고 있다. 다시 말해 `clus2` 데이터에서 나타난 대통령호감도 변화를 더 잘 이해하기 위해서는 응답자의 개인차이보다 시간의 흐름, 혹은 시간적 맥락에 더 집중해야 한다.

이제 측정시점의 일차항만을 고정효과로 투입한 모형1A를 추정해 보자. 다음과 같이 **y~gm.time+(gm.time|pid)**로 표현하면 모형1A를 추정할 수 있다. 즉 고정효과항으로 **gm.time** 변수를 투입하고, 응답자 개인차에 따라 랜덤절편효과와 랜덤기울기효과, 그리고 두 랜덤효과의 공분산을 추정할 수 있다.

```
> #모형1A: 일차항만 투입
> rpt2.model1a <- lmer(y~gm.time+(gm.time|pid),rpt2long)
> summary(rpt2.model1a)
Linear mixed model fit by REML t-tests use Satterthwaite approximations to
   degrees of freedom [lmerMod]
Formula: y ~ gm.time + (gm.time | pid)
   Data: rpt2long

REML criterion at convergence: 5297.3

Scaled residuals:
    Min      1Q  Median      3Q     Max
-2.8850 -0.6756  0.0394  0.6907  2.8462

Random effects:
 Groups   Name        Variance  Std.Dev. Corr
 pid      (Intercept) 4.728e-02 0.217448
          gm.time     8.864e-05 0.009415 1.00
 Residual             4.894e-01 0.699566
Number of obs: 2400, groups:  pid, 480

Fixed effects:
              Estimate Std. Error         df t value Pr(>|t|)
(Intercept)    2.99637    0.01739  479.20000 172.302  < 2e-16 ***
gm.time       -0.07089    0.01011 1863.70000  -7.015 3.21e-12 ***
---
Signif. codes:  0 '***' 0.001 '**' 0.01 '*' 0.05 '.' 0.1 ' ' 1

Correlation of Fixed Effects:
        (Intr)
gm.time 0.024
```

우선 "Linear mixed model fit by REML t-tests use Satterthwaite approximations to degrees of freedom"이라는 표현을 살펴보자. 이 부분을 이해하는 가장 좋은 방법은 독립표본 티테스트(independent sample *t*-test)를 실시할 때 두 집단의 동분산성(variance homogeneity assumption)을 가정할 수 없는 상황을 떠올리는 것이다. 흔히 독립표본 티테스트에서 르빈의 테스트(Levene's *F* test) 결과 종속변수의 분산이 두 집단에서 서로 상이하면 티-값(*t*-value)의 자유도를 수정해 주는데, 이때 웰치-새터스웨이트(Welch-Satterthwaite)의 해(解, solution)를 사용한다. 위의 표현도 개념적으로 웰치-새터스웨이트의 해와 동일하다(Satterthwaite라는 이름이 동일한 것에 주목하라). 즉 상위수준 측정단위(응답자 개인)를 기준으로 동분산성을 가정하지 못할 경우 자유도를 조정해 주는[보통 자유도에 벌칙(penality)을 부과하는] 방법을 통해 제1종 오류(type 1 error) 가능성을 줄여준다.

예를 들어 **gm.time**의 고정효과 추정결과에 주목해 보자. 여기서 자유도(**df**)는 1863.700이 나왔다. 전체표본의 수가 2400이라는 점에서 자유도는 2395(2400에서 모수의 수 5개를 빼줌)가 나와야 하지만, 새터스웨이트의 수정을 적용해 2395에 벌칙이 부여되어 줄어든 자유도 1863.700을 얻었다.

그리고 결과 마지막에 제시된 "**Correlation of Fixed Effects:**" 부분은 추정된 고정효과 모수추정치들 사이의 추정된 상관계수를 의미한다. 앞서 설명하였듯, OLS 회귀모형의 경우 독립변수들 사이의 상관관계가 너무 높아 OLS 회귀모형의 가정을 심각하게 위배할 가능성이 있는 경우를 흔히 '다중공선성 문제'라고 부른다. 여기의 상관관계 행렬은 바로 다층모형에서의 다중공선성 문제를 점검하기 위한 것이다. 그러나 저자를 포함한 많은 연구자들은 이 상관행렬에서 심각할 정도로 높은 상관계수를 발견하지 않는 한 큰 의미를 두지 않는 것이 보통이다. 만약 이 부분의 결과가 너무 번잡하게 느껴지면 summary(rpt2.model1a) 대신, print(summary(rpt2.model1a), correlation=FALSE)를 사용하면 된다(correlation=FALSE는 상관관계 행렬이 보고하지 않는다는 의미다).

다음으로 랜덤효과 부분을 살펴보자. 총 3개의 분산값이 보고되었으며, 그 오른쪽에 Corr라는 세로줄에 보고된 1.00이라는 값은 u_{01}의 공분산을 상관계수로 나타낸 것이다. 랜덤효과를 모두 분산/공분산으로 표현하기 위해서는 **VarCorr()** 함수의 출력값을 데이터 오브젝트로 전환하면 된다. 여기서 **VarCorr()** 함수는 다층모형 추정결과 오브젝트에서 분산들만 추출하는 함수다(랜덤효과는 분산으로 표현된다는 점을 다시 상기하기 바란다). 아래를 참고하라.

```
> #오차항과 랜덤효과 추출
> var.cov <- data.frame(VarCorr(rpt2.model1a))
> var.cov
        grp        var1     var2        vcov        sdcor
1       pid (Intercept)     <NA> 4.728383e-02 0.217448455
2       pid     gm.time     <NA> 8.863985e-05 0.009414874
3       pid (Intercept)  gm.time 2.047250e-03 1.000000000
4  Residual        <NA>     <NA> 4.893923e-01 0.699565784
> round(var.cov$vcov,5)
[1] 0.04728 0.00009 0.00205 0.48939
```

모형1에서 추정하고자 했던 모수추정치들을 정리하면 다음과 같다.

- $\gamma_{00} = 2.996$
- $\gamma_{10} = -.071$
- $\sigma^2 = .48939$
- $\begin{pmatrix} \tau_{00} \\ \tau_{01} & \tau_{11} \end{pmatrix} = \begin{pmatrix} .04728 \\ .00009 & .00205 \end{pmatrix}$

이제 마지막으로 모형1B를 추정해 보자. 다항회귀모형에서 고차항을 넣기 위해서는 I(변수^차수)를 사용하면 편하기는 하지만, 다층모형에서 랜덤효과를 추정할 때는 고차 항 변수를 직접 생성하여 투입하는 것이 더 깔끔하다. 고정효과항과 랜덤효과항을 지정 하는 방법은 앞서 살펴본 모형1A과 본질적으로 동일하다.

```
> #모형1B: 이차항을 추가로 투입
> #이차항은 I(gm.time2^2)과 같이 넣어도 되지만, 다음과 같이 하는 것이 더 깔끔함
> rpt2long$gm.time2 <- rpt2long$gm.time^2
> rpt2.model1b <- lmer(y~gm.time+gm.time2+(gm.time+gm.time2|pid),rpt2long)
```

```
> summary(rpt2.model1b)
Linear mixed model fit by REML t-tests use Satterthwaite approximations to
    degrees of freedom [lmerMod]
Formula: y ~ gm.time + gm.time2 + (gm.time + gm.time2 | pid)
    Data: rpt2long
REML criterion at convergence: 5006.6

Scaled residuals:
    Min      1Q  Median      3Q     Max
-3.2406 -0.6464  0.0084  0.6269  2.9265

Random effects:
 Groups    Name        Variance  Std.Dev. Corr
 pid       (Intercept) 0.0895320 0.29922
           gm.time     0.0068532 0.08278   0.04
           gm.time2    0.0005685 0.02384  -0.94  0.30
 Residual              0.4018472 0.63391
Number of obs: 2400, groups:  pid, 480

Fixed effects:
              Estimate Std. Error        df t value Pr(>|t|)
(Intercept)  2.716e+00  2.436e-02 5.333e+02 111.528  < 2e-16 ***
gm.time     -7.089e-02  9.899e-03 4.840e+02  -7.162 2.99e-12 ***
gm.time2     1.401e-01  7.809e-03 1.238e+03  17.937  < 2e-16 ***
---
Signif. codes:  0 '***' 0.001 '**' 0.01 '*' 0.05 '.' 0.1 ' ' 1

Correlation of Fixed Effects:
         (Intr) gm.tim
gm.time   0.008
gm.time2 -0.702  0.016
```

이번에는 다층모형 결과에서 고정효과 부분을 추출해 보자. OLS 모형이나 일반선형모형과 마찬가지로 **summary()** 함수를 적용한 오브젝트의 하위오브젝트 중 **coefficients**를 지정하면 된다. 여기서는 **round()** 함수를 이용해 소수점 3자리까지 표현하였다.

```
> #고정효과 추출
> round(summary(rpt2.model1b)$coefficients,3)
            Estimate Std. Error        df t value Pr(>|t|)
(Intercept)    2.716      0.024   533.303 111.528        0
gm.time       -0.071      0.010   484.031  -7.162        0
gm.time2       0.140      0.008  1238.514  17.937        0
```

위의 결과에서 명확하게 알 수 있듯 측정시점과 대통령 호감도의 관계는 U자형 곡선, 즉 2차함수 형태를 띤다고 볼 수 있다. 앞서 모형1A와 마찬가지로 오차항과 랜덤효과도 추출해서 살펴보자.

```
> #오차항과 랜덤효과 추출
> var.cov <- data.frame(VarCorr(rpt2.model1b))
> var.cov
        grp        var1     var2          vcov        sdcor
1       pid (Intercept)     <NA>   0.0895319987   0.29921898
2       pid    gm.time      <NA>   0.0068532477   0.08278434
3       pid    gm.time2     <NA>   0.0005684918   0.02384307
4       pid (Intercept)  gm.time   0.0009360595   0.03778906
5       pid (Intercept) gm.time2  -0.0067175247  -0.94158171
6       pid    gm.time  gm.time2   0.0005940498   0.30096258
7  Residual       <NA>     <NA>   0.4018472464   0.63391423
> round(var.cov$vcov,5)
[1] 0.08953 0.00685 0.00057 0.00094 -0.00672 0.00059 0.40185
```

모형1B를 통해 추정하고자 하는 모수추정치를 정리하면 다음과 같다.

- $\gamma_{00} = 2.716$

- $\gamma_{10} = -.071$

- $\gamma_{20} = .140$

- $\sigma^2 = .40185$

- $\begin{pmatrix} \tau_{00} & & \\ \tau_{01} & \tau_{11} & \\ \tau_{02} & \tau_{12} & \tau_{22} \end{pmatrix} = \begin{pmatrix} .08953 & & \\ .00094 & .00685 & \\ -.00672 & .00059 & .00057 \end{pmatrix}$

모형0, 모형1A, 모형1B를 어떻게 추정하는지 살펴보았다. 그렇다면 어떤 모형이 가장 데이터에 부합하는 모형일까? 제1부에서 언급하였듯, REML을 적용한 다층모형의 경우 우도비 테스트(LR test)를 적용할 수 없다. 따라서 경쟁하는 모형들의 AIC나 BIC와 같은 정보기준지수를 비교하여 가장 작은 AIC, BIC를 얻은 모형을 가장 적합한 모형이라고 판단한다. 앞에서 추정한 세 가지 다층모형의 AIC와 BIC를 각각 비교해 보자. 이를 위해서는 AIC() 함수, BIC() 함수에 다층모형 추정결과 오브젝트를 지정하면 된다.

```
> #모형적합도(goodness-of-fit) 비교
> AIC(rpt2.model0); BIC(rpt2.model0)
[1] 5344.899
[1] 5362.249
> AIC(rpt2.model1a); BIC(rpt2.model1a)
[1] 5309.271
[1] 5343.97
> AIC(rpt2.model1b); BIC(rpt2.model1b)
[1] 5026.649
[1] 5084.482
```

위의 결과에 따르면 모형1B가 가장 좋은 모형적합도를 보이고 있다(즉 가장 작은 AIC, BIC값). 그러나 위의 결과에서 주의할 점은 측정시점 변수의 이차항 고정효과가 통계적으로 유의미하다는 사실이다. 즉 우리는 고정효과 부분은 모형1B의 것을, 랜덤효과 부분은 모형1A의 것을 사용한 모형을 모형1C이라고 이름 붙이고, 모형1C와 모형1B의 AIC, BIC를 비교해 보자.

```
> #랜덤효과 부분은 model1B, 고정효과 부분은 model1A
> rpt2.model1c <- lmer(y~gm.time+gm.time2+(gm.time|pid),rpt2long)
> AIC(rpt2.model1c); BIC(rpt2.model1c)
[1] 5024.88
[1] 5065.363
```

위의 결과에서 알 수 있듯, 모형1C가 가장 좋은 모형적합도를 보이고 있다. 즉 모형 1C를 공식으로 나타내면 다음과 같다.

시간수준(level-1):

$$y_{it} = b_0 + b_1 \cdot \text{gm.time} + b_2 \cdot \text{gm.time}^2 + e_{it}$$

$$e_{it} \sim N.I.D.(0, \ \sigma^2)$$

.... 〈공식 1-1-D-1〉

개인수준(level-2):

$$b_0 = \gamma_{00} + u_{00}$$
$$b_1 = \gamma_{10} + u_{11}$$
$$b_2 = \gamma_{20}$$

$$\begin{pmatrix} u_{00} \\ u_{01} \ u_{11} \end{pmatrix} \sim N.I.D. \left[0, \begin{pmatrix} \tau_{00} \\ \tau_{01} \ \tau_{11} \end{pmatrix} \right]$$

.... 〈공식 1-1-D-2〉

통합된 회귀모형:

$$y_{it} = \gamma_{00} + u_{00} + (\gamma_{10} + u_{11}) \cdot \text{gm.time} + \gamma_{20} \cdot \text{gm.time}^2 + e_{it}$$

$$e_{it} \sim N.I.D.(0, \ \sigma^2)$$
$$\begin{pmatrix} u_{00} \\ u_{01} \ u_{11} \end{pmatrix} \sim N.I.D. \left[0, \begin{pmatrix} \tau_{00} \\ \tau_{01} \ \tau_{11} \end{pmatrix} \right]$$

.... 〈공식 1-1-D〉

측정시점에 따른 호감도의 변화패턴과 랜덤효과와 관련하여 살펴본 4가지 다층모형 추정결과들을 하나의 표로 정리하면 아래와 같다.

표 6. 2층 시계열 데이터의 랜덤효과 구조 및 모형적합도 추정결과 비교

	모형0	모형1A	모형1B	모형1C
고정효과				
시간수준				
절편	2.996***	2.996***	2.716***	2.716***
	(.017)	(.017)	(.024)	(.023)
측정시점		−.071***	−.071***	−.071***
		(.010)	(.010)	(.010)
측정시점(제곱)			.140***	.140***
			(.008)	(0.008)
개인수준				
랜덤효과				
랜덤절편(τ_{00})	.04476	.04728	.08953	.06415
랜덤기울기, 1차(τ_{11})		.00205	.00685	.00648
랜덤기울기, 2차(τ_{22})			.00057	
공분산(τ_{01})		.00009	.00094	.00223
공분산(τ_{02})			−.00672	
공분산(τ_{12})			.00059	
오차항(σ^2)	.50194	.48939	.40185	.40497
모형적합도				
AIC	5344.899	5309.271	5026.649	**5024.880**
BIC	5362.249	5343.970	5084.482	**5065.363**

알림. *$p<.05$, **$p<.01$, ***$p<.001$, $N_{측정시점}$=2,400, $N_{응답자}$=480. 모든 모형들은 R의 lme4 라이브러리의 lmer() 함수를 이용하였으며, 모형추정방법으로는 제한적 최대우도법(REML)을 사용하였다. 또한 고정효과의 자유도(df)는 새터스웨이트(Satterthwaite)의 제안에 따라 조정되었다.

4단계. 상위수준 독립변수의 효과 추정

앞에서 우리는 모형1C를 최종모형으로 설정하였다. 이제 모형1C에 상위수준, 즉 응답자 개인수준에서 측정된 변수인 성별변수를 비교코딩한 cc.female 독립변수를 추가로 투입해 보자. 우선 cc.female 변수는 집단수준에서 측정된 변수이기 때문에 상위수준(level-2)에 포함되어야 한다. 즉 모수추정치인 b_0, b_1, b_2를 예측하는 회귀방정식에 차례대로 cc.female 변수를 투입한 모형을 모형2A라고 이름 붙인 후 lmer() 함수를 이

용해 추정해 보자.

시간수준(level-1):

$$y_{it} = b_0 + b_1 \cdot \text{gm.time} + b_2 \cdot \text{gm.time}^2 + e_{it}$$

$$e_{it} \sim N.I.D.(0,\ \sigma^2)$$

.... 〈공식 1-1-E-1〉

개인수준(level-2):

$$b_0 = \gamma_{00} + \gamma_{01} + u_{00}$$

$$b_1 = \gamma_{10} + \gamma_{11} + u_{11}$$

$$b_2 = \gamma_{20} + \gamma_{21}$$

$$\begin{pmatrix} u_{00} \\ u_{01}\ u_{11} \end{pmatrix} \sim N.I.D. \left[0, \begin{pmatrix} \tau_{00} \\ \tau_{01}\ \tau_{11} \end{pmatrix} \right]$$

.... 〈공식 1-1-E-2〉

통합된 회귀모형:

$$y_{it} = \gamma_{00} + \gamma_{01} + u_{00} +$$

$$(\gamma_{10} + \gamma_{11} + u_{11}) \cdot \text{gm.time} +$$

$$(\gamma_{20} + \gamma_{21}) \cdot \text{gm.time}^2 + e_{it}$$

$$e_{it} \sim N.I.D.(0,\ \sigma^2)$$

$$\begin{pmatrix} u_{00} \\ u_{01}\ u_{11} \end{pmatrix} \sim N.I.D. \left[0, \begin{pmatrix} \tau_{00} \\ \tau_{01}\ \tau_{11} \end{pmatrix} \right]$$

.... 〈공식 1-1-E〉

```
> #상위수준(개인수준)의 독립변수를 추가로 투입
> rpt2.model2A <- lmer(y~cc.female*(gm.time+gm.time2)+
+                          (gm.time|pid),rpt2long)
> print(summary(rpt2.model2A),correlation=FALSE)
Linear mixed model fit by REML t-tests use Satterthwaite approximations to
  degrees of freedom [lmerMod]
Formula: y ~ cc.female * (gm.time + gm.time2) + (gm.time | pid)
   Data: rpt2long

REML criterion at convergence: 4919.6

Scaled residuals:
     Min       1Q    Median       3Q      Max
-2.88028 -0.65178  0.02663  0.63883  3.08412

Random effects:
 Groups   Name        Variance  Std.Dev. Corr
 pid      (Intercept) 0.0660616 0.25702
          gm.time     0.0001453 0.01205  1.00
 Residual             0.3964333 0.62963
Number of obs: 2400, groups:  pid, 480

Fixed effects:
                      Estimate Std. Error        df t value Pr(>|t|)
(Intercept)          2.716e+00  2.321e-02 1.314e+03 117.020  < 2e-16 ***
cc.female            4.821e-03  2.321e-02 1.314e+03   0.208    0.835
gm.time             -7.089e-02  9.105e-03 1.836e+03  -7.787 1.15e-14 ***
gm.time2             1.401e-01  7.681e-03 1.916e+03  18.237  < 2e-16 ***
cc.female:gm.time    9.897e-02  9.105e-03 1.836e+03  10.871  < 2e-16 ***
cc.female:gm.time2  -7.984e-03  7.681e-03 1.916e+03  -1.039    0.299
---
Signif. codes:  0 '***' 0.001 '**' 0.01 '*' 0.05 '.' 0.1 ' ' 1

> AIC(rpt2.model2A); BIC(rpt2.model2A)
[1] 4939.632
[1] 4997.465
```

위의 출력결과를 아래와 같은 표로 정리해 보자. 아래의 표는 **cc.female** 변수, 그리고 측정시간의 일차항과 2차항의 상호작용효과항들을 투입하기 전의 모형1C와 위에서 추정한 모형 2A를 정리하여 비교한 것이다.

표 7. 개인수준의 독립변수와 상호작용효과 투입 전후 비교

	모형1C	모형2A
고정효과		
시간수준		
절편	2.716***	2.716***
	(.023)	(0.023)
측정시점	−.071***	−.071***
	(.010)	(.009)
측정시점(제곱)	.140***	.140***
	(.008)	(.008)
개인수준		
성별[†]		.005
		(.023)
성별×측정시점		.099***
		(.009)
성별×측정시점(제곱)		−.008
		(.008)
랜덤효과		
랜덤절편(τ_{00})	.06415	.06606
랜덤기울기, 1차(τ_{11})	.00648	.00015
공분산(τ_{01})	.00223	.00310
오차항(σ^2)	.40497	.39643
모형적합도		
AIC	5024.880	**4939.632**
BIC	5065.363	**4997.465**

알림. *$p<.05$, **$p<.01$, ***$p<.001$, $N_{측정시점}=2,400$, $N_{응답자}=480$. 모든 모형들은 R의 lme4 라이브러리의 lmer() 함수를 이용하였으며, 모형추정방법으로는 제한적 최대우도법(REML)을 사용하였다. 또한 고정효과의 자유도(df)는 새터스웨이트(Satterthwaite)의 제안에 따라 조정되었다. [†] 성별변수는 남성을 −1, 여성을 +1으로 비교코딩하였다.

우선 고정효과 추정부분에서 흥미로운 결과를 확인할 수 있다. 성별과 측정시점의 상호작용효과가 통계적으로 유의미한 결과로 나타났다. 다음과 같이 성별에 따라 시간(측정시점, gm.time 변수)이 결과변수에 미치는 효과의 패턴이 어떻게 달라지는지를 계산해 보자.

- 남성일 때(cc.female = −1),

$$\hat{y}=(2.716-.005)+(-.071+.099)\times \mathrm{gm.time}+(.014+.008)\times \mathrm{gm.time}^2$$
$$=2.711-.170\times \mathrm{gm.time}+.022\times \mathrm{gm.time}^2$$

- 여성일 때(cc.female = +1),

$$\hat{y}=(2.716+.005)+(-.071-.099)\times \mathrm{gm.time}+(.014-.008)\times \mathrm{gm.time}^2$$
$$=2.721+.028\times \mathrm{gm.time}+.006\times \mathrm{gm.time}^2$$

위의 모형2A의 결과는 측정시점의 일차항(즉 gm.time 일차항)의 두 회귀계수인 −.170과 .028이 통계적으로 유의미하게 다른 것을 보여주고 있다. 이 상호작용효과의 패턴은 조금 후에 그래프를 그려보면 보다 쉽고 명확하게 이해될 것이다.

흥미로운 부분은 바로 '랜덤효과' 추정결과다. 우선 시간수준의 분산인 오차항의 분산과 개인수준의 분산인 τ_{00}, τ_{01}, τ_{11}을 구분해 보자. 즉 모형1C와 모형2A의 총분산, 시간수준의 분산(level−1의 분산), 응답자 개인수준의 분산(level−2의 분산)은 다음과 같은 방법으로 계산 가능하다.

```
> #분산들을 추출
> var.cov3 <- data.frame(VarCorr(rpt2.model1c))
> var.cov4 <- data.frame(VarCorr(rpt2.model2a))
> #전체분산
> (total.var3 <- sum(var.cov3$vcov))
[1] 0.4778278
> (total.var4 <- sum(var.cov4$vcov))
[1] 0.4657382
```

```
> #level-1분산
> (level1.var3 <- var.cov3$vcov[4])
[1] 0.4049748
> (level1.var4 <- var.cov4$vcov[4])
[1] 0.3964333
> #level-2분산
> (level2.var3 <- sum(var.cov3$vcov[1:3]))
[1] 0.07285306
> (level2.var4 <- sum(var.cov4$vcov[1:3]))
[1] 0.06930492
```

위와 같이 추출된 결과를 갖고 집단수준의 성별변수를 추가로 투입하였을 때 오차항의 분산값이 어떻게 변화하였으며, 또한 랜덤효과(개인수준의 분산 및 공분산)가 어떻게 변화하였는지 살펴보자. 우선 시간수준의 분산은 .40497에서 .39643으로 감소하였다. 또한 개인수준의 분산은 .07285에서 .06930으로 감소하였다. 전체분산은 .47783에서 .46574로 감소하였다. 그렇다면 모형1C의 분산을 기준으로 모형2A에서의 분산의 감소비율이 어느 정도인지 계산해 보자. 흔히 이와 같은 분산의 감소비율을 오차감소비율(PRE, proportional reduction in error)이라고 부른다.

$$\bullet \, \text{PRE}_{\text{level}-1} = \frac{(.40497 - .39643)}{.40497} = .02109$$

$$\bullet \, \text{PRE}_{\text{level}-2} = \frac{(.07285 - .06930)}{.07285} = .04870$$

$$\bullet \, \text{PRE}_{\text{total}} = \frac{(.47783 - .46574)}{.47783} = .02530$$

```
> (pre.level1 <- (level1.var3 - level1.var4)/level1.var3)
[1] 0.02109149
> (pre.level2 <- (level2.var3 - level2.var4)/level2.var3)
[1] 0.04870266
> (pre.total <- (total.var3 - total.var4)/total.var3)
[1] 0.02530129
```

사실 PRE는 급내상관계수(ICC)와 개념적으로 동일하며, OLS 회귀모형에서의 설명분산인 R^2와도 유사하다. 첫째, $PRE_{level-1} \approx .02$는 상위수준(개인수준)의 독립변수인 성별변수와 일차항과 이차항 측정시간 변수와의 상호작용효과항들을 투입하였을 때, 하위수준(시간수준)의 분산을 약 2% 설명하였다는 것을 의미한다. 둘째, $PRE_{level-2} \approx .05$는 상위수준의 독립변수인 성별변수와 일차항과 이차항 측정시간 변수와의 상호작용효과항들을 투입하였을 때, 상위수준의 분산을 약 5% 설명하였다는 것을 의미한다. 셋째, $PRE_{total} \approx .03$은 상위수준의 독립변수인 성별변수와 일차항과 이차항 측정시간 변수와의 상호작용효과항들을 투입하였을 때, 전체분산을 약 3% 설명하였다는 것을 의미한다.

해석에서 명확하게 드러나듯 PRE는 독립변수를 추가로 투입하였을 때, 측정수준별로 어느 정도의 분산을 설명하였는지를 보여준다. 모형1C와 모형2A를 비교하면, 성별변수와 측정시간과의 상호작용효과는 시간수준(약 2%)보다 개인수준의 분산(약 5%)을 상대적으로 더 많이 설명한다는 것을 알 수 있다.

5단계. 다층모형 추정결과를 그래프로 제시하기

상호작용효과를 이해하고 독자나 청중들에게 설명하는 가장 좋은 방법은 그래프를 제시하는 것이다(Long, 1997). 여기서는 모형2A의 추정결과, 즉 성별에 따라 측정시점별 대통령 호감도가 어떻게 변화하는지를 그래프를 이용해 제시해 보자. 측정수준이 단일한 일반적 데이터와는 달리 다층모형은 상위수준의 사례들에 따라 하위수준의 패턴이 달라진다. 즉 측정시점에 따른 대통령의 호감도 변화패턴은 개인에 따라 각기 다르다. 따라서 다층모형 추정결과를 그래프로 제시할 때는 다음의 두 가지 패턴들을 동시에 제시하는 것이 보통이다.

- 표본전체의 패턴을 중시한 그래프: 랜덤효과에 상관없이(즉 랜덤효과를 0으로 통제한) 표본전체의 패턴을 제시한다. 흔히 이렇게 제시된 값을 '모집단 평균(population-average)' 추정이라고 부른다.
- 랜덤효과를 중시한 그래프: 상위수준별로 하위수준 독립변수와 종속변수의 관계들을 각기(separatedly) 혹은 겹쳐서(overlaid) 제시한다. 흔히 '개체고유(subject specific)' 추정이라고 부른다.

우선 표본전체의 패턴에 초점을 맞춘 그래프를 그리는 방법은 일반선형모형을 추정한 후 그래프로 제시하는 방법과 크게 다르지 않다. 왜냐하면 이런 방식의 그래프는 랜덤효과, 즉 상위수준의 수준이 하위수준의 모수추정치에 미치는 효과를 일종의 "통제변수가 종속변수에 미치는 효과"로 처리하기 때문이다. 일반선형모형의 경우 통제변수의 효과를 통제한 후(보통의 경우 통제변수의 표본평균으로 고정시킨 후), 연구자가 관심을 갖고 있는 독립변수와 종속변수의 예측값의 관계를 그래프로 제시하기 때문이다. 우선 표본전체의 패턴을 중시한 그래프를 그리는 방법을 살펴보자. predict() 함수를 사용해 모형 2A(rpt2.model2a 오브젝트)에 따른 종속변수의 예측값을 먼저 구하자. 예측값을 구한 후, 고정효과에 해당되는 변수들의 수준별 평균예측값을 구하고, 이를 그래프로 제시하면 된다.

```
> #다층모형 추정결과 그래프
> #전체 데이터를 대상으로 예측값을 저장
> rpt2long$predy <- predict(rpt2.model2a,rpt2long)
> #랜덤효과가 0이라고 가정된 경우(population average)
> rpt2pop <- group_by(rpt2long,gm.time,cc.female) %>%
+     summarise_all(mean)
> #랜덤효과를 통제한 후 표본전체의 패턴을 제시
> ggplot(data=rpt2pop,aes(x=time,y=predy,shape=as.factor(female))) +
+     geom_line(stat='identity',size=1)+
+     geom_point(size=3)+
+     scale_shape_manual(values=0:1,labels=c('남','녀'))+
+     labs(x='시점',y='호감도',shape='성별')+
+     theme(legend.position="top")
```

그림 6. 남녀 집단별 시점에 따른 호감도 변화패턴(모집단 평균 추정 제시)

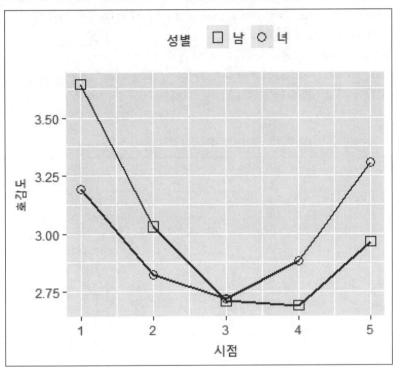

그러나 랜덤효과가 어떻게 나타나는가를 보여주는 것이 목적이라면 위와 같은 그래프는 별 의미가 없다. 즉 응답자 개인에 따라 호감도의 변화패턴이 어떻게 다른가를 보여주는 것이 목적이라면, 응답자 480명의 시간에 따른 호감도의 예측값 변화패턴을 동시에 제시해야 한다. 보통 상위수준에서 나타난 사례수가 많을 경우 겹쳐 그리는 방식이, 사례수가 많지 않을 경우는 개별적으로 그래프를 그리는 것이 가독성이 높다. 모형2A의 경우 상위수준의 사례수가 480으로 적다고 보기 어렵기 때문에 각 사례별 변화패턴들을 겹쳐서 그리는 방법을 택하였다. 많은 측정치들을 겹쳐 그릴 때에는 그래픽 함수 옵션의 **alpha** 값을 조정하는 것을 강력히 추천한다. **alpha** 값은 명암을 조절하는 역할을 하며, 0에 가까울수록 흐리고 1에 가까울수록 진하게 나타난다(그래픽과 관련된 보다 자세한 서술은 저자의 『R를 이용한 사회과학데이터 분석: 응용편』을 참조).

```
> #랜덤효과를 제시하되 성별에 따라 색을 달리 표현함
> ggplot(data=rpt2long,aes(x=time,y=predy,colour=factor(female))) +
+   geom_point(size=1,alpha=0.1) +
+   geom_line(aes(y=predy,group=pid),alpha=0.1) +
+   scale_colour_manual(values=c('0'='blue','1'='red'),labels=c("남성","여성"))+
+   labs(x='시점',y='호감도',col='성별')
```

그림 7. 개별 응답자의 성별에 따른 시점별 호감도 변화패턴(개체고유 추정 제시)

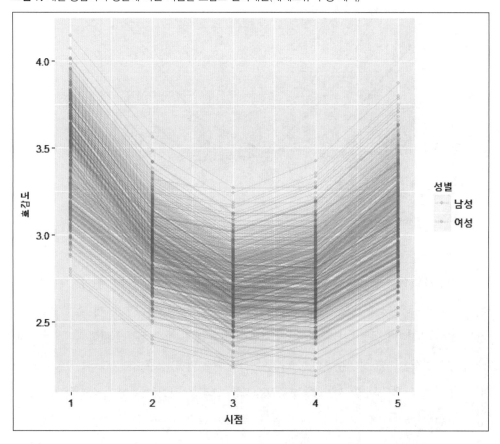

위의 그래프는 측정시점에 따른 대통령 호감도 변화가 480명의 개인에 따라 어떻게 다른지 잘 보여준다. 즉 진하게 나타난 부분은 변화패턴이 여러 응답자에게 반복적으로 나타나난 부분이며, 흐릿한 부분은 소수의 응답자에게서만 나타난 패턴을 뜻한다. 특히 남성(청색)과 여성(적색)에 각기 다른 색을 적용하였기 때문에 두 성별에 따른 패턴변화가 어떠한지도 직관적으로 파악할 수 있다.

그러나 다층모형을 제시하는 대부분의 그래프는 랜덤효과와 표본전체의 예측값 변화 패턴 두 가지(모집단 평균추정과 개체고유 추정)를 하나의 그림에 같이 제시한다. 즉 위의 두 그래프를 겹쳐서 그리는 방식이다. `ggplot2` 라이브러리 함수들을 이용하면 쉽게 두 그래프를 겹쳐 그릴 수 있다.

```
> #랜덤효과와 표본전체의 패턴을 같이 제시
> ggplot(data=rpt2long,aes(x=time,y=predy,colour=factor(female))) +
+    geom_point(size=1,alpha=0.1) +
+    geom_line(aes(y=predy,group=pid,size="응답자"),alpha=0.1) +
+    geom_line(data=rpt2pop,aes(y=predy,size="집단전체")) +
+    scale_size_manual(name="예측선",values=c("응답자"=0.5,"집단전체"=2))+
+    scale_colour_manual(values=c('0'='blue','1'='red'),labels=c("남성","여성"))+
+    labs(x='시점',y='호감도',col='성별')
```

그림 8. 성별에 따른 집단 및 개별응답자의 시점별 호감도 변화패턴(모집단 평균 및 개체고유 추정 동시 제시)

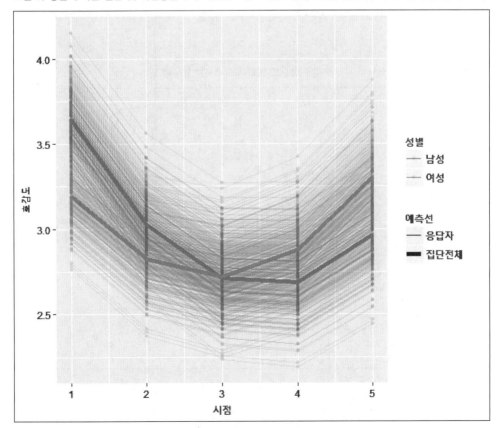

즉 두껍고 진하게 표현된 선은 랜덤효과를 통제하였을 때 전체표본에서 나타난 패턴을 의미하며, `alpha = 0.1`로 흐릿하게 표현한 부분은 480명 응답자 개개인의 변화패턴을 의미한다. 패시팅을 사용하여 성별을 구분하는 방식으로 결과를 표시하는 것도 가능하다. 아래와 같은 과정을 거치면 패시팅된 그래프를 얻을 수 있다.

```
> #그림의 가독성을 높이기 위해 라벨작업
> rpt2long$fem.label <- ifelse(rpt2long$female==0,'남성','여성')
> rpt2pop$fem.label <- ifelse(rpt2pop$female==0,'남성','여성')
> #남성과 여성을 패시팅을 이용해 별개로 그래프로 제시하는 방법
> ggplot(data=rpt2long,aes(x=time,y=predy))+
+    geom_point(size=1,alpha=0.1,colour='grey50')+
+    geom_line(aes(y=predy,group=pid,size="응답자"),alpha=0.1,colour='grey50') +
+    geom_line(data=rpt2pop,aes(y=predy,size="집단전체")) +
+    scale_size_manual(name="예측선",values=c("응답자"=0.3,"집단전체"=1))+
+    labs(x='시점',y='호감도',col='성별')+
+    facet_grid(~fem.label)
```

그림 9. 남녀 집단 및 응답자의 시점에 따른 호감도 변화패턴(패시팅 활용)

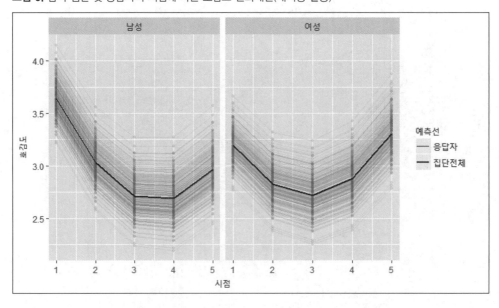

지금까지 위계적 데이터 중 여러 시점에 걸쳐 반복측정된 시계열 데이터인 `my2level_`

repeat.csv 예시데이터를 이용해 다층모형을 구성하는 방법, 추정하는 방법, 추정결과를 해석하는 방법, 결과를 그래프로 제시하는 방법 등을 살펴보았다. 핵심개념들을 정리하면 다음과 같다.

- 급내상관계수(ICC)
- 수준별 방정식 구성 및 통합방정식 도출
- 1수준의 오차항과 2수준의 랜덤효과(분산 및 공분산)
- 모형적합도(AIC, BIC)와 최적모형 선정
- lme4 라이브러리의 lmer() 함수를 이용해 고정효과와 랜덤효과 추정
- 오차감소비율(PRE)의 계산과 해석
- 다층모형 추정결과의 그래프 제시방법: 모집단 평균 추정치를 제시 및 개체고유 추정치(랜덤효과 포함) 제시, 그리고 동시 제시 방법

제시된 핵심개념들은 앞으로 소개될 다른 다층모형에서도 개념적으로 동일하게 반복될 것이다. 따라서 독자들은 해당 개념들을 충분히 숙지하기 바란다.

1.2절에서는 위계적 데이터 중 집단에 배속된 개인들의 형태를 띠는 군집형 데이터(clustered data)에 다층모형을 적용하는 방법을 살펴보자.

1.2 군집형 데이터

1단계. 다층모형 사전 준비작업

군집형 데이터에 대해 다층모형을 적용하는 것도 앞서 살펴본 시계열 데이터 사례와 본질적으로 동일하다. 앞서 소개했던 군집형 데이터인 my2level_cluster.csv 데이터를 대상으로 다층모형 분석을 실시해 보자. 마찬가지로 다층모형 추정과 데이터의 사전처리를 위해 lme4, lmerTest, tidyverse 라이브러리를 먼저 구동시키자.

```
> #다층모형 추정 및 사전처리를 위한 라이브러리 구동
> library('lme4')
> library('lmerTest')
> library('tidyverse')
> #2수준 군집형 데이터 불러오기
> setwd("D:/data")
> clus2 <- read.csv("my2level_cluster.csv",header=TRUE)
> head(clus2)
  gid ix1 ix2 gx1  y
1   1   5   4   3  3
2   1   4   5   3  3
3   1   6   4   3  2
4   1   5   5   3  4
5   1   4   5   3  3
6   1   4   4   3  4
```

clus2 데이터의 다섯 가지 변수의 의미는 다음과 같다.

- **gid**: 집단고유번호
- **ix1**: 이타주의 성향(개인수준에서 측정된 독립변수)
- **ix2**: 타자에 대한 신뢰도(개인수준에서 측정된 독립변수)
- **gx1**: 외부기관이 평가한 집단의 신용도(집단수준에서 측정된 독립변수)
- **y**: 기부의도(종속변수)

clus2 데이터의 하위수준은 '집단에 속해 있는 개인'(level-1)이며, 상위수준은 '개인들이 소속된 집단'(level-2)이다. 우선 상위수준의 독립변수 **gx1** 변수에 대해 평균 중심화변환을 실시하자. **gx1** 변수의 측정수준은 '집단'이며, 현재 clus2 데이터의 가로줄은 '개인'이다. 즉 집단수준의 **gx1** 변수에 대해 평균 중심화변환, 보다 구체적으로 전체평균 중심화변환은 clus2 데이터를 집단수준으로 환원한 후 실시해야 한다. 이를 위해 clus2 데이터를 **gid** 변수를 중심으로 집산하는 과정을 먼저 거친 후, **clus22**라는 이름의 데이터 오브젝트를 생성하였다.

```
> #상위수준(집단): 평균 중심화변환
> #상위수준 데이터로 집산
> clus22 <- group_by(clus2,gid) %>% summarise(gx1=mean(gx1))
> clus22
# A tibble: 33 × 2
     gid   gx1
   <int> <dbl>
1      1     3
2      2     7
3      3     6
4      4     1
5      5     3
6      6     4
7      7     5
8      8     4
9      9     2
10    10     3
# ... with 23 more rows
```

clus22 데이터의 두 번째 변수인 **gx1**에 대해, mutate() 함수를 이용해 전체평균 중심화변환을 실시하였다. 그 결과는 아래와 같다.

```
> #평균 중심화변환 실시
> clus22 <- mutate(clus22,am.gx1=gx1-mean(gx1))
> clus22
# A tibble: 33 × 3
     gid   gx1      am.gx1
   <int> <dbl>       <dbl>
1      1     3  -0.7878788
2      2     7   3.2121212
3      3     6   2.2121212
4      4     1  -2.7878788
5      5     3  -0.7878788
6      6     4   0.2121212
7      7     5   1.2121212
8      8     4   0.2121212
9      9     2  -1.7878788
10    10     3  -0.7878788
# ... with 23 more rows
```

이제 전체평균 중심화변환을 실시한 clus22 데이터와 clus2 데이터를 다시 **gid** 변수를 이용해 합쳐보자. 이때, clus2 데이터나 clus22 데이터의 **gx1** 변수 중 하나를 뺀 후에 합치는 것이 더 낫다(select() 함수를 사용하면서 빼고 싶은 변수에 − 부호를 붙여주면 된다). 왜냐하면 두 데이터 모두에 동일한 **gx1** 변수가 들어 있기 때문이다.

이후 합쳐진 데이터에서 개인수준에서 측정된 두 변수(ix1, ix2)의 집단평균값을 구하고, 이를 이용해 집단평균 중심화변환을 실시하였다(gm.ix1, gm.ix2 변수).

```
> #상위수준 독립변수의 평균 중심화변환 결과를 통합데이터로 합침
> clus2 <- inner_join(select(clus2,-gx1),clus22,by='gid')
> #하위수준(개인) 독립변수는 집단평균 중심화변환을 실시
> clus2 <- group_by(clus2,gid) %>%
+     mutate(gm.ix1=ix1-mean(ix1),gm.ix2=ix2-mean(ix2))
> clus2
# A tibble: 1,318 x 8
# Groups:   gid [33]
     gid    ix1    ix2      y    gx1     am.gx1     gm.ix1      gm.ix2
   <int>  <int>  <int>  <int>  <dbl>      <dbl>      <dbl>       <dbl>
 1     1      5      4      3      3 -0.7878788  0.8157895  -0.2631579
 2     1      4      5      3      3 -0.7878788 -0.1842105   0.7368421
 3     1      6      4      2      3 -0.7878788  1.8157895  -0.2631579
 4     1      5      5      4      3 -0.7878788  0.8157895   0.7368421
 5     1      4      5      3      3 -0.7878788 -0.1842105   0.7368421
 6     1      4      4      4      3 -0.7878788 -0.1842105  -0.2631579
 7     1      4      4      3      3 -0.7878788 -0.1842105  -0.2631579
 8     1      4      3      3      3 -0.7878788 -0.1842105  -1.2631579
 9     1      5      4      3      3 -0.7878788  0.8157895  -0.2631579
10     1      2      5      3      3 -0.7878788 -2.1842105   0.7368421
# ... with 1,308 more rows
```

그렇다면 각 집단별로 개인수준에서 측정된 독립변수와 종속변수의 관계는 어떨까? 하위수준에서 측정된 변수들의 관계가 상위수준에 따라 어떻게 다른지 탐색적 관점에서

살펴볼 수 있는 방법으로는 '그림을 이용하는 방법'을 생각해 볼 수 있다.[1] 종속변수가 ix1 변수와 ix2 변수와 어떠한 관계를 맺는지 차례대로 살펴보자.

```
> #그림으로 그려보면 이해가 쉽다.
> ggplot(data=clus2,aes(y=y,x=ix1))+
```

---

1   상위수준에 따라, 즉 집단별로 하위수준의 독립변수(들)와 종속변수의 관계의 모수추정치를 계산하여 저장한 데이터를 구성한 후, 이를 살펴보는 방법도 생각해 볼 수 있다. 예를 들어 **clus2** 데이터를 〈표 1〉과 같은 방법으로 총 33번의 OLS 회귀모형 분석을 실시한 후 절편과 독립변수의 회귀계수(기울기)를 하나하나 살펴보는 것이다. 그러나 33개의 OLS 회귀방정식들을 하나하나 살펴보는 것은 쉬운 일이 아니다. 아래와 같은 방법을 취하면, 실행하는 것이 어렵지 않지만, 실행된 결과를 해석하는 것은 여전히 쉽지 않다. 따라서 본서에서는 그림을 이용해 하위수준에서 측정된 독립변수와 종속변수의 관계를 탐색적으로 점검하는 방법을 택하였다.

```
> #표를 이용하는 방법
> #집단별 ix1,ix2 변수와 y변수의 관계를 살펴보자.
> myresult <- data.frame(matrix(NA,nrow=33,ncol=4))
> for (i in 1:33){
+    temp.subset <- subset(clus2,gid==i)
+    temp <- lm(y~ix1+ix2,temp.subset)
+    myresult[i,1] <- i
+    myresult[i,2:4] <- round(temp$coefficient,3)
+ }
> colnames(myresult) <- c('gid','intercept','coef.ix1','coef.ix2')
> head(myresult)
  gid intercept coef.ix1 coef.ix2
1   1     1.236    0.319    0.150
2   2     0.393    0.283    0.357
3   3     0.687    0.418    0.144
4   4     3.625    0.162   -0.238
5   5     2.275   -0.045    0.143
6   6     2.635    0.049    0.098
> mean(myresult$intercept);sd(myresult$intercept)
[1] 2.471091
[1] 1.188806
> mean(myresult$coef.ix1);sd(myresult$coef.ix1)
[1] 0.1203636
[1] 0.1590727
> mean(myresult$coef.ix2);sd(myresult$coef.ix2)
[1] 0.152
[1] 0.1465169
```

```
+       geom_point(size=1.5,alpha=0.2,colour='red')+
+       geom_smooth(method='lm')+
+       facet_wrap(~gid)+
+       labs(x='ix1 변수',y='종속변수')+
+       ggtitle(label='ix1 변수와 y변수 관계')
> ggplot(data=clus2,aes(y=y,x=ix2))+
+       geom_point(size=1.5,alpha=0.2,colour='red')+
+       geom_smooth(method='lm')+
+       facet_wrap(~gid)+
+       labs(x='ix2 변수',y='종속변수')+
+       ggtitle(label='ix2 변수와 y변수 관계')
```

그림 10. 독립변수와 종속변수의 관계추정을 위한 산점도

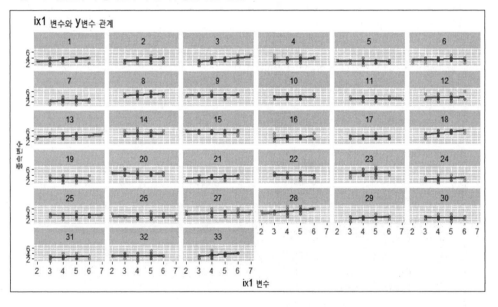

그림 11. 독립변수와 종속변수의 관계추정을 위한 산점도

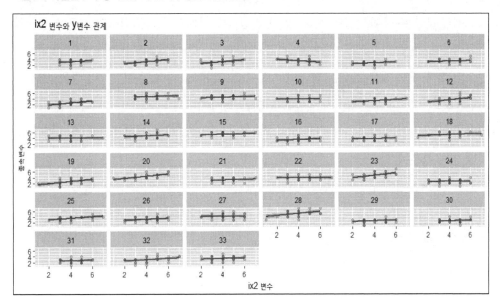

개인수준에서 측정된 독립변수와 종속변수의 관계는 33개의 집단에서 조금씩 다르게 나타나는 것을 확인할 수 있다. 그러나 전체적으로 보았을 때 종속변수와 **ix1** 변수, 그리고 **ix2** 변수는 모두 선형관계(linear relationship)이며 또한 정적 관계(positive relationship)를 보인다고 볼 수 있다.

군집형 데이터에서 반드시 지적해야 할 것은 하위수준(개인수준)에서 측정된 독립변수의 평균과 범위가 집단마다 동일하지 않다는 사실이다. 앞에서 다루었던 시계열 데이터의 경우 결측값이 발생하지 않는 한 측정시점들의 평균과 범위는 상위수준에 따라 달라지지 않는다. 예를 들어 앞서 살펴본 rpt2 데이터의 경우, 모든 응답자는 1~5까지의 범위를 갖는 측정시점들을 공통적으로 갖고 있으며, 따라서 모든 응답자에게서 나타난 측정시점의 평균은 3으로 동일하다. 그러나 위의 그림들에서 명확하게 나타나듯, 군집형 데이터의 경우 각 집단별로 **ix1, ix2** 변수의 평균은 동일하지 않으며, 범위 역시도 동일하지 않다.

여기서 독자들은 집단별 개인수준 독립변수의 평균이나 범위를 과연 "집단의 속성" 즉 집단수준의 변수로 취급할 수 있을지 한번쯤 생각해 보기 바란다. 군집형 데이터의 경우 집단에 속한 개체들의 수[보통 집단크기(group size)라고 불림], 개인수준 독립변수의 평균을

집단의 속성으로 가정한 후, 이를 집단수준의 변수로 투입하는 경우가 적지 않다. 만약 집단에 충분한 수의 개인들이 속해 있다면, 집단별 사례수나 독립변수의 평균을 집단의 속성이라고 가정하는 것도 가능하다는 데 저자도 동의한다. 그러나 집단을 구성하는 개인들의 수가 매우 적은 경우는 집단의 속성이라고 가정할 수 있을까? 이런 경우, 저자는 개인적으로 상당히 부정적이지만, 최종판단은 독자에게 맡기고 싶다. 왜냐하면 집단크기가 얼마나 작아야 작은가에 대해서는 연구자에 따라, 그리고 연구분과에 따라 다를 수밖에 없기 때문이다.

일단 **clus2** 데이터에서 집단크기와 두 개인수준 독립변수의 평균을 먼저 구해보자. 집단평균 중심화변환과 마찬가지로 **group_by()** 함수와 **mutate()** 함수를 같이 사용하면 매우 편하게 집단크기 및 독립변수의 평균들을 구할 수 있다.

```
> #집단크기 구하기/독립변수의 평균값 구하기
> clus2 <- group_by(clus2,gid) %>%
+    mutate(gsize=length(y),gmix1=mean(ix1),gmix2=mean(ix2))
> round(clus2,3)
# A tibble: 1,318 x 11
# Groups:   gid [33]
      gid   ix1   ix2     y   gx1 am.gx1 gm.ix1 gm.ix2 gsize gmix1 gmix2
    <dbl> <dbl> <dbl> <dbl> <dbl>  <dbl>  <dbl>  <dbl> <dbl> <dbl> <dbl>
  1     1     5     4     3     3 -0.788  0.816 -0.263    38 4.184 4.263
  2     1     4     5     3     3 -0.788 -0.184  0.737    38 4.184 4.263
  3     1     6     4     2     3 -0.788  1.816 -0.263    38 4.184 4.263
  4     1     5     5     4     3 -0.788  0.816  0.737    38 4.184 4.263
  5     1     4     5     3     3 -0.788 -0.184  0.737    38 4.184 4.263
  6     1     4     4     4     3 -0.788 -0.184 -0.263    38 4.184 4.263
  7     1     4     4     3     3 -0.788 -0.184 -0.263    38 4.184 4.263
  8     1     4     3     3     3 -0.788 -0.184 -1.263    38 4.184 4.263
  9     1     5     4     3     3 -0.788  0.816 -0.263    38 4.184 4.263
 10     1     2     5     3     3 -0.788 -2.184  0.737    38 4.184 4.263
# ... with 1,308 more rows
```

　　당연하지만 집단크기와 집단별 개인수준의 두 독립변수의 평균들은 집단수준의 변수다. 다시 말해 앞서 살펴보았던 집단의 신용도(gx1) 변수와 마찬가지로 집단수준으로 집산한 후 전체평균 중심화변환을 실시해야 한다. 앞의 과정과 동일하게, 먼저 **gid** 변수를 중심으로 이들 변수를 집산하고 평균 중심화변환을 실시한 후, **clus2** 데이터와 통합하였다. 그 과정은 아래와 같다.

```
> #위에서 얻은 변수는 모두 전체평균 중심화변환이 필요함
> #상위수준(집단): 평균 중심화변환
> #상위수준 데이터로 집산
> clus22a <- group_by(clus2,gid) %>%
+    summarise(gsize=mean(gsize),gmix1=mean(gmix1),gmix2=mean(gmix2))
> clus22a
# A tibble: 33 × 4
     gid gsize    gmix1    gmix2
   <int> <dbl>    <dbl>    <dbl>
1      1    38 4.184211 4.263158
2      2    42 4.690476 4.190476
3      3    43 4.302326 3.720930
4      4    38 4.394737 4.289474
5      5    36 4.444444 3.750000
6      6    42 4.595238 4.333333
7      7    40 4.450000 3.950000
8      8    43 4.441860 4.209302
9      9    38 4.342105 4.263158
10    10    38 4.447368 4.078947
# ... with 23 more rows
> #평균 중심화변환 실시
> clus22a <- mutate(clus22a,
+                   am.gsize=gsize-mean(gsize),
+                   am.gmix1=gmix1-mean(gmix1),
+                   am.gmix2=gmix2-mean(gmix2))
> clus2 <- inner_join(clus2,select(clus22a,-gsize,-gmix1,-gmix2),by='gid')
```

이제 하위수준(개인수준)과 상위수준(집단수준)의 기술통계치를 구해보자. 다음과 같은 R 명령문을 통해 각 수준에서 측정된 종속변수와 독립변수들의 기술통계치(사례수, 평균, 표준편차, 범위)를 구해보자. 1.1절과는 달리 mydescriptive()라는 이름의 이용자 함수를 생성한 후 변수별 기술통계치 계산시 적용해 보았다.

```
> #개인수준에서 측정된 변수들의 기술통계
> mydescriptive <- function(myvariable){
+    mysize <- length(myvariable)
+    mymean <- round(mean(myvariable),3)
+    mysd <- round(sd(myvariable),3)
+    mymin <- round(min(myvariable),3)
+    mymax <- round(max(myvariable),3)
+    mydes <- matrix(c(mysize,mymean,mysd,mymin,mymax),ncol=5)
+    colnames(mydes) <- c('n','mean','sd','min','max')
+    mydes
+ }
> mydescriptive(clus2$y)
        n   mean    sd min max
[1,] 1318 3.621 1.088   1   7
> mydescriptive(clus2$ix1)
        n   mean    sd min max
[1,] 1318 4.428 0.892   2   7
> mydescriptive(clus2$ix2)
        n   mean    sd min max
[1,] 1318 4.114 1.022   1   7

> #집단수준에서 측정된 변수들의 기술통계
> #집산 후 집단크기의 기술통계치 계산
> clus22 <- group_by(clus2,gid) %>%
+    summarise(gsize=mean(gsize),
+              mn.ix1=mean(ix1),mn.ix2=mean(ix2),mean(gx1))
> mydescriptive(clus22$gsize)
      n   mean    sd min max
[1,] 33 39.939 2.633  35  46
```

```
> mydescriptive(clus22$mn.ix1)
     n  mean    sd   min   max
[1,] 33 4.427 0.155 4.184 4.821
> mydescriptive(clus22$mn.ix2)
     n  mean    sd   min   max
[1,] 33 4.115 0.166 3.721 4.381
```

위의 결과를 각 수준별로 정리하면 아래의 표와 같다.

표 8. "my2level_cluster.csv 데이터"의 기술통계치 정리

	사례수	평균	표준편차	최솟값	최댓값
개인수준(level-1)					
y	1,318	3.621	1.088	1	7
ix1	1,318	4.428	.892	2	7
ix2	1,318	4.114	1.022	1	7
집단수준(level-2)					
gsize	33	39.939	2.633	35	46
집단별 ix1 평균	33	4.427	.155	4.184	4.821
집단별 ix2 평균	33	4.115	.166	3.721	4.381
gx1	33	3.788	1.728	1	7

2단계. 다층모형 구성: 가장 적합한 랜덤효과 구조의 확정

시계열 데이터에 적용한 다층모형 구성과정을 학습한 독자라면 이 부분을 이해하는데 큰 어려움이 없을 것이다. 위계적 데이터의 경우도 어떠한 고정효과도 추정하지 않은 다층모형, 즉 기본모형을 먼저 구성하고 추정해야 한다. 여기서도 기본모형을 '모형0'이라고 부르기로 한다. 또한 기본모형 추정값을 기반으로 급내상관계수(ICC)를 계산하여, 전체분산 중 집단수준(즉, 상위수준; level-2)에서 나타난 비율이 어느 정도이며 개인수준(즉, 하위수준; level-1)에서는 어느 정도의 분산이 나타났는지를 먼저 이해해야 한다.

개인수준(level-1):

$$y_{ij} = b_0 + e_{ij}$$

$$e_{ij} \sim N.I.D.(0, \sigma^2)$$

.... 〈공식 1-2-A-1〉

다음으로 '랜덤효과'를 고려해 보자. 여기서는 개인수준 방정식에서 추정된 모수(b_0)가 집단수준에 따라 달라지는 랜덤절편효과항(random intercept effect, u_{00})을 지정하였다.

집단수준(level-2):

$$b_0 = \gamma_{00} + u_{00}$$

$$u_{00} \sim N.I.D.(0, \tau_{00})$$

.... 〈공식 1-2-A-2〉

자 이제 〈공식 1-2-A-1〉과 〈공식 1-2-A-2〉를 통합하자. 통합된 방정식은 아래와 같다.

통합된 회귀모형:

$$y_{ij} = \gamma_{00} + u_{00} + e_{ij}$$

$$e_{ij} \sim N.I.D.(0, \sigma^2)$$
$$u_{00} \sim N.I.D.(0, \tau_{00})$$

.... 〈공식 1-2-A〉

다음에는 개인수준의 독립변수들(ix1, ix2)을 개인수준 방정식에 투입한 후, 랜덤절편효과는 물론 랜덤기울기효과(random slope effect)도 같이 모형에 구성하였다. 현재 개인수준의 독립변수가 2개 있기 때문에 어느 독립변수에 랜덤기울기효과를 반영할지에 따라 "gm.ix1의 랜덤기울기효과만 추정한 모형1A", "gm.ix2의 랜덤기울기효과만 추정한 모형1B", "gm.ix1과 gm.ix2의 랜덤기울기효과를 동시에 추정한 모형1C"로 구분하였다. 이미 여러 차례 하위수준의 회귀방정식과 상위수준의 회귀방정식을 별도로 구성한 후,

각 수준의 방정식을 통합하는 방법에 대해서 언급했기 때문에 앞으로는 통합된 회귀방정식 형태로 다층모형을 제시할 것이다.

모형1A의 통합된 방정식은 아래와 같이 표현된다.

통합된 회귀모형(모형1A):

$$y_{ij} = (\gamma_{00} + u_{00}) +$$
$$(\gamma_{10} + u_{11}) \cdot gm.ix_1 +$$
$$b_2 \cdot gm.ix_2 + e_{ij}$$

$$e_{ij} \sim N.I.D.(0, \sigma^2)$$
$$\begin{pmatrix} u_{00} \\ u_{01} \ u_{11} \end{pmatrix} \sim N.I.D. \left[0, \begin{pmatrix} \tau_{00} \\ \tau_{01} \ \tau_{11} \end{pmatrix} \right]$$

.... 〈공식 1-2-B〉

다음으로 모형1B의 통합된 방정식은 아래와 같다.

통합된 회귀모형(모형1B):

$$y_{ij} = (\gamma_{00} + u_{00}) +$$
$$b_1 \cdot gm.ix_1 +$$
$$(\gamma_{20} + u_{22}) \cdot gm.ix_2 + e_{ij}$$

$$e_{ij} \sim N.I.D.(0, \sigma^2)$$
$$\begin{pmatrix} u_{00} \\ u_{02} \ u_{22} \end{pmatrix} \sim N.I.D. \left[0, \begin{pmatrix} \tau_{00} \\ \tau_{02} \ \tau_{22} \end{pmatrix} \right]$$

.... 〈공식 1-2-C〉

끝으로 모형1C의 통합된 방정식은 다음과 같다.

통합된 회귀모형(모형1C):

$$y_{ij} = (\gamma_{00} + u_{00}) +$$
$$(\gamma_{10} + u_{11}) \cdot gm.ix_1 +$$
$$(\gamma_{20} + u_{22}) \cdot gm.ix_2 + e_{ij}$$

$$e_{ij} \sim N.I.D.(0, \sigma^2)$$

$$\begin{pmatrix} u_{00} \\ u_{01} \ u_{11} \\ u_{02} \ u_{12} \ u_{22} \end{pmatrix} \sim N.I.D. \left[0, \begin{pmatrix} \tau_{00} \\ \tau_{01} \ \tau_{11} \\ \tau_{02} \ \tau_{12} \ \tau_{22} \end{pmatrix} \right]$$

.... 〈공식 1-2-D〉

이제 모형0을 기준으로 모형1A, 모형1B, 모형1C 중에서 어느 다층모형이 가장 데이터에 적합한지를 살펴보자. 앞서 시계열 데이터에 대한 사례분석에서 나타났듯, 이 과정을 통해 랜덤효과 구조를 확정 지은 후, 집단수준의 독립변수를 추가로 투입하면 된다.

3단계. 다층모형의 추정

마찬가지로 lme4 라이브러리의 lmer() 함수를 이용해 앞에서 정의한 네 가지 다층모형들을 추정해 보자. 먼저 기본모형인 모형0을 추정해 보자. 시계열 데이터에 대한 다층모형 적용과 마찬가지로 모형추정법으로는 lmer() 함수의 디폴트인 REML을 이용하였다.

```
> #모형0: 기본모형-랜덤효과는 절편에서만
> clus2.model0 <- lmer(y~1+(1|gid),clus2)
> summary(clus2.model0)
summary from lme4 is returned
some computational error has occurred in lmerTest
Linear mixed model fit by REML ['lmerMod']
Formula: y ~ 1 + (1 | gid)
   Data: clus2
```

```
REML criterion at convergence: 3033.5

Scaled residuals:
     Min      1Q  Median      3Q     Max
-3.0497 -0.6632 -0.0465  0.5906  3.3055

Random effects:
 Groups   Name        Variance Std.Dev.
 gid      (Intercept) 0.6845   0.8274
 Residual             0.5293   0.7275
Number of obs: 1318, groups:  gid, 33

Fixed effects:
            Estimate Std. Error t value
(Intercept)   3.6225     0.1454   24.91
```

R 출력결과에서 **Random effects:** 부분의 결과를 이용해 ICC를 계산해도 된다 $(.5637 \approx \frac{.6845}{.6845 + .5298})$. 그러나 VarCorr() 함수를 이용해 랜덤효과 분산과 오차항의 분산을 추출한 후 다음과 같은 방식으로 계산하면 보다 정확한 ICC를 계산할 수 있다. 특히 랜덤효과의 경우 데이터의 특성에 따라 0에 매우 근접하는 값이 나오기 때문에 통상적인 반올림(이를테면 소수점 2자리)을 적용하면 부정확한 결과를 얻는 경우도 발생한다.

```
> #오차항과 랜덤효과 추출, ICC 계산
> var.cov <- data.frame(VarCorr(clus2.model0))
> var.cov
      grp        var1  var2      vcov      sdcor
1     gid (Intercept) <NA> 0.6845303 0.8273635
2 Residual       <NA> <NA> 0.5292825 0.7275181
> var.cov$vcov[1]/sum(var.cov$vcov)
[1] 0.5639505
```

ICC는 .56395로 나타났다. 즉 전체분산 중 상위수준의 집단간 차이에 따른 분산이 약 56%를, 하위수준의 개인간 차이에 따른 분산은 약 44%를 차지하는 것으로 나타났다. 즉 두 수준에서 나타난 분산비중은 거의 엇비슷한 것을 알 수 있다.

끝으로 모형0의 정보기준지수들(AIC, BIC)을 계산하면 다음과 같다.

```
> #정보기준지수들
> AIC(clus2.model0);BIC(clus2.model0)
[1] 3039.522
[1] 3055.073
```

다음으로 개인수준의 독립변수로 **gm.ix1**과 **gm.ix2**를 투입하고 랜덤절편효과와 랜덤기울기효과를 모두 추정하는 모형1A를 추정해 보자. 랜덤효과를 정의한 부분[즉, **(ix1|gid)**]에 주목하기 바란다. 추정결과는 다음과 같다.

```
> #모형1A: 랜덤효과는 절편과 gm.ix1의 기울기에서 발생
> clus2.model1a <- lmer(y~gm.ix1+gm.ix2+(gm.ix1|gid),clus2)
> summary(clus2.model1a)
Linear mixed model fit by REML t-tests use Satterthwaite
  approximations to degrees of freedom [lmerMod]
Formula: y ~ gm.ix1 + gm.ix2 + (gm.ix1 | gid)
   Data: clus2

REML criterion at convergence: 2949.9

Scaled residuals:
     Min      1Q   Median      3Q     Max
-2.95692 -0.65561  0.06086  0.66336 3.04558

Random effects:
 Groups   Name        Variance Std.Dev. Corr
 gid      (Intercept) 0.685617 0.82802
          gm.ix1      0.008008 0.08949  0.06
 Residual             0.487192 0.69799
Number of obs: 1318, groups:  gid, 33
```

```
Fixed effects:
              Estimate Std. Error        df t value Pr(>|t|)
(Intercept) 3.622e+00  1.454e-01 3.200e+01  24.910  < 2e-16 ***
gm.ix1      1.140e-01  2.701e-02 3.140e+01   4.222 0.000193 ***
gm.ix2      1.591e-01  1.915e-02 1.281e+03   8.307 2.22e-16 ***
---
Signif. codes:  0 '***' 0.001 '**' 0.01 '*' 0.05 '.' 0.1 ' ' 1

Correlation of Fixed Effects:
       (Intr) gm.ix1
gm.ix1 0.034
gm.ix2 0.000  0.002
```

두 독립변수 모두 종속변수에 미치는 효과는 유의미한 것을 알 수 있다. 또한 시계열 데이터에 다층모형을 적용하는 결과를 설명할 때 'Satterthwaite approximations to degrees of freedom'의 의미를 설명한 바 있다. 독자들은 **gm.ix1** 변수와 **gm.ix2** 변수의 회귀계수에 대한 통계적 유의도 테스트 결과가 서로 다른 자유도(df)를 따르고 있다는 점에 주목하기 바란다. 즉 **gm.ix1** 변수를 테스트할 때 적용된 자유도는 약 31인 반면, **gm.ix2** 변수를 테스트할 때 사용된 자유도는 약 1,281이다. 이유는 간단하다. 랜덤 기울기효과가 적용된 독립변수가 **gm.ix2**가 아니라 **gm.ix1**이기 때문이다.

랜덤효과와 오차항의 분산을 추출하는 과정, 그리고 정보기준지수들을 추출하는 과정은 동일하기에 별도로 제시하지는 않았다. 본서와 관련된 온라인 자료에 R 명령문을 첨부하였으니, 독자들이 스스로 실행해 보기 바란다. 모형 추정결과는 이번 섹션 마지막에 랜덤효과와 오차항의 분산은 네 가지 모형들을 비교하는 표에서 제시하였다.

다음으로 모형1B를 추정하면 다음과 같다.

```
> #모형1B: 랜덤효과는 절편과 gm.ix2의 기울기에서 발생
> clus2.model1b <- lmer(y~gm.ix1+gm.ix2+(gm.ix2|gid),clus2)
> summary(clus2.model1b)
Linear mixed model fit by REML t-tests use Satterthwaite
  approximations to degrees of freedom [lmerMod]
Formula: y ~ gm.ix1 + gm.ix2 + (gm.ix2 | gid)
   Data: clus2
REML criterion at convergence: 2947.3

Scaled residuals:
     Min       1Q   Median       3Q      Max
-3.01347 -0.63873  0.03369  0.67566  3.06880

Random effects:
 Groups   Name        Variance Std.Dev. Corr
 gid      (Intercept) 0.685690 0.82806
          gm.ix2      0.008754 0.09357  0.05
 Residual             0.484508 0.69607
Number of obs: 1318, groups:  gid, 33

Fixed effects:
             Estimate Std. Error        df t value Pr(>|t|)
(Intercept) 3.623e+00  1.454e-01 3.200e+01  24.910  < 2e-16 ***
gm.ix1      1.131e-01  2.195e-02 1.280e+03   5.150 3.01e-07 ***
gm.ix2      1.590e-01  2.516e-02 3.130e+01   6.321 4.73e-07 ***
---
Signif. codes:  0 '***' 0.001 '**' 0.01 '*' 0.05 '.' 0.1 ' ' 1

Correlation of Fixed Effects:
       (Intr) gm.ix1
gm.ix1 0.000
gm.ix2 0.035  0.003
```

모형1B의 추정결과는 모형1A와 거의 유사하다. 그러나 랜덤기울기효과가 다르게 지정되어 있기 때문에 결과가 동일하지는 않다. 독자들은 고정효과 테스트 결과에서 자유

도(df)에 주목하기 바란다. 모형1의 경우 **gm.ix1** 변수의 회귀계수에 대한 통계적 유의도 테스트에 사용된 자유도가 약 31인 반면, 여기서는 약 1,280으로 증가한 것을 알 수 있다. 반대로 **gm.ix2** 변수의 경우 모형1에서는 자유도가 약 1,282이었지만, 모형2에서는 약 31 정도로 감소한 것을 알 수 있다. 모형1과 모형2의 고정효과 테스트 결과를 비교하면 명확하게 드러나듯, 랜덤기울기효과를 적용할 경우 통계적 유의도 테스트가 적용되는 자유도가 하위수준(개인수준)의 표본수가 아닌 상위수준(집단수준)의 표본을 기준으로 계산된다는 것을 알 수 있다.

랜덤효과와 오차항의 분산을 추출하는 과정, 그리고 정보기준지수들을 추출하는 과정은 제시하지 않았다. 구체적인 결과는 이번 섹션 마지막에 제시된 표를 참조하고, R 명령문은 온라인 자료를 참조하기 바란다.

끝으로 모형1C에서는 랜덤기울기효과를 **gm.ix1** 변수와 **gm.ix2** 변수 모두에 적용하였다. 추정된 결과는 아래와 같다. 마찬가지로 고정효과 결과 부분에서 자유도(df) 부분이 모형1A, 모형1B와 비교하였을 때 어떻게 달라졌는지 주목하기 바란다.

```
> #모형1C: 랜덤효과는 절편과 gm.ix1, gm.ix2의 기울기에서 모두 발생
> clus2.model1c <- lmer(y~gm.ix1+gm.ix2+(gm.ix1+gm.ix2|gid),clus2)
> summary(clus2.model1c)
Linear mixed model fit by REML t-tests use Satterthwaite
  approximations to degrees of freedom [lmerMod]
Formula: y ~ gm.ix1 + gm.ix2 + (gm.ix1 + gm.ix2 | gid)
   Data: clus2

REML criterion at convergence: 2944

Scaled residuals:
     Min       1Q   Median       3Q      Max
-3.00302 -0.64373  0.05151  0.67545  3.06014
```

```
Random effects:
 Groups    Name          Variance Std.Dev. Corr
 gid       (Intercept) 0.685853 0.82816
           gm.ix1        0.008233 0.09074  0.04
           gm.ix2        0.008853 0.09409  0.06 0.04
 Residual                0.478140 0.69148
Number of obs: 1318, groups:  gid, 33

Fixed effects:
             Estimate Std. Error       df t value Pr(>|t|)
(Intercept)  3.62250     0.14542 31.98000  24.910  < 2e-16 ***
gm.ix1       0.11485     0.02708 31.03000   4.242 0.000185 ***
gm.ix2       0.15735     0.02519 31.49000   6.246 5.72e-07 ***
---
Signif. codes:  0 '***' 0.001 '**' 0.01 '*' 0.05 '.' 0.1 ' ' 1

Correlation of Fixed Effects:
       (Intr) gm.ix1
gm.ix1 0.022
gm.ix2 0.038  0.016
```

　지금까지 추정한 네 가지 다층모형(모형0, 모형1A, 모형1B, 모형1C)의 고정효과, 오차항 분산과 랜덤효과, 그리고 모형적합도 지수들(AIC, BIC)을 추정한 결과를 정리하면 아래의 표와 같다.

표 9. 2층 군집형 데이터의 랜덤효과 구조 및 모형적합도 추정결과 비교

	모형0	모형1A	모형1B	모형1C
고정효과				
개인수준				
절편	3.623***	3.622***	3.623***	3.623***
	(.015)	(.145)	(.145)	(.145)
이타주의성향 (gm.ix1)		.114***	.113***	.115***
		(.027)	(.022)	(.027)
타자신뢰도 (gm.ix2)		.159***	.159***	.157***
		(.019)	(.025)	(.025)
집단수준				
랜덤효과				
랜덤절편(τ_{00})	.68453	.68562	.68569	.68585
랜덤기울기(τ_{11})		.00801		.00823
랜덤기울기(τ_{22})			.00875	.00885
공분산(τ_{01})		.00443		.00282
공분산(τ_{02})			.00425	.00454
공분산(τ_{12})				.00037
오차항(σ^2)	.52928	.48719	.48451	.47814
모형적합도				
AIC	3039.522	2963.906	**2961.284**	2963.991
BIC	3055.073	3000.193	**2997.571**	3015.830

알림. *$p<.05$, **$p<.01$, ***$p<.001$, $N_{개인}=1,318$, $N_{집단}=33$. 모든 모형들은 R의 lme4 라이브러리의 lmer() 함수를 이용하였으며, 모형추정방법으로는 제한적 최대우도법(REML)을 사용하였다. 또한 고정효과의 자유도 (df)는 새터스웨이트(Satterthwaite)의 제안에 따라 조정되었다.

위의 표에서 알 수 있듯, 네 모형들 중 데이터에 가장 적합한 모형은 '모형1B', 즉 **gm.ix2** 변수의 랜덤절편효과와 랜덤기울기효과를 추정한 다층모형이었다. 그러나 여기서 어떤 독자들은 다음과 같은 질문을 제기할 수도 있다. 랜덤효과의 공분산(τ_{01}, τ_{02}, τ_{12})은 반드시 추정해야 할까? 일단 여기에 대한 정답은 없다. 쉽게 말해 이론적 관점에서 랜덤효과의 공분산을 추정해야 하는 상황에서는 추정하는 것이 좋으며, 추정하지 않아야 하거나 혹은 않아도 되는 상황에서는 추정하지 않을 수 있다.

저자 개인의 생각을 밝히자면 가능하면 랜덤효과의 공분산은 추정하는 것이 좋다. 특

히 시계열 데이터에 다층모형을 적용할 경우 랜덤효과의 공분산을 반드시 추정해야 한다고 생각한다. 왜냐하면 시간에 따른 변화패턴은 절편과 측정시점의 일차항(혹은 이차항이나 그 이상의 고차항)에서 상관관계가 높은 것이 보통이기 때문이다[시간에 따른 양극화(polarization)의 경우 랜덤절편효과와 랜덤기울기효과는 정적(positive) 공분산을 갖는 것이 보통이며, 바닥효과(floor effect)나 천정효과(ceiling effect)가 발생하는 경우 랜덤절편효과와 랜덤기울기효과는 부적(negative) 공분산을 갖는 것이 보통이기 때문이다]. 그러나 군집형 데이터의 경우, 상황에 따라 랜덤효과의 공분산을 가정하지 않는 것도 가능하다(다시 반복하지만 옳은지 여부는 데이터의 맥락에 따라 그리고 연구자의 이론적 관점에 따라 다를 것이다).

일단 랜덤효과에서 공분산을 추정하지 않는 방법을 살펴보자. 이 경우 랜덤효과, 즉 상위수준의 분산/공분산 행렬은 다음과 같이 정의된다.

$$\begin{pmatrix} u_{00} \\ u_{01} \ u_{11} \\ u_{02} \ u_{12} \ u_{22} \end{pmatrix} \sim N.I.D. \begin{bmatrix} 0, \begin{pmatrix} \tau_{00} \\ 0 \ \tau_{11} \\ 0 \ 0 \ \tau_{22} \end{pmatrix} \end{bmatrix}$$

위와 같이 정의된 랜덤효과를 추정하는 방법은 아래와 같다. `lmer()` 함수에서 랜덤효과를 지정하는 부분이 **(gm.ix1+gm.ix2||gid)**로 표현된 것에 주목하기 바란다. **||** 표시는 랜덤효과 행렬의 대각요소(diagonal elements)만 추정한다는 의미다. 또한 **AIC()** 함수와 **BIC()** 함수를 이용하여 모형적합도 역시 살펴보았다.

```
> #모형1D: 랜덤효과 행렬 중 분산만 추정
> clus2.model1d <- lmer(y~gm.ix1+gm.ix2+(gm.ix1+gm.ix2||gid),clus2)
> summary(clus2.model1d)
Linear mixed model fit by REML t-tests use Satterthwaite
   approximations to degrees of freedom [lmerMod]
Formula:
y ~ gm.ix1 + gm.ix2 + ((1 | gid) + (0 + gm.ix1 | gid) + (0 +
    gm.ix2 | gid))
   Data: clus2

REML criterion at convergence: 2944.1
```

```
Scaled residuals:
     Min       1Q   Median       3Q      Max
-3.00229 -0.63761  0.05054  0.67468  3.06128

Random effects:
 Groups    Name         Variance Std.Dev.
 gid       (Intercept)  0.685856 0.82816
 gid.1     gm.ix1       0.008206 0.09059
 gid.2     gm.ix2       0.008844 0.09404
 Residual               0.478160 0.69149
Number of obs: 1318, groups:  gid, 33

Fixed effects:
             Estimate Std. Error      df t value Pr(>|t|)
(Intercept)  3.62251    0.14542 31.98000  24.910  < 2e-16 ***
gm.ix1       0.11484    0.02706 31.40000   4.243 0.000181 ***
gm.ix2       0.15740    0.02519 31.53000   6.248 5.65e-07 ***
---
Signif. codes:  0 '***' 0.001 '**' 0.01 '*' 0.05 '.' 0.1 ' ' 1

Correlation of Fixed Effects:
       (Intr) gm.ix1
gm.ix1 0.000
gm.ix2 0.000  0.000
> #정보기준지수들
> AIC(clus2.model3a);BIC(clus2.model3a)
[1] 2958.061
[1] 2994.348
```

위의 결과에서 알 수 있듯, 공분산 요소들을 추정하지 않은 모형(모형1D)이 공분산 요소들을 모두 추정한 모형(모형1C)보다, 심지어 표에서 가장 좋은 모형으로 나타난 '모형1B'보다 좋은 AIC, BIC 값을 보이고 있다. 그러나 저자는 가급적이면 랜덤효과들 중 분산은 물론 공분산도 추정하는 것을 선호하는 편이다. 이에 '모형1D'가 아니라 '모형1B'를 최종모형으로 선택하였다. 즉 '모형1B'를 기준으로 다음에 테스트할 상위수준 독립변수들을 모형에 추가 투입하였다.

4단계. 상위수준 독립변수의 효과 추정

clus2 데이터에는 gx1 변수가 상위수준 독립변수로 원래 포함되어 있었다. 그러나 저자는 데이터 내부에서 33개 집단 각각의 집단크기와 개인수준의 변수인 ix1, ix2의 집단별 평균값을 상위수준 독립변수들로 새로 생성하였다. 즉 앞서 소개한 사전처리 과정을 거쳐 우리는 am.gx1(gx1 변수를 전체평균 중심화변환시킨 변수), am.gsize(집단크기 변수를 전체평균 중심화변환시킨 변수), am.gmix1[ix1 변수의 집단별 평균값 변수(gmix1)를 전체평균 중심화변환시킨 변수], am.gmix2[ix2 변수의 집단별 평균값 변수(gmix2)를 전체평균 중심화변환시킨 변수]의 총 4개의 집단수준 독립변수들을 랜덤효과로 최종 선정된 다층모형에 투입할 수 있다. 이에 다음과 같은 4개의 모형을 차례대로 구성하였다.

- 모형2A: am.gx1 변수를 절편(b_0), gm.ix1 변수의 기울기(b_1), gm.ix2 변수의 기울기(b_2)를 예측하는 상위수준 변수로 투입
- 모형2B: am.gx1, am.gsize 두 변수를 절편(b_0), gm.ix1 변수의 기울기(b_1), gm.ix2 변수의 기울기(b_2)를 예측하는 상위수준 변수로 투입
- 모형2C: am.gx1, am.gsize, am.gmix1 세 변수를 절편(b_0), gm.ix1 변수의 기울기(b_1), gm.ix2 변수의 기울기(b_2)를 예측하는 상위수준 변수로 투입
- 모형2D: am.gx1, am.gsize, am.gmix1, am.gmix2 네 변수를 절편(b_0), gm.ix1 변수의 기울기(b_1), gm.ix2 변수의 기울기(b_2)를 예측하는 상위수준 변수로 투입

각 모형은 아래에 제시된 **lmer()** 함수 형태로 각각 추정이 가능하다.

표 10. 모형2A, 모형2B, 모형2C, 모형2D 추정을 위한 lmer() 함수 형태

모형구분	lmer() 함수 형태
모형2A	clus2.model2a <- lmer(y~am.gx1*(gm.ix1+gm.ix2)+ (gm.ix2|gid),clus2)
모형2B	clus2.model2b <- lmer(y~(am.gx1+am.gsize)*(gm.ix1+gm.ix2)+ (gm.ix2|gid),clus2)
모형2C	clus2.model2c <- lmer(y~(am.gx1+am.gsize+am.gmix1)*(gm.ix1+gm.ix2)+ (gm.ix2|gid),clus2)
모형2D	clus2.model2d <- lmer(y~(am.gx1+gsize+am.gmix1+am.gmix2)*(gm.ix1+gm.ix2)+ (gm.ix2|gid),clus2)

다층모형 추정결과는 이미 여러 차례 살펴보았기 때문에, 여기서는 별도의 R 출력결과를 제시하지는 않았다. 만약 위에서 정의한 모형2A, 모형2B, 모형2C, 모형2D를 추정하는 전체 R 명령문을 원하는 독자들은 본서의 온라인 별첨자료를 활용하기 바란다. 각각의 다층모형을 추정한 후, 고정효과와 랜덤효과, 오차항의 분산, 그리고 정보기준지수들을 정리하면 다음의 표와 같다. 참고로 모형1B의 결과도 오차감소비율(PRE)를 위해 다시 한 번 제시하였다.

표 11. 집단수준의 독립변수와 상호작용효과 투입 전후 비교

	모형1B	모형2A	모형2B	모형2C	모형2D
고정효과					
개인수준					
절편	3.623***	3.622***	3.623***	3.623***	3.623***
	(.145)	(.144)	(.146)	(.148)	(.151)
이타주의성향	.113***	.113***	.111***	.112***	.112***
(gm.ix1)	(.022)	(.022)	(.022)	(.022)	(.022)
타자신뢰도	.159***	.162***	.161***	.159***	.160***
(gm.ix2)	(.025)	(.019)	(.019)	(.019)	(.019)
집단수준					
집단신용도		.107	.112	.104	.112
(am.gx1)		(.085)	(.087)	(.092)	(.097)
집단크기			−.020	−.021	−.019
(am.gsize)			(.057)	(.058)	(.060)
이타주의성향				.317	.179
평균(am.gmix1)				(1.020)	(1.111)
타자신뢰도					.342
평균(am.gmix2)					(1.004)
상호작용효과					
am.gx1×gm.ix1		.021	.013	.018	.019
		(.013)	(.013)	(.014)	(.015)
am.gx1×gm.ix2		.064***	.064***	.069***	.069***
		(.011)	(.012)	(.012)	(.012)
am.gsize×gm.ix1			.024**	.025**	.025**
			(.008)	(.008)	(.008)
am.gsize×gm.ix2			−.002	−.001	⟨.001
			(.008)	(.008)	(.008)
am.gmix1×gm.ix1				−.241	−.244
				(.141)	(.154)
am.gmix1×gm.ix2				−.212	−.224
				(.131)	(.143)
am.gmix2×gm.ix1					.006
					(.142)
am.gmix2×gm.ix2					.029
					(.135)

랜덤효과					
랜덤절편(τ_{00})	.68569	.67328	.69344	.71539	.73823
랜덤기울기(τ_{22})	.00875	.00050	.00050	.00043	.00045
공분산(τ_{02})	.00425	−.01837	−.01866	−.01751	−.01825
오차항(σ^2)	.48451	.48041	.47813	.47694	.47766
모형적합도					
AIC	2961.284	**2952.478**	2969.815	2973.012	2981.239
BIC	2997.571	**3004.316**	3037.205	3055.954	3079.732

알림. $*p<.05$, $**p<.01$, $***p<.001$, $N_{개인}=1,318$, $N_{집단}=33$. 모든 모형들은 R의 `lme4` 라이브러리의 `lmer()` 함수를 이용하였으며, 모형추정방법으로는 제한적 최대우도법(REML)을 사용하였다. 또한 고정효과의 자유도(df)는 새터스웨이트(Satterthwaite)의 제안에 따라 조정되었다. 개인수준에서 측정된 독립변수는 집단평균 중심화변환(group-mean centering)을, 집단수준에서 측정된 독립변수는 전체평균 중심화변환(grand-mean centering)을 적용하였다.

우선 모형2A, 모형2B, 모형2C, 모형2D의 모형적합도 지수를 비교해 보자. AIC, BIC 지수 모두 모형2A에서 가장 낮은 값을 보이는 것을 알 수 있다. 다시 말해 경쟁하는 다섯 개의 모형들 중 데이터와 가장 잘 부합하는 모형은 '모형2A'라는 것을 알 수 있다. 그러나 고정효과를 보면 그 결과가 조금 의아할 수 있다. 왜냐하면 전체평균 중심화변환을 적용한 집단크기 변수가 추가로 투입되었을 때 "am.gsize×gm.ix1" 상호작용이 통계적으로 유의미하기 때문이다($r_{12} = .024$, $p<.01$). 다시 말해 고정효과에 중점을 둘 경우 '모형2B'도 충분히 고려대상에 포함시킬 수 있는 모형이다.

그러나 한 가지 유념할 것은 "am.gsize×gm.ix1" 상호작용 테스트 결과는 개인수준 사례수를 기반으로 계산된 자유도가 적용된 것이라는 점이다. 실제로 gm.ix1 변수의 랜덤기울기효과를 추가로 고려할 경우 통계적 유의도가 $p = .005$에서 $p = .019$로 증가한다. 다시 말해 랜덤기울기효과가 고려되지 않은 하위수준 독립변수와 상위수준 독립변수의 상호작용은 제1종 오류(type 1 error)를 범할 가능성을 부정할 수 없다. 그러나 이 사례의 경우 gm.ix1 변수의 랜덤기울기효과를 추가로 고려하더라도 통계적 유의도가 여전히 통상적 수준에서 유의하기 때문에 '모형2B'도 충분히 고려할 수 있을지 모른다.

하지만 저자는 모형적합도 지수를 근거로 '집단의 신용도'라는 집단수준 독립변수의 고정효과만을 고려하는 '모형2A'를 가장 타당한 다층모형으로 선정하였다.

이제 다층모형 추정결과를 해석해 보자. 모형2A의 추정결과에 따르면 응답자의 이타주의적 성향이 증가할수록($b = .113$, $p < .001$),[2] 또한 타자신뢰도 수준이 높을수록($b = .162$, $p < .001$) 기부의도가 증가한다. 또한 개인수준에서 측정된 타자신뢰도가 기부의도에 미치는 효과는 응답자가 속한 집단의 신용도가 높을수록 더 강해지는 것으로 나타났다($b = .064$, $p < .001$). 즉 응답자 개인의 타자신뢰도와 기부의도의 관계는 응답자가 속한 집단의 신용도에 의해 조절되는 조절효과(moderation effect)를 확인할 수 있었다.

다음으로 집단수준의 변수(am.gx1)와 상호작용효과 고정항을 추가로 투입하였을 때의 오차감소비율(PRE)을 계산해 보자. 개인수준, 집단수준의 랜덤절편효과와 랜덤기울기효과의 분산값들을 이용해 PRE를 계산한 결과는 아래와 같다.

```
> #수준별 PRE
> var.cov.model1b <- data.frame(VarCorr(clus2.model1b))
> var.cov.model2a <- data.frame(VarCorr(clus2.model2a))
> (var.cov.model1b$vcov[1]-var.cov.model2a$vcov[1])/var.cov.model1b$vcov[1]
[1] 0.01810297
> (var.cov.model1b$vcov[2]-var.cov.model2a$vcov[2])/var.cov.model1b$vcov[2]
[1] 0.942745
> (var.cov.model1b$vcov[4]-var.cov.model2a$vcov[4])/var.cov.model1b$vcov[4]
[1] 0.008462642
```

- $\text{PRE}_{\text{level-2, 랜덤절편}} \approx .018$
- $\text{PRE}_{\text{level-2, 랜덤기울기}} \approx .943$
- $\text{PRE}_{\text{level-1}} \approx .008$

위의 결과는 집단수준의 **am.gx1×gm.ix2**가 집단수준에서의 랜덤기울기효과 대부분을(약 94%) 설명한다는 것을 보여준다. 즉 집단에 따라 다른 **gm.ix2** 변수가 종속변수에 미치는 효과는 **am.gx1** 변수의 수준에 따라 발생한 것임을 알 수 있다.

---

2 엄밀하게 말하자면, "다른 변수들이 종속변수에 미치는 효과를 통제하였을 때, 응답자 개인의 이타주의적 성향이 1단위 증가하면 기부의도는 .113단위 증가하며, 이는 통계적으로 유의미한 증가분이다"라고 해석할 수 있다.

5단계. 다층모형 추정결과를 그래프로 제시하기

이제는 위에서 얻은 모형4의 추정결과, 즉 "am.gx1×gm.ix2"의 상호작용효과를 그래프로 그려보자. 앞서 시계열 데이터 추정결과를 제시하는 것과 마찬가지로, 랜덤효과를 고려하지 않고 표본전체의 패턴을 중시한 그래프를 그리는 방법(모집단 평균 추정치 제시)과, 랜덤효과를 중시한 그래프를 그리는 방법(개체고유 추정치 제시), 그리고 이 두 가지를 같이 제시하는 방법을 고려할 수 있다.

먼저 표본전체의 패턴을 중시한 그래프는 랜덤효과를 통제한 후(즉 집단에 따른 상이한 모수추정치의 차이를 통제한 후) 표본전체에서 나타난 예측된 종속변수값이 독립변수와 조절변수에 따라 어떻게 달라지는지를 보여준다. 반면 랜덤효과를 중시하는 그래프에서는 개인수준(하위수준)의 독립변수와 종속변수의 관계가 집단수준(상위수준)에 따라 어떻게 다르게 나타나는지를 각 집단별로 혹은 각 집단들을 겹쳐서 제시한다. 그러나 저자가 알고 있는 한 가장 보편적인 방법은 랜덤효과와 표본전체에서 나타난 패턴을 동시에 같이 제시하는 것이다.

일단 먼저 '타자에 대한 신뢰(집단평균 중심화변환된 ix2 변수)'가 '집단신용도(전체평균 중심화변환된 gx1 변수)'의 수준에 따라 '기부의도(y변수)'에 미치는 효과가 어떻게 다르게 나타나는지를 집단별로 살펴보자. 우선은 어떠한 그래프를 그릴지 계획을 짤 필요가 있다. 첫째, X축에 놓일 독립변수를 생각해 보자. 시계열 데이터의 경우 측정시점의 시작과 끝이 상위수준에 따라 일정한 것이 보통이지만, 군집화 데이터의 경우 집단에 따라 독립변수의 최솟값과 최댓값이 다른 경우가 적지 않다. 즉 각 집단별로 독립변수의 범위는 상이하다. 둘째, 연속형 조절변수의 경우 조절변수의 수준을 어떻게 지정할지 고민해야 한다. 범주형 변수가 조절변수로 사용된 경우 조절변수의 수준은 각 범주로 설정하면 된다(예를 들어 성별변수의 경우 남성과 여성). 그러나 이번에 다룬 clus2 데이터의 경우 조절변수인 gx1 변수는 연속형 변수다. 연속형 변수의 경우 조절변수의 수준을 어떻게 잡는가에 따라 그래프에서 나타난 조절효과가 달라보일 수도 있다. 현재 gx1 변수는 1~7점으로 표현되어 있기 때문에 조절변수의 수준은 각 수준별 7개로 설정하였다. 셋째, 상호작용효과와 관계없는 gm.ix1 변수의 효과는 통제하였다.

이를 위해 각 집단별로 (1) 독립변수인 gm.ix2 변수의 최솟값과 최댓값을 구하고, (2) 조절변수인 am.gx1 변수의 7수준을 각각 지정하였다. 다시 말해 33개 집단들을 집단수준의 조절변수 수준에 따라 7개 수준으로 구분하고, 각 집단별로 독립변수 2수준(최솟값과 최댓값)에 맞는 데이터를 생성한 후, 이 데이터를 대상으로 모형4를 적용하여 y변수의 예측값을 추정하였다. 독자도 느꼈겠지만, 다층모형에는 여러 조건에서 얻은 다양한 모수추정치들을 고려하기 때문에 그래프 작업은 상당히 까다로운 편이다. 여기서 저자는 group_by() 함수와 summarise() 함수를 이용해서 각 집단별 독립변수의 범위를 계산하여 저장하였다. 이 데이터는 넓은 형태의 데이터이기 때문에 gather() 함수를 이용해 긴 형태의 데이터로 바꾸었다. 그 후 gm.ix1 변수의 값을 0으로 지정하여 해당변수의 효과를 통제하였다. 이후 이렇게 얻은 데이터를 이용해 각 집단별로 종속변수의 예측값을 predict() 함수를 이용해 얻었다.

```
> ##다층모형 추정결과 그래프로 나타내기
> fig.data <- group_by(clus2,gid) %>%
+       summarise(x.min=min(gm.ix2),x.max=max(gm.ix2),
+                 am.gx1=mean(am.gx1),gx1=mean(gx1))
> fig.data <- gather(fig.data,"value",gm.ix2,-gid,-am.gx1,-gx1)
> fig.data$range <- ifelse(fig.data$value=='x.min',0,1)
> table(fig.data$gx1)

 1  2  3  4  5  6  7
 6 10 18  6 14  8  4
> #gm.ix1 변수 통제
> fig.data$gm.ix1 <- 0
> #그래프 가독성을 위해 텍스트형 변수생성
> mylabel <- c('매우낮음','낮음','다소낮음','중간','다소높음','높음','매우높음')
> fig.data$gx1.label <- factor(mylabel[fig.data$gx1],levels=mylabel)
> #모형2A를 이용해 그래프에 제시될 예측값 추정
> fig.data$predy <- predict(clus2.model4,fig.data)
```

위의 과정을 거친 후 지정된 독립변수의 범위(최솟값과 최댓값)와 집단수준의 조절변수 수준에 따른 7묶음별 종속변수의 예측값을 그래프로 나타내었다. ggplot2 라이브러리의 facet_grid() 함수를 이용하면 간단하게 33개 집단에서의 상호작용효과 패턴을 그릴 수 있다.

```
> #각 집단별로 패시팅을 적용한 후 상호작용효과를 그래프로 그림
> ggplot(fig.data,aes(y=predy,x=gm.ix2))+
+     geom_point(size=2)+
+     geom_line(aes(y=predy,group=gid))+
+     labs(x='타자신뢰도\n(집단평균 중심화변환된 ix2 변수)',
+          y='예측된 기부의도')+
+     facet_grid(~gx1.label)
```

그림 12. 타자신뢰도(개인수준)와 집단의 신용도(집단수준)가 기부의도에 미치는 상호작용효과(집단변수의 수
준별로 구분하여 적용)

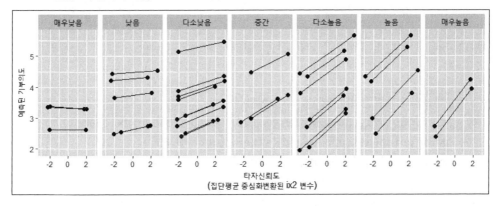

위의 결과는 '집단신용도'(조절변수) 수준에 따라 '타자신뢰도'(독립변수)가 종속변수에 미
치는 효과가 어떻게 변하는지를 잘 보여준다. 그림에서 잘 나타나듯 독립변수가 종속변
수에 미치는 효과는 조절변수의 수준이 '매우 낮음'에서 '매우 높음'으로 변하면서 차츰
강한 정적 효과(positive effect)를 보인다.

다음으로 랜덤효과와 전체표본의 평균예측값을 하나의 그래프에 같이 그려보자. 우선
은 랜덤효과를 통제한 후, 각 독립변수와 조건변수의 조건별 종속변수의 전체표본 예측
값 평균을 구해보자. 각 집단별로 독립변수의 범위가 다르기 때문에 여기서는 [−2, 2]의
범위를 수동으로 설정하였다. 아래와 같이 **group_by()** 함수와 **summarise_all()** 함
수를 쓰면 편리하게 전체표본의 평균값을 얻을 수 있다.

```
> #전체집단의 예측값 평균을 구함
> temp <- fig.data
> temp$gm.ix2 <- ifelse(temp$range==0,-2,2)
> fig.data.pop <- group_by(temp,gm.ix2,am.gx1) %>%
+   select(-value,-gx1.label) %>%
+   summarise_all(mean)
> fig.data.pop$gx1.label <- factor(mylabel[fig.data.pop$gx1],
+                                   levels=mylabel)
```

이제 각 집단별 상호작용 패턴을 `alpha` 옵션을 이용하여 흐릿하게 표시하였다(즉 겹쳐질 경우 더욱 진하게 나타난다). 또한 조절변수의 수준은 색깔로 구분하였으며, 전체표본의 예측값 평균을 나타내는 부분은 굵은 선을 이용해 표시하였다.

```
> #랜덤효과와 표본전체의 패턴을 같이 제시
> ggplot(data=fig.data,aes(x=gm.ix2,y=predy,colour=gx1.label)) +
+   geom_point(aes(group=gid),size=2,alpha=0.8) +
+   geom_line(aes(y=predy,group=gid),
+             alpha=0.8,linetype=3,size=1) +
+   geom_line(data=fig.data.pop,aes(y=predy),linetype=1,size=2) +
+   labs(x='타자신뢰도\n(집단평균 중심화변환된 ix2 변수)',
+        y='예측된 기부의도',col='집단신용도')
```

그림 13. 타자신뢰도(개인수준)와 집단의 신용도(집단수준)가 기부의도에 미치는 상호작용효과(겹쳐 그리기 방식 적용)

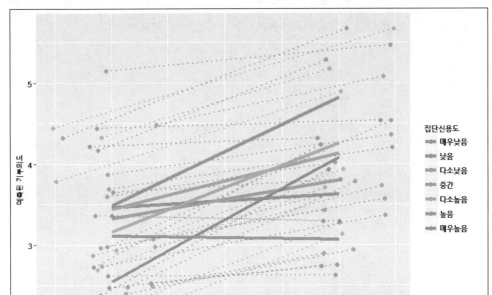

위의 그래프는 모형4 추정결과에서 나타난 상호작용효과가 어떠한지 명확하게 보여준다. 즉 개인이 갖고 있는 집단신뢰도가 기부의도에 미치는 효과는 개인이 속한 집단의 신용도가 낮은 경우에는 정적 효과가 나타나지 않는다(기울기가 거의 0에 가깝다). 그러나 개인이 소속된 집단의 집단신용도가 높아질수록 독립변수(타자신뢰도)가 종속변수(기부의도)에 미치는 효과는 보다 강한 정적 효과를 나타낸다.

시계열 데이터에 적용되는 2층모형과 군집형 데이터에 적용되는 2층모형은 본질적으로 동일하다. 그러나 두 데이터는 데이터가 구성된 방식이 다르기 때문에 모형을 구성하고 추정하는 방식이 다르며, 그리고 무엇보다 결과를 그래프로 제시하는 방식이 다르다. lme4 라이브러리의 함수를 이용하면 쉽게 다층모형을 추정할 수 있다고 생각할지 모른다. 그러나 측정수준에 따라 독립변수의 사전처리, 특히 어떤 평균 중심화변환을 적용할지 깊이 고민해야 하며, 랜덤효과의 구조(랜덤절편효과, 랜덤기울기효과, 그리고 공분산항들)를 어떻게 확정하여야 할지는 쉬운 일이 아니다. 또한 다층모형의 추정결과를 그래프로 제시할 때도 어떻게 예측값을 그래프로 나타낼지 깊이 고민할 필요가 있다.

## 02장

3층모형

앞에서는 동일한 개인에게서 반복적으로 측정된 여러 시점의 측정치들로 개념화할 수 있는 시계열 데이터와 하나의 집단에 배속된 여러 개인들로 개념화할 수 있는 군집형 데이터를 분석사례로 2층모형을 살펴보았다. 3층모형은 위계적 데이터의 복잡성이 증가하였을 뿐, 2층모형과 개념적으로 동일하다. 쉽게 말해 3층모형은 앞서 다룬 2층모형에 상위의 측정수준 하나가 더 추가된 다층모형이다.

우선 3층으로 구성된 시계열 데이터를 생각해 볼 수 있다. 예를 들어 동일한 개인에게서 하루단위로 측정치를 얻었다면 2층모형을 적용할 수 있다. 그러나 측정시기가 길어져서 측정시점을 '주단위'로 확장시킬 수 있다고 가정해 보자. 예를 들어 200명의 응답자들에게서 50주, 즉 350일에 걸쳐 측정치를 얻었다고 가정하자. 인간의 활동이 주단위로 주기성을 띤다는 점에서 이 데이터를 통해 우리는 크게 3가지를 발견할 수 있다. 연구자가 관심을 갖고 있는 종속변수의 변화가 (1) 주로 주단위의 거시적 시간변화로 인한 것인지, (2) 일단위의 미시적 시간변화로 인한 것인지, 혹은 (3) 응답자의 개인적 특성에 따른 것인지를 정량적으로 파악할 수 있다. 다시 말해 이 데이터는 '개인수준(person-level) > 일수준(day-level) > 주수준(week-level)'의 3층의 위계를 갖고 있는 시계열 데이터다.

3층으로 구성된 군집형 데이터도 생각해 볼 수 있다. 예를 들어 학교에 배속된 개별학생 단위로 측정치를 얻었다면 2층모형을 적용할 수 있다. 그러나 많은 수의 학교들이 조사대상에 포함되면, 학교가 배속된 상위군집(upper cluster)으로 '지역(region)'를 고려할 수 있다. 다시 말해 우리는 2층의 군집형 데이터에 상위수준 하나를 더 고려한 3층의 군집형 데이터를 떠올릴 수 있다. 마찬가지로 연구자는 연구에서 관심을 갖고 있는 종속변수의 변화가 주로 개별학생의 특성 때문인지, 학생이 다니고 있는 학교의 특성 때문인지, 혹은 학생과 학교가 소속된 지역적 특성인지 3층모형을 통해 정량적 데이터 분석을 실시할 수 있다. 즉 언급한 3층의 군집형 데이터는 '지역수준(region-level) > 학교수준(school-level) > 학생수준(student-level)'으로 위계화될 수 있다.

또한 시계열 데이터와 군집형 데이터가 복합된 3층의 위계적 데이터도 존재한다. 예를 들어 2층의 시계열 데이터에서 상위수준인 '개인'들이 '집단'에 배속된 경우를 생각해 보자. 01장의 예를 들자면, 시간에 따른 대통령 호감도 변화는 개인에 따라 달라지지만, 동시에 개인이 속한 지역에 따라 달라질 수도 있다. 즉 이 데이터는 '집단수준(group-level) > 개인수준(person-level) > 시간수준(time-level)'으로 위계적 구조를 갖는다. 흔히 이러한 위계적 데이터를 '군집형 시계열 데이터(clustered longitudinal data)'라고 부른다.

2층모형과 3층모형은 데이터의 복잡성 수준이 다를 뿐 개념적으로 동일하기 때문에 앞 장의 내용을 충실하게 이해한 독자라면 이해가 어렵지는 않을 것이다. 즉 3층의 시계열 데이터, 3층의 군집형 데이터를 추정하는 방법은 앞 장에서 소개한 방법을 응용하면 쉽게 해결할 수 있다. 이런 이유로 이번 장에서는 시계열 데이터와 군집형 데이터가 복합된 형태로 나타난 '군집형 시계열 데이터'에 3층모형을 어떻게 적용시키고 해석할 수 있는지 소개하였다.

1단계. 다층모형 사전 준비작업

군집형 시계열 데이터는 군집형 데이터의 특성과 시계열 데이터의 특성을 모두 보유하고 있다. 따라서 지난 01장에서 제시하였던 군집형 데이터에 대한 사전처리 기법들과, 시계열 데이터에서 제시하였던 사전처리 기법들이 모두 사용된다. 데이터를 살펴보기 전에 lme4, lmerTest, tidyverse의 세 라이브러리들을 먼저 구동시키자. 다음으로 이번 장에서 소개할 군집형 시계열 데이터인 my3level_repeat.csv 데이터를 살펴보자. 해당 데이터의 변수들의 의미는 다음과 같다.

- pid: 노동자의 개인식별번호
- gid: 노동자가 속한 회사의 식별번호

- **y1, y2, y3**: 입사 후 1년 단위로 측정한 노동자의 이직(離職) 의도(개인수준)

- **ix**: 노동자의 주관적 노동강도 인식(개인수준)

- **gx**: 노동자가 속한 회사의 업무영역(서비스직 = 0; 생산직 = 1)

```
> #다층모형 추정 및 사전처리를 위한 라이브러리 구동
> library('lme4')
> library('lmerTest')
> library('tidyverse')
> #3층 군집형 데이터 불러오기
> setwd("D:/data")
> #3수준 데이터
> #군집형 시계열 데이터의 경우
> level3 <- read.csv("my3level_repeat.csv",header=TRUE)
> head(level3)
  pid gid y1 y2 y3 ix gx
1   1   1  4  4  7  5  0
2   2   1  2  3  4  4  0
3   3   1  4  6  5  3  0
4   4   1  4  4  5  2  0
5   5   1  3  5  6  4  0
6   6   1  4  5  5  3  0
> #수준별 사례수를 살펴보자.
> length(unique(level3$pid))
[1] 2370
> length(unique(level3$gid))
[1] 90
```

위의 출력결과에서 잘 드러나듯, 종속변수 y가 세 번의 시점에 걸쳐 측정되었다(y1, y2, y3). 이러한 형태는 2층모형을 적용했던 시계열 데이터와 동일하다. 그러나 하나의 **gid** 변수값에 여러 **pid** 변수값들이 배속되어 있는 것을 확인할 수 있다. 이러한 데이터 구조는 앞서 살펴본 군집형 데이터에 대한 2층모형과 동일하다. 결과에서 나타나듯, 총 2,370명의 응답자를 3차례에 걸쳐 측정하였으며, 이 2,370명은 90개의 집단에 배속되어 있다. 따라서 시간수준의 사례수는 7,110(= 2,370×3)이며, 개인수준의 사례수는 2,370, 집단수준의 사례수는 90인 것을 알 수 있다.

이제 각 수준별로 데이터 사전처리를 실시하자. 현재 데이터의 기본 측정수준은 개인
수준이다. 이에 우선 회사(집단)에 배속된 노동자(개인) 수준에서 측정된 **ix** 변수에 대해
집단평균 중심화변환을 실시하였다. 앞서와 마찬가지로 **tidyverse** 라이브러리(구체적으
로 **dplyr** 라이브러리)의 **group_by()** 함수와 **mutate()** 함수를 이용하였다.

```
> #ix 변수에 대해 집단평균 중심화변환 실시
> level3 <- group_by(level3,gid) %>%
+    mutate(gm.ix = ix - mean(ix))
> round(level3,2)
# A tibble: 2,370 x 8
# Groups:   gid [90]
     pid   gid    y1    y2    y3    ix    gx gm.ix
   <dbl> <dbl> <dbl> <dbl> <dbl> <dbl> <dbl> <dbl>
 1     1     1     4     4     7     5     0  1.29
 2     2     1     2     3     4     4     0  0.29
 3     3     1     4     6     5     3     0 -0.71
 4     4     1     4     4     5     2     0 -1.71
 5     5     1     3     5     6     4     0  0.29
 6     6     1     4     5     5     3     0 -0.71
 7     7     1     4     3     5     4     0  0.29
 8     8     1     5     5     6     4     0  0.29
 9     9     1     4     4     5     4     0  0.29
10    10     1     3     5     5     4     0  0.29
# ... with 2,360 more rows
```

다음으로 집단수준에서 측정된 변수들에 대한 사전처리를 실시하자. 먼저 상위수준인
집단수준에서 측정된 **gx** 변수는 0과 1의 값을 갖는 가변수다. 여기서는 비교코딩을 적용
하였다(즉, 0의 값은 −1로, 1의 값은 +1로 리코딩하였다).

```
> #집단수준변수의 경우 가변수이기 때문에 비교코딩 실시
> level3$cc.gx <- ifelse(level3$gx==0,-1,1)
> table(level3$gx,level3$cc.gx)

      -1    1
  0 1200    0
  1    0 1170
```

다음으로 2층 형태의 군집형 데이터 사례와 마찬가지로 (1) 각 집단의 집단크기(group size)와 개인수준 변수의 집단별 평균값을 집단별로 집산한 후(아래 R 코드에서의 **temp** 오브젝트), (2) 집산된 데이터를 기준으로 전체평균 중심화변환을 실시하고, (3) 이렇게 사전처리된 집산된 데이터를 집산하기 이전 데이터 즉 **level3** 데이터와 합쳤다(inner_join() 함수 부분). 집산을 위해서는 **group_by()** 함수와 **summarise()** 함수를 파이프 오퍼레이터 (**%>%**)를 이용하였으며, 데이터를 합칠 때는 **inner_join()** 함수를 이용하였다.

```
> #집단크기변수, 집단별 ix 평균을 위해 집산
> temp <- group_by(level3,gid) %>%
+    summarise(gsize=length(gid),gmix=mean(ix))
> temp <- mutate(temp,am.gsize=gsize-mean(gsize),
+                am.gmix=gmix-mean(gmix))
> #집단수준변수를 데이터에 통합
> level3 <- inner_join(level3,temp,by='gid')
```

위의 과정은 앞선 01장에서 군집형 데이터에서 적용했던 데이터 사전처리와 본질적으로 동일하다. 이제는 넓은 형태의 시계열 데이터를 다층모형 추정이 가능한 긴 형태의 시계열 데이터로 전환시켜야 한다. **gather()** 함수를 사용할 수도 있지만, 개인적으로는 **reshape()** 함수가 더 사용하기 편하다고 생각하기 때문에 **data.frame()** 함수를 이용해 타이디데이터 형태의 데이터를 R 베이스의 데이터 프레임으로 전환 후 **reshape()** 함수를 사용하였다. 그 과정은 아래와 같다.

```
> #이제 넓은 형태 데이터를 긴 형태 데이터로 바꾸자.
> clus.rpt <- reshape(data.frame(level3),idvar='pid',
+                     varying=list(3:5),v.names = "y",
+                     direction='long')
> round(head(clus.rpt),2)
    pid gid ix gx gm.ix cc.gx gsize gmix am.gsize am.gmix time y
1.1   1   1  5  0  1.29    -1    24 3.71    -2.33   -0.05    1 4
2.1   2   1  4  0  0.29    -1    24 3.71    -2.33   -0.05    1 2
3.1   3   1  3  0 -0.71    -1    24 3.71    -2.33   -0.05    1 4
4.1   4   1  2  0 -1.71    -1    24 3.71    -2.33   -0.05    1 4
5.1   5   1  4  0  0.29    -1    24 3.71    -2.33   -0.05    1 3
6.1   6   1  3  0 -0.71    -1    24 3.71    -2.33   -0.05    1 4
```

끝으로 시간수준의 독립변수, 즉 reshape() 함수를 적용하여 얻은 time 변수를 집단 평균 중심화변환시켰다. 마찬가지로 이를 위해 group_by() 함수와 mutate() 함수를 이용하였다.

```
> #시간수준변수의 경우 집단평균 중심화변환
> clus.rpt <- group_by(clus.rpt,pid) %>%
+   mutate(gm.time=time-mean(time))
> round(clus.rpt,2)
# A tibble: 7,110 x 13
# Groups:   pid [2,370]
    pid  gid    ix    gx gm.ix cc.gx gsize  gmix am.gsize am.gmix  time     y gm.time
  <dbl> <dbl> <dbl> <dbl> <dbl> <dbl> <dbl> <dbl>    <dbl>   <dbl> <dbl> <dbl>   <dbl>
1     1    1     5    0   1.29   -1    24   3.71    -2.33   -0.05    1     4      -1
2     2    1     4    0   0.29   -1    24   3.71    -2.33   -0.05    1     2      -1
3     3    1     3    0  -0.71   -1    24   3.71    -2.33   -0.05    1     4      -1
4     4    1     2    0  -1.71   -1    24   3.71    -2.33   -0.05    1     4      -1
5     5    1     4    0   0.29   -1    24   3.71    -2.33   -0.05    1     3      -1
6     6    1     3    0  -0.71   -1    24   3.71    -2.33   -0.05    1     4      -1
7     7    1     4    0   0.29   -1    24   3.71    -2.33   -0.05    1     4      -1
8     8    1     4    0   0.29   -1    24   3.71    -2.33   -0.05    1     5      -1
9     9    1     4    0   0.29   -1    24   3.71    -2.33   -0.05    1     4      -1
10   10    1     4    0   0.29   -1    24   3.71    -2.33   -0.05    1     3      -1
# ... with 7,100 more rows
```

이제 군집형 시계열 데이터에 대한 사전처리가 완료되었다. 복잡해 보이지만 사실 2층 모형에서 소개한 시계열 데이터에 대한 사전처리 기법들과 군집형 데이터에 대한 사전처리 기법들을 동시에 적용한 것에 불과하다.

다층모형 함수를 적용하는 방법 역시 동일하다. 먼저 노동자 개인별로 측정시점에 따른 이직의도의 변화패턴을 살펴보자. 우선 현재의 데이터에는 측정시점이 단 3개에 불과하기 때문에 시간에 따른 종속변수의 변화는 단선형(linear)으로 나타날 가능성이 높다. 물론 90개 집단에 배속된 개인 2,370명의 시계열 변화를 하나하나 다 확인하는 것은 불가능에 가깝다. 우선은 20명의 개인을 무작위로 추출한 후, 시간에 따른 종속변수의 변화패턴을 살펴보자(facet_wrap() 함수에서 해당 개인이 배속된 집단의 gx 변수 수준도 같이 포함한 것에 주목하기 바란다).

```
> #시간에 따른 변화패턴: 무작위로 20명의 사례를 선정하였음
> clus.rpt.20 <- arrange(clus.rpt,pid)
> length.pid <- length(unique(clus.rpt$pid))
> clus.rpt.20$myselect <- rep(sample(1:length.pid,
+                                 size=length.pid,replace=FALSE),each=3)
> clus.rpt.20 <- filter(clus.rpt.20,myselect<21) %>% arrange(pid,time)
> clus.rpt.20
# A tibble: 60 x 14
# Groups:   pid [20]
```

	pid	gid	ix	gx	gm.ix	cc.gx	gsize	gmix	am.gsize	am.gmix	time
	<int>	<int>	<int>	<int>	<dbl>	<dbl>	<int>	<dbl>	dbl>	<dbl>	<int>
1	133	6	2	0	-2.12500000	-1	24	4.125000	-2.3333333	0.3618050	1
2	133	6	2	0	-2.12500000	-1	24	4.125000	-2.3333333	0.3618050	2
3	133	6	2	0	-2.12500000	-1	24	4.125000	-2.3333333	0.3618050	3
4	417	17	4	0	0.39285714	-1	28	3.607143	1.6666667	-0.1560521	1
5	417	17	4	0	0.39285714	-1	28	3.607143	1.6666667	-0.1560521	2
6	417	17	4	0	0.39285714	-1	28	3.607143	1.6666667	-0.1560521	3
7	447	18	3	0	-0.64000000	-1	25	3.640000	-1.3333333	-0.1231950	1
8	447	18	3	0	-0.64000000	-1	25	3.640000	-1.3333333	-0.1231950	2
9	447	18	3	0	-0.64000000	-1	25	3.640000	-1.3333333	-0.1231950	3
10	499	20	4	0	0.07407407	-1	27	3.925926	0.6666667	0.1627309	1

```
# ... with 50 more rows, and 3 more variables: y <int>, gm.time <dbl>, myselect <int>
> ggplot(clus.rpt.20,aes(x=time,y=y))+
+     geom_line(stat='identity')+
+     geom_point(size=2)+
+     geom_smooth(se = FALSE, method = "lm")+
+     labs(x='시점',y='이직의도')+
+     facet_wrap(~gx+pid)
```

그림 14. 무작위로 추출된 20명 응답자의 시점별 이직의도 변화패턴

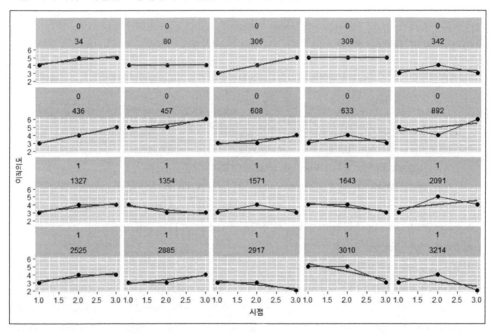

독자들은 위와 같은 과정들을 몇 번 반복해서 개별 노동자의 이직의도 변화패턴을 'U' 혹은 '뒤집힌 U(inverted U)'라고 볼 수 있는지 살펴보기 바란다. 저자는 이 과정을 몇 차례 시도한 후 시간과 이직의도의 관계는 단선형 관계로 보는 것이 타당하다고 보았다.

다음으로는 개인수준에서 측정된 **ix** 변수(주관적 노동강도 인식)가 **y**변수들에 미치는 효과가 어떠한지도 살펴보도록 하자. 마찬가지로 90개의 집단들 중에서 20개의 집단들을 무작위로 선정한 후, **ix** 변수가 **y**변수들과 어떤 관계를 맺는지 산점도를 통해 살펴보았다. 그 결과는 아래와 같다. 아래 세 그림의 Y축은 차례대로 **y1, y2, y3**의 값을 보여준다.

```
> #집단내의 개인차에 따른 변화패턴: 무작위로 20개의 집단을 선정하였음
> group.select <- data.frame(1:90,sample(1:90,size=90,replace=FALSE))
> colnames(group.select) <- c('gid','myrandom')
> clus.rpt.20 <- inner_join(clus.rpt,group.select,by='gid')
> clus.rpt.20 <- filter(clus.rpt.20,myrandom<21)
> ggplot(data=subset(clus.rpt.20,time==1),aes(y=y,x=ix))+
+    geom_point(size=1.5,alpha=0.2,colour='red')+
+    geom_smooth(method='lm')+
+    facet_wrap(~gid)+
+    labs(x='주관적 노동강도 인식',y='이직의도(t=1)')

> ggplot(data=subset(clus.rpt.20,time==2),aes(y=y,x=ix))+
+    geom_point(size=1.5,alpha=0.2,colour='red')+
+    geom_smooth(method='lm')+
+    facet_wrap(~gid)+
+    labs(x='주관적 노동강도 인식',y='이직의도(t=2)')

> ggplot(data=subset(clus.rpt.20,time==3),aes(y=y,x=ix))+
+    geom_point(size=1.5,alpha=0.2,colour='red')+
+    geom_smooth(method='lm')+
+    facet_wrap(~gid)+
+    labs(x='주관적 노동강도 인식',y='이직의도(t=3)')
```

그림 15. 주관적 노동강도 인식이 첫 번째 시점에 측정된 이직의도에 미치는 효과(무작위로 추출된 20명 응답자 대상)

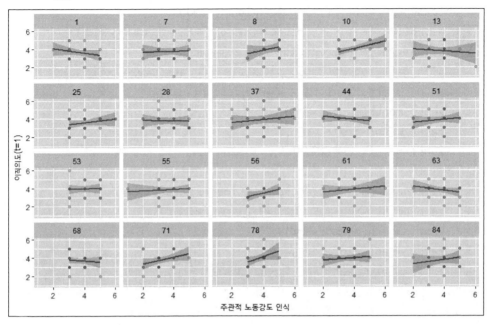

그림 16. 주관적 노동강도 인식이 두 번째 시점에 측정된 이직의도에 미치는 효과(무작위로 추출된 20명 응답자 대상)

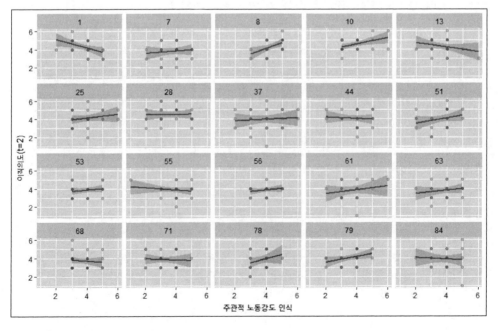

그림 17. 주관적 노동강도 인식이 세 번째 시점에 측정된 이직의도에 미치는 효과(무작위로 추출된 20명 응답자 대상)

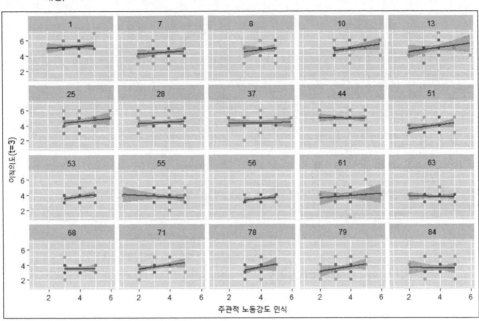

위의 그림들에서 잘 나타나듯, 개인수준에서 측정된 **ix** 변수와 각 측정시점별 **y**변수의 관계는 단선형 관계라고 볼 수 있다. 따라서 **mylevel3** 데이터에 다층모형을 적용할 때 독립변수와 종속변수의 관계는 모두 1차 선형관계를 갖는다고 가정하였다.

아래는 각 수준별 변수들의 기술통계치를 제시한 것이다. 앞서 시계열 데이터에 대한 2층모형과 군집형 데이터에 대한 2층모형에서 소개한 기법들과 과정들을 각 수준에 맞게 동시에 적용하면 된다. 상위수준에서 측정된 변수들의 경우 데이터에 **group_by()** 함수와 **summarise()** 함수를 동시에 이용하면 손쉽게 데이터를 집산할 수 있다.

```
> #기술통계치
> mydescriptive <- function(myvariable){
+    mysize <- length(myvariable)
+    mymean <- round(mean(myvariable),3)
+    mysd <- round(sd(myvariable),3)
+    mymin <- round(min(myvariable),3)
+    mymax <- round(max(myvariable),3)
+    mydes <- matrix(c(mysize,mymean,mysd,mymin,mymax),ncol=5)
```

```
+     colnames(mydes) <- c('n','mean','sd','min','max')
+     mydes
+ }
> #시간수준
> mydescriptive(clus.rpt$y)
        n   mean     sd min max
[1,] 7110 4.042 0.908   1   7
> mydescriptive(clus.rpt$time)
        n mean     sd min max
[1,] 7110    2 0.817   1   3
> #개인수준
> clus.rpt2 <- group_by(clus.rpt,pid) %>%
+     summarise(y=mean(y),
+               ix=mean(ix),gid=mean(gid),gx=mean(gx),
+               gsize=mean(gsize),am.gmix=mean(am.gmix))
> mydescriptive(clus.rpt2$y)
        n   mean     sd   min max
[1,] 2370 4.042 0.726 1.333   7
> mydescriptive(clus.rpt2$ix)
        n  mean     sd min max
[1,] 2370 3.76 0.833   1   7
> #집단수준
> clus.rpt3 <- group_by(clus.rpt2,gid) %>%
+     summarise(gx=mean(gx),gsize=mean(gsize),
+               am.gmix=mean(am.gmix))
> mydescriptive(clus.rpt3$gx)
      n mean    sd min max
[1,] 90  0.5 0.503   0   1
> mydescriptive(clus.rpt3$gsize)
      n   mean    sd min max
[1,] 90 26.333 2.848  16  32
> mydescriptive(clus.rpt3$am.gmix)
      n mean    sd    min  max
[1,] 90    0 0.182 -0.513 0.57
```

위의 결과를 세 측정수준별로 정리하면 아래와 같다.

표 12. "my3level_repeat.csv 데이터"의 기술통계치 정리

	사례수	평균	표준편차	최솟값	최댓값
시간수준(level-1)					
y	7,110	4.042	.908	1.000	7.000
time	7,110	2.000	.817	1.000	3.000
개인수준(level-2)					
개인수준별 y 평균	2,370	4.042	.726	1.333	7.000
ix	2,370	3.760	.833	1.000	7.000
집단수준(level-3)					
gx	90	.500	.503	.000	1.000
gsize	90	26.333	2.848	16.000	32.000
집단별 gm.ix 변수[†] 평균	90	.000	.182	-.513	.570

알림. [†] gm.ix 변수는 집단평균 중심화변환을 실시한 개인수준 ix 변수를 의미.

2단계. 다층모형 구성: 가장 적합한 랜덤효과 구조의 확정

01장과 마찬가지로 첫 번째로 독립변수를 전혀 투입하지 않은 기본모형을 추정하였으며('모형0'), 이를 통해 급내상관계수(ICC)를 계산하였다. 물론 3층모형과 2층모형이 완전하게 동일한 것은 아니다. 2층모형에서는 측정수준에 따라 2개 수준의 방정식을 통합하였지만, 3층모형에서는 3개 수준의 방정식을 통합해야 한다. 따라서 2층모형의 종속변수와 오차항에는 두 개의 아래첨자(이를테면 y_{ij}나 y_{it}, e_{ij}나 e_{it})가 붙었지만, 3층 모형의 종속변수와 오차항에는 y_{ijt}와 같이 세 개의 아래첨자가 붙는다(여기서 t는 측정수준, i는 개인, j는 집단을 의미).

시간수준(level-1):

$$y_{ijt} = b_0 + e_{ijt}$$

$$e_{ijt} \sim N.I.D.(0, \ \sigma^2)$$

.... ⟨공식 2-1-A-1⟩

다음 상위수준, 즉 개인수준에서의 '랜덤효과'를 고려해 보자. 사실 여기까지는 2수준의 시계열 데이터에 적용한 2층모형과 크게 다르지 않다. 따라서 마찬가지로 시간수준 방정식에서 추정된 모수(b_0)가 집단수준에 따라 달라지는 랜덤절편효과항(random intercept effect, u_{00})을 지정하였다.

개인수준(level-2):

$$b_0 = \gamma_{00} + u_{00}$$

$$u_{00} \sim N.I.D.(0, \tau_{00})$$

.... 〈공식 2-1-A-2〉

마지막 상위수준인 집단수준에서의 '랜덤효과'를 고려해 보자. 집단에 따라 개인수준에서 나타난 모수추정치의 분산을 본다는 점에서 앞서 살펴본 2수준의 군집형 데이터에 적용한 2층모형과 동일하다. 따라서 마찬가지로 시간수준 방정식에서 추정된 모수(r_0)가 집단수준에 따라 달라지는 랜덤절편효과항(random intercept effect, w_{00})을 지정하였다.

집단수준(level-3):

$$\gamma_{00} = \delta_{00} + v_{00}$$

$$v_{00} \sim N.I.D.(0, w_{00})$$

.... 〈공식 2-1-A-3〉

이렇게 설정한 〈공식 2-1-A-1〉, 〈공식 2-1-A-2〉, 〈공식 2-1-A-3〉을 통합한 방
정식은 아래와 같다.

통합된 회귀모형(모형0):

$$y_{ijt} = \delta_{00} + v_{00} + u_{00} + e_{ijt}$$

$$e_{ijt} \sim N.I.D.(0,\ \sigma^2)$$
$$u_{00} \sim N.I.D.(0,\ \tau_{00})$$
$$v_{00} \sim N.I.D.(0,\ w_{00})$$

.... 〈공식 2-1-A〉

즉 모형0에서는 랜덤절편효과항 2개(τ_{00}, w_{00}), 오차항의 분산 1개(σ^2), 그리고 절편 1개
(δ_{00})로 총 4개의 모수를 추정한다.

다음으로 시간수준의 독립변수(보다 구체적으로 집단평균 중심화변환을 실시한 **gm.time** 변수)
를 모형에 투입하고 개인수준의 랜덤기울기효과를 추가로 추정한 모형1A을 구성해 보자.

시간수준(level-1):

$$y_{ijt} = b_0 + b_1 \cdot \text{gm.time} + e_{ijt}$$

$$e_{ijt} \sim N.I.D.(0,\ \sigma^2)$$

.... 〈공식 2-2-A-1〉

개인수준(level-2):

$$b_0 = \gamma_{00} + u_{00}$$
$$b_1 = \gamma_{10} + u_{11}$$

$$\begin{pmatrix} u_{00} \\ u_{01}\ u_{11} \end{pmatrix} \sim N.I.D. \left[0, \begin{pmatrix} \tau_{00} \\ \tau_{01}\ \tau_{11} \end{pmatrix} \right]$$

.... 〈공식 2-2-A-2〉

집단수준(level-3):

$$\gamma_{00} = \delta_{00} + v_{00}$$
$$\gamma_{10} = \delta_{10}$$

$$v_{00} \sim N.I.D.(0, \ w_{00})$$
.... 〈공식 2-2-A-3〉

이렇게 설정한 〈공식 2-1-A-1〉, 〈공식 2-1-A-2〉, 〈공식 2-1-A-3〉을 통합한 방정식은 아래와 같다.

통합된 회귀모형(모형1A):

$$y_{ijt} = \delta_{00} + v_{00} + u_{00} + (\delta_{10} + u_{11}) \cdot \text{gm.time} + e_{ijt}$$

$$e_{ijt} \sim N.I.D.(0, \ \sigma^2)$$
$$\begin{pmatrix} u_{00} \\ u_{01} \ u_{11} \end{pmatrix} \sim N.I.D. \left[0, \begin{pmatrix} \tau_{00} \\ \tau_{01} \ \tau_{11} \end{pmatrix} \right]$$
$$v_{00} \sim N.I.D.(0, \ w_{00})$$
.... 〈공식 2-2-A〉

즉 모형1에서는 랜덤절편효과항 2개(τ_{00}, w_{00}), 랜덤기울기항 1개(τ_{11}), 랜덤효과의 공분산 1개(τ_{01}), 오차항의 분산 1개(σ^2), 절편 1개(δ_{00}), **gm.time** 변수의 기울기 1개(δ_{10})로 총 7개의 모수를 추정한다.

모형1A의 경우 개인수준의 랜덤기울기효과만 추정하고 있다. 여기에 최상위수준인 집단수준의 랜덤기울기효과를 추정한 모형1B를 구성해 보자. 이 경우 각 수준의 회귀방정식을 다음과 같이 구성한 후 통합회귀방정식을 도출하면 다음과 같다.

시간수준(level-1):

$$y_{ijt} = b_0 + b_1 \cdot \mathrm{gm.time} + e_{ijt}$$

$$e_{ijt} \sim N.I.D.(0,\ \sigma^2)$$

.... 〈공식 2-3-A-1〉

개인수준(level-2):

$$b_0 = \gamma_{00} + u_{00}$$

$$b_1 = \gamma_{10} + u_{11}$$

$$\begin{pmatrix} u_{00} \\ u_{01}\ u_{11} \end{pmatrix} \sim N.I.D.\left[\ 0,\ \begin{pmatrix} \tau_{00} \\ \tau_{01}\ \tau_{11} \end{pmatrix}\right]$$

.... 〈공식 2-3-A-2〉

집단수준(level-3):

$$\gamma_{00} = \delta_{00} + v_{00}$$

$$\gamma_{10} = \delta_{10} + v_{11}$$

$$\begin{pmatrix} v_{00} \\ v_{01}\ v_{11} \end{pmatrix} \sim N.I.D.\left[\ 0,\ \begin{pmatrix} w_{00} \\ w_{01}\ w_{11} \end{pmatrix}\right]$$

.... 〈공식 2-3-A-3〉

이렇게 설정한 〈공식 2-1-A-1〉, 〈공식 2-1-A-2〉, 〈공식 2-1-A-3〉을 통합한 방정식은 아래와 같다.

통합된 회귀모형(모형1B):

$$y_{ijt} = \delta_{00} + v_{00} + u_{00} + (\delta_{10} + u_{11} + v_{11}) \cdot \mathrm{gm.time} + e_{ijt}$$

$$e_{ijt} \sim N.I.D.(0,\ \sigma^2)$$

$$\begin{pmatrix} u_{00} \\ u_{01}\ u_{11} \end{pmatrix} \sim N.I.D.\left[\ 0,\ \begin{pmatrix} \tau_{00} \\ \tau_{01}\ \tau_{11} \end{pmatrix}\right]$$

$$\begin{pmatrix} v_{00} \\ v_{01}\ v_{11} \end{pmatrix} \sim N.I.D.\left[\ 0,\ \begin{pmatrix} w_{00} \\ w_{01}\ w_{11} \end{pmatrix}\right]$$

.... 〈공식 2-3-A〉

모형2에서는 랜덤절편효과항 2개(τ_{00}, w_{00}), 랜덤기울기항 2개(τ_{11}, w_{11}), 랜덤효과의 공분산 2개(τ_{01}, w_{01}), 오차항의 분산 1개(σ^2), 절편 1개(δ_{00}), **gm.time** 변수의 기울기 1개(δ_{10})로 총 9개의 모수를 추정한다.

이제 언급한 3모형들(모형0, 모형1A, 모형1B) 중에서 어느 모형의 모형적합도(정보기준지수)가 가장 타당한지 점검해 보자. 2층모형과 마찬가지로 이를 통해 랜덤효과 패턴을 확정한 후, 보다 상위수준인 개인수준(level-2)의 독립변수를 추가로 투입하면 된다. 그러나 3층 모형은 개인수준의 독립변수가 종속변수에 미치는 효과가 보다 상위수준인 집단수준에서 달라지는지, 즉 랜덤기울기효과를 살펴보아야 한다는 점에서 "랜덤효과 패턴 확정 → 상위수준의 독립변수 추가투입"이라는 과정을 한 차례 더 진행해야 한다는 점이 다르다(다시 말해 시계열 데이터에 대한 2층모형 추정과정과 군집형 데이터에 대한 2층모형 추정과정을 2번 진행한다고 생각할 수 있다).[1]

3단계. 다층모형 추정: 개인수준의 독립변수 효과 추정 이전

앞서 2층모형과 마찬가지로 3층모형에서도 **lme4** 라이브러리의 **lmer()** 함수를 이용하면 언급한 모형들을 추정할 수 있다. 여기서는 모형0에 대해서만 구체적인 R 출력물을 제시하였다. 모형1A와 모형1B의 추정결과는 불필요한 분량을 줄이기 위해 R 출력물이 아닌 고정효과 및 랜덤효과를 요약정리한 표 형태로 제시하였다. 먼저 모형0에 대한 R 명령문과 그 출력결과를 살펴보면 아래와 같다.

---

1 이는 3수준의 시계열 데이터에 대한 3층모형이나 3수준의 군집형 데이터에 대한 3층모형에도 마찬가지다.

```
> #모형0: ICC계산
> CR.model0 <- lmer(y~1+(1|pid)+(1|gid),data=clus.rpt)
> summary(CR.model0)
summary from lme4 is returned
some computational error has occurred in lmerTest
Linear mixed model fit by REML ['lmerMod']
Formula: y ~ 1 + (1 | pid) + (1 | gid)
    Data: clus.rpt

REML criterion at convergence: 17288

Scaled residuals:
     Min      1Q  Median      3Q     Max
 -3.0772 -0.6059  0.0335  0.5887  3.3296

Random effects:
 Groups   Name        Variance Std.Dev.
 pid      (Intercept) 0.31644  0.5625
 gid      (Intercept) 0.06246  0.2499
 Residual             0.44669  0.6684
Number of obs: 7110, groups:  pid, 2370; gid, 90

Fixed effects:
            Estimate Std. Error t value
(Intercept)  4.04043    0.02987   135.3
```

2층모형과 마찬가지로 모형0, 즉 기본모형의 추정결과를 이용하면 급내상관계수(ICC)를 구할 수 있다. 위의 출력결과 중 "Random effects:" 부분의 결과를 활용하면 전체 분산 중 각 측정수준(시간수준, 개인수준, 집단수준)에서 발견된 분산의 비율을 계산할 수 있다. 결과에서 제시된 수치를 수계산하는 것도 나쁘지 않을 것이다. 그러나 보다 정확한 ICC 계산을 위해 여기서는 랜덤절편효과에 해당되는 분산과 오차항 분산을 추출한 후, 개인수준과 집단수준의 ICC를 각각 계산하였다.

```
> #랜덤효과 항들 추출
> var.cov <- data.frame(VarCorr(CR.model0))
> var.cov
        grp        var1 var2      vcov       sdcor
1       pid (Intercept) <NA> 0.31644355 0.5625332
2       gid (Intercept) <NA> 0.06245512 0.2499102
3 Residual        <NA> <NA> 0.44669475 0.6683523
> (ICC.pid <- var.cov$vcov[1]/sum(var.cov$vcov))
[1] 0.3832922
> (ICC.gid <- var.cov$vcov[2]/sum(var.cov$vcov))
[1] 0.07564876
```

즉 전체분산 중 개인수준에서 발생한 분산은 약 38% 가량이며, 집단수준에서 발생한 분량은 약 8%인 것을 알 수 있다. 다시 말해 시간수준에서 발생한 분산이 약 절반 이상 (54%)을 차지하고 있다.

다음으로 모형1A와 모형1B를 추정해 보자. 두 모형을 추정하는 lmer() 함수는 아래와 같다. 독자들은 각 모형의 랜덤효과 지정 부분이 다르다는 것을 확인하기 바란다. 즉 모형1A에서는 "(gm.time|pid)+(1|gid)"로 시간이 종속변수에 미치는 효과가 개인수준에 따라 다르다는 랜덤기울기효과만을 지정한 반면, "(gm.time|pid)+(gm.time|gid)"로 종속변수에 대한 시간의 효과가 개인수준은 물론 집단수준에 따라서도 달라진다는 두 가지의 랜덤기울기효과를 지정하였다.

표 13. 모형1A, 모형1B 추정을 위한 lmer() 함수 형태

모형구분	lmer() 함수 형태
모형1A	CR.model1a <- lmer(y~1+gm.time+ 　　　　　　(gm.time|pid)+(1|gid), 　　　　　　data=clus.rpt)
모형1B	CR.model1b <- lmer(y~1+gm.time+ 　　　　　　(gm.time|pid)+(gm.time|gid), 　　　　　　data=clus.rpt)

위와 같은 방식으로 모형들을 추정한 후, 고정효과와 랜덤효과 그리고 각 모형의 모형 적합도를 비교한 결과는 다음의 표와 같다.

표 14. 군집형 시계열 데이터의 개인수준의 랜덤효과 구조 및 모형적합도 추정결과 비교

	모형0	모형1A	모형1B
고정효과			
시간수준			
절편	4.040***	4.04***	4.039***
	(.030)	(.033)	(.030)
시간		.182***	.180***
(gm.time)		(.010)	(.028)
개인수준			
집단수준			
랜덤효과			
개인수준			
랜덤절편(τ_{00})	.31644	.34610	.34873
랜덤기울기(τ_{11})		.06322	.00381
공분산(τ_{01})		−.03292	−.03643
집단수준			
랜덤절편(ω_{00})	.06246	.08189	.06419
랜덤기울기(ω_{11})			.06601
공분산(ω_{01})			.06509
오차항(σ^2)	.44669	.35035	.34476
모형적합도			
AIC	17296.032	16871.608	**16202.872**
BIC	17323.509	16919.693	**16264.695**

알림. *p<.05, **p<.01, ***p<.001, $N_{시간}$=7,110, $N_{개인}$=2,370, $N_{집단}$=90. 모든 모형들은 R의 lme4 라이브러리의 lmer() 함수를 이용하였으며, 모형추정방법으로는 제한적 최대우도법(REML)을 사용하였다. 또한 고정효과의 자유도(df)는 새터스웨이트(Satterthwaite)의 제안에 따라 조정되었다.

모형적합도 결과에서 잘 나타나듯, 세 모형들 중에서 모형1B가 가장 데이터에 부합하는 것을 알 수 있다. 이에 따라 저자는 최하위수준에서 측정된 시간이 종속변수(이직의도)에 미치는 효과가 개인(노동자)에 따라 달라지는 것은 물론, 개인이 속한 집단(회사)에 따라서도 달라지는 모형1B를 선택하였다. 이제 두 번째 측정수준인 개인수준에서 측정된 독립변수를 모형1B에 투입해 보자.

4단계. 개인수준 독립변수 효과 추정

앞서 설정한 모형1B에 개인수준에서 측정된 독립변수인 '주관적 노동강도 인식' 변수를 추가 투입하였다. 군집형 데이터에 대한 2층모형에서와 마찬가지로 개인수준 독립변수는 집단평균 중심화변환을 실시한 **gm.ix** 변수를 모형1B에 투입한 '모형2'를 추정하였다. 그러나 여기서 저자는 모형2를 '모형2A'와 '모형2B'로 구분하였다. 우선 모형2A에서는 **gm.ix** 변수의 '주효과'만을 고려하였으며, 모형2B에서는 **gm.ix** 변수의 주효과와 시간수준의 독립변수 **gm.time** 변수와의 상호작용효과도 고려하였다. 모형2A와 모형2B를 추정하는 **lmer()** 함수의 형태는 아래와 같다.

표 15. 모형2A, 모형2B 추정을 위한 lmer() 함수 형태

모형구분	lmer() 함수 형태

모형2A	```CR.model2a <- lmer(y~gm.ix+gm.time+```
	 ``` (gm.time|pid)+(gm.time|gid),```
	 ``` data=clus.rpt)```

모형2B	```CR.model2b <- lmer(y~gm.ix*gm.time+```
	 ``` (gm.time|pid)+(gm.time|gid),```
	 ``` data=clus.rpt)```

두 모형을 추정한 결과는 아래와 같다. 비교를 위해 모형3A와 모형3B와 동일한 랜덤효과 패턴을 갖는 모형2의 결과도 같이 보고하였다.

표 16. 개인수준 독립변수 추가로 투입 전후의 다층모형 비교

	모형1B	모형2A	모형2B
고정효과			
시간수준			
절편	4.039***	4.039***	4.039***
	(.030)	(.030)	(.030)
시간	.18***	.18***	.18***
(gm.time)	(.028)	(.028)	(.028)
개인수준			
주관적 노동강도인식		.116***	.116***
(gm.ix)		(.017)	(.017)
집단수준			
상호작용효과			
gm.time×gm.ix			.002
			(.011)
랜덤효과			
개인수준			
랜덤절편(τ_{00})	.34873	.33994	.33992
랜덤기울기(τ_{11})	.00381	.00396	.00396
공분산(τ_{01})	−.03643	−.03667	−.03669
집단수준			
랜덤절편(ω_{00})	.06419	.06435	.06436
랜덤기울기(ω_{11})	.06601	.06599	.06598
공분산(ω_{01})	.06509	.06516	.06517
오차항(σ^2)	.34476	.34463	.34470
모형적합도			
AIC	16202.872	**16164.310**	16173.514
BIC	16264.695	**16233.002**	16249.076

알림. *$p<.05$, **$p<.01$, ***$p<.001$, $N_{시간}=7,110$, $N_{개인}=2,370$, $N_{집단}=90$. 모든 모형들은 R의 lme4 라이브러리의 lmer() 함수를 이용하였으며, 모형추정방법으로는 제한적 최대우도법(REML)을 사용하였다. 또한 고정효과의 자유도(df)는 새터스웨이트(Satterthwaite)의 제안에 따라 조정되었다.

위의 결과에 따르면 개인수준의 독립변수(gm.ix)와 시간수준의 독립변수(gm.time)의 상호작용효과는 고려하지 않는 것이 데이터에 더 적합하다(AIC, BIC의 값이 모형3A에서 가장 낮음). 따라서 저자는 모형2A를 '모형2'로 확정하였다.

5단계. 다층모형 추정: 집단수준의 독립변수 효과 추정 이전

2층모형에서는 이 단계에서 최종모형을 도출했지만, 3층모형의 경우 또 한번 랜덤효과 패턴을 확정 지을 필요가 있다. 왜냐하면 앞서 살펴본 랜덤효과는 '군집형 시계열 데이터'에서 '시계열 데이터' 부분의 랜덤효과를 확정 지은 것으로 아직 '군집형 데이터' 부분의 랜덤효과는 살펴보지 않았기 때문이다.

이제 개인수준의 독립변수가 시간수준의 종속변수에 미치는 효과(기울기)가 집단수준에 따라 달라지는, 즉 **gm.ix** 변수의 효과에 대한 랜덤기울기효과를 추정하는 다층모형을 구성해 보자. 우선 하위수준부터 상위수준까지의 방정식들을 구성해 보자. 아래에 제시된 다층모형에서 고정효과 부분은 위에서 추정된 모형3을 기반으로 한 것이다(즉 b_1은 **gm.time** 변수의 회귀계수; r_{10}은 **gm.ix** 변수의 회귀계수). 저자는 이렇게 랜덤효과 패턴을 확장시킨 모형을 모형3이라고 이름 붙였다.

시간수준(level-1):

$$y_{ijt} = b_0 + b_1 \cdot \text{gm.time} + e_{ijt}$$

$$e_{ijt} \sim N.I.D.(0, \ \sigma^2)$$

.... 〈공식 2-4-A-1〉

개인수준(level-2):

$$b_0 = \gamma_{00} + \gamma_{01} \cdot \text{gm.ix} + u_{00}$$
$$b_1 = \gamma_{10} + u_{11}$$

$$\begin{pmatrix} u_{00} \\ u_{01} \ u_{11} \end{pmatrix} \sim N.I.D. \left[0, \begin{pmatrix} \tau_{00} \\ \tau_{01} \ \tau_{11} \end{pmatrix} \right]$$

.... 〈공식 2-4-A-2〉

집단수준(level-3):

$$\gamma_{00} = \delta_{00} + v_{000}$$

$$\gamma_{01} = \delta_{01} + v_{011}$$

$$\gamma_{10} = \delta_{10} + v_{111}$$

$$\begin{pmatrix} v_{000} \\ v_{001} \ v_{011} \\ v_{010} \ v_{101} \ v_{111} \end{pmatrix} \sim N.I.D. \left[0, \begin{pmatrix} w_{000} \\ w_{001} \ w_{011} \\ w_{010} \ w_{101} \ w_{111} \end{pmatrix} \right]$$

.... 〈공식 2-4-A-3〉

이렇게 설정한 〈공식 2-4-A-1〉, 〈공식 2-4-A-2〉, 〈공식 2-4-A-3〉을 통합한 방정식은 아래와 같다(조금 복잡할 수 있지만, 연필로 종이에 공식들을 천천히 옮겨 적으면 그리 복잡하지 않다).

통합된 회귀모형(모형3):

$$y_{ijt} = \delta_{000} + v_{000} + (\delta_{010} + v_{011}) \cdot \mathrm{gm.ix} + u_{000} +$$
$$(\delta_{100} + v_{111} + u_{11}) \cdot \mathrm{gm.time} + e_{ijt}$$

$$e_{ijt} \sim N.I.D.(0, \ \sigma^2)$$

$$\begin{pmatrix} u_{00} \\ u_{01} \ u_{11} \end{pmatrix} \sim N.I.D. \left[0, \begin{pmatrix} \tau_{00} \\ \tau_{01} \ \tau_{11} \end{pmatrix} \right]$$

$$\begin{pmatrix} v_{000} \\ v_{001} \ v_{011} \\ v_{010} \ v_{101} \ v_{111} \end{pmatrix} \sim N.I.D. \left[0, \begin{pmatrix} w_{000} \\ w_{001} \ w_{011} \\ w_{010} \ w_{101} \ w_{111} \end{pmatrix} \right]$$

.... 〈공식 2-4-A〉

모형3에서는 랜덤절편효과항 2개(τ_{00}, w_{000}), 랜덤기울기항 3개(τ_{11}, w_{011}, w_{111}), 랜덤효과의 공분산 4개(τ_{01}, w_{001}, w_{010}, w_{101}), 오차항의 분산 1개(σ^2), 절편 1개(δ_{000}), `gm.time` 변수의 기울기 1개(δ_{100}), `gm.ix` 변수의 기울기 1개(δ_{010})로 총 13개의 모수를 추정한다(절편 포함 3개의 고정효과, 10개의 랜덤효과).

이제 개인수준의 독립변수가 종속변수에 미치는 효과가 상위수준인 집단에 따라 달라지는 랜덤효과가 어떠한지 살펴보자. 공식으로 표현하면 복잡해 보이지만, 아래와 같이 직접 lmer() 함수로 표현하면["(gm.ix+gm.time|gid)" 부분에 주목] 그다지 복잡하지는 않다.

```
> #개인수준의 독립변수 기울기에 대한 랜덤효과 추정
> CR.model3 <- lmer(y~gm.ix+gm.time+
+                    (gm.time|pid)+(gm.ix+gm.time|gid),
+                 data=clus.rpt)
> summary(CR.model3)
Linear mixed model fit by REML t-tests use Satterthwaite
  approximations to degrees of freedom [lmerMod]
Formula:
y ~ gm.ix + gm.time + (gm.time | pid) + (gm.ix + gm.time | gid)
   Data: clus.rpt

REML criterion at convergence: 16144.1

Scaled residuals:
    Min      1Q  Median      3Q     Max
-2.9470 -0.5835  0.0252  0.5574  3.2077

Random effects:
 Groups   Name        Variance Std.Dev. Corr
 pid      (Intercept) 0.339021 0.58226
          gm.time     0.003936 0.06274  -1.00
 gid      (Intercept) 0.064446 0.25386
          gm.ix       0.001202 0.03467   0.14
          gm.time     0.065999 0.25690   1.00  0.19
 Residual             0.344635 0.58706
Number of obs: 7110, groups:  pid, 2370; gid, 90
```

```
Fixed effects:
             Estimate Std. Error        df t value Pr(>|t|)
(Intercept)  4.03925    0.03014 91.10000 134.034  < 2e-16 ***
gm.ix        0.11578    0.01730 89.81000   6.693 1.83e-09 ***
gm.time      0.17956    0.02843 89.06000   6.316 1.03e-08 ***
---
Signif. codes:  0 '***' 0.001 '**' 0.01 '*' 0.05 '.' 0.1 ' ' 1

Correlation of Fixed Effects:
        (Intr) gm.ix
gm.ix   0.026
gm.time 0.827  0.039
> AIC(CR.model3);BIC(CR.model3)
[1] 16170.07
[1] 16259.37
```

흥미롭게도 위에서 얻은 모형3의 모형적합도(AIC = 16170.07; BIC = 16259.37)는 랜덤효과를 추가하기 이전의 모형2(보다 정확하게는 모형2A)의 모형적합도(AIC = 16164.310; BIC = 16233.002)보다 증가한 것을 알 수 있다. 정보기준지수들의 값이 증가했다는 데서 알 수 있듯, 랜덤효과를 추가하지 않은 모형2가 랜덤효과를 추가한 모형3에 비해 데이터에 보다 적합한 것을 알 수 있다.[2] 이에 저자는 모형3이 아닌 모형2를 그대로 유지한 상태에서 집단수준의 독립변수가 종속변수에 미치는 효과를 추가적으로 확인하였다.

6단계. 집단수준의 독립변수 효과 추정

clus.rpt 데이터에는 업무영역(gx), 집단크기(am.gsize), 집단별 주관적 노동강도 인식(am.gmix)의 총 3개의 집단수준 독립변수들을 투입할 수 있다. 여기서는 이들 세 개의 집단수준 독립변수들을 다음의 네 모형과 같이 투입하였다.

---

2 이는 lmer() 함수에서 랜덤효과 추정부분을 "(gm.time|pid)+(gm.ix+gm.time||gid)"과 같이 바꾸어도 달라지지 않는다(즉 개인수준 독립변수의 기울기가 집단수준에 따라 달라지는 랜덤효과의 공분산을 0으로 가정하더라도). 관심 있는 독자는 CR.model3b라고 이름 붙여진 다층모형 추정결과를 살펴보기 바란다. CR.model3b의 모형적합도 지수는 AIC = 16277.762, BIC = 16346.455로 나타나, 여전히 모형3이 보다 데이터에 적합한 것을 알 수 있다.

- 모형4A: 모형3에 집단수준의 독립변수들의 주효과항들만 추가로 투입한 경우
- 모형4B: 모형3에 집단수준의 독립변수들의 주효과항들과 측정시간(gm.time 변수)과의 상호작용효과항들만 추가로 투입한 경우
- 모형4C: 모형3에 집단수준의 독립변수들의 주효과항들과 개인수준의 독립변수(주관적 노동강도 인식, gm.ix 변수)와의 상호작용효과항들만 추가로 투입한 경우
- 모형4D: 모형3에 집단수준의 독립변수들의 주효과항들과 측정시간(gm.time 변수)과의 상호작용효과항들, 개인수준의 독립변수(주관적 노동강도 인식, gm.ix 변수)와의 상호작용효과항들 모두를 투입한 경우

모형4A, 모형4B, 모형4C, 모형4D를 추정하는 lmer() 함수의 형태는 아래와 같다.

표 17. 모형4A, 모형4B, 모형4C, 모형4D 추정을 위한 lmer() 함수 형태

모형구분	lmer() 함수 형태
모형4A	CR.model4a <- lmer(y~(cc.gx+am.gsize+am.gmix)+(gm.time+gm.ix)+ (gm.time|pid)+(gm.time|gid), data=clus.rpt)
모형4B	CR.model4b <- lmer(y~(cc.gx+am.gsize+am.gmix)*gm.time+gm.ix+ (gm.time|pid)+(gm.time|gid), data=clus.rpt)
모형4C	CR.model4c <- lmer(y~(cc.gx+am.gsize+am.gmix)*gm.ix+gm.time+ (gm.time|pid)+(gm.time|gid), data=clus.rpt)
모형4D	CR.model4d <- lmer(y~(cc.gx+am.gsize+am.gmix)*(gm.ix+gm.time)+ (gm.time|pid)+(gm.time|gid), data=clus.rpt)

위의 lmer() 함수를 통해 네 가지 모형들을 추정한 결과는 아래와 같다. 비교를 위해 네 가지 모형들과 동일한 랜덤효과 패턴을 갖는 모형3의 결과도 같이 보고하였다.

표 18. 집단수준 독립변수와 상호작용효과항 투입 전후의 다층모형 비교

	모형3	모형4A	모형4B	모형4C	모형4D
고정효과					
시간수준					
절편	4.039***	4.040***	4.040***	4.040***	4.040***
	(.03)	(.019)	(.016)	(.019)	(.016)
시간	.180***	.179***	.179***	.179***	.179***
(gm.time)	(.028)	(.028)	(.012)	(.028)	(.012)
개인수준					
주관적 노동강도	.116***	.116***	.116***	.114***	.114***
인식(gm.ix)	(.017)	(.017)	(.017)	(.017)	(.017)
집단수준					
업무영역		−.133***	−.235***	−.133***	−.235***
(cc.gx)		(.015)	(.016)	(.015)	(.016)
집단크기		<.001	−.001	<.001	−.001
(am.gsize)		(.006)	(.006)	(.006)	(.006)
집단별 gm.ix		.200*	.171	.200*	.171
평균(am.gmix)		(.086)	(.093)	(.086)	(.093)
상호작용효과					
cc.gx			−.248***		−.248***
× gm.time			(.012)		(.012)
cc.gx				−.012	−.012
× gm.ix				(.017)	(.017)
am.gsize			<.001		<.001
× gm.time			(.004)		(.004)
am.gsize				.002	.002
× gm.ix				(.007)	(.007)
am.gmix			−.065		−.065
× gm.time			(.066)		(.066)
am.gmix				−.150	−.151
× gm.ix				(.099)	(.098)
랜덤효과					
개인수준					
랜덤절편(τ_{00})	.33994	.34071	.33951	.34063	.33944
랜덤기울기(τ_{11})	.00396	.00405	.00392	.00400	.00387
공분산(τ_{01})	−.03667	−.03714	−.03647	−.03689	−.03622

집단수준					
랜덤절편(w_{00})	.06435	.01487	.00585	.01488	.00584
랜덤기울기(w_{11})	.06599	.06581	.00513	.06581	.00513
공분산(w_{01})	.06516	.03128	.00548	.03129	.00547
오차항(σ^2)	.34463	.34477	.34463	.34482	.34468
모형적합도					
AIC	16164.310	16168.681	**16029.371**	16189.163	16049.844
BIC	16233.002	16257.982	**16139.279**	16299.072	16180.360

알림. *$p<.05$, **$p<.01$, ***$p<.001$, $N_{시간}=7,110$, $N_{개인}=2,370$, $N_{집단}=90$. 모든 모형들은 R의 lme4 라이브러리의 lmer() 함수를 이용하였으며, 모형추정방법으로는 제한적 최대우도법(REML)을 사용하였다. 또한 고정효과의 자유도(df)는 새터스웨이트(Satterthwaite)의 제안에 따라 조정되었다.

표의 하단 모형적합도 지수들을 비교하였을 때, 모형4B(집단수준 독립변수들의 주효과항들과 시간변화와의 상호작용효과항들을 추정한 다층모형)가 가장 데이터에 잘 부합하는 것으로 나타났다. 간략히 결과를 살펴보면 시간이 흐를수록 노동자의 이직의도는 증가하지만(시간=.179, $p<.001$), 서비스업에 비해 제조업에 종사하는 노동자에게서 그 효과가 보다 약하게 나타난 것을 알 수 있다(cc.gx × gm.time=.179, $p<.001$).

또한 랜덤효과의 감소분, 즉 오차감소비율(PRE)도 계산할 수 있다. '모형3'과 '모형5B'의 랜덤효과항들 중 집단수준의 랜덤효과를 살펴보자. 랜덤절편효과(w_{00})와 랜덤기울기효과(w_{11})의 PRE를 각각 구해보자.

$$\bullet \ \text{PRE}_{w_{00}} = \frac{(.06435-.00585)}{.06435} \approx .909$$

$$\bullet \ \text{PRE}_{w_{11}} = \frac{(.06599-.00513)}{.06599} \approx .922$$

위의 결과는 집단수준의 세 독립변수, 특히 업무영역의 주효과와 시간과의 상호작용효과가 집단수준에서 나타난 분산의 거의 대부분(90% 이상)을 설명한다는 것을 보여주고 있다. 다시 말해 다른 조건이 일정할 때, 노동자가 속한 기업의 업무영역이 서비스업인지 아니면 제조업인지가 조직별 노동자의 이직의도 변화의 거의 대부분을 설명한다는 것을 보여주고 있다.

7단계. 다층모형 추정결과를 그래프로 제시하기

이제는 위에서 얻은 모형4B의 추정결과, 특히 "cc.gx × gm.time"의 상호작용효과를 그래프로 그려보자. 위계적 데이터의 복잡성이 증가했을 뿐 2층모형에서 소개했던 기법들은 3층모형에서도 동일하게 사용된다. 모형4B에서 주목할만한 상호작용효과는 시간수준에서 측정된 독립변수와 집단수준에서 측정된 업무영역 변수이며, 시간에 따른 이직의도의 변화는 개인수준에서 관측되고 측정되었다.

우선은 상호작용효과와 관련된 두 변수들을 제외한 다른 변수들의 효과를 통제한 후 모형4B에 따른 종속변수의 예측값을 구해야 한다. 이를 위해 독립변수의 조건을 충족시키는 데이터 `fig.data`를 다음과 같이 생성하였다. 우선 `clus.rpt` 데이터를 `pid`와 `gid`에 따라 구분한 후, 개인 노동자에게서 나타난 시간의 최소시점과 최대시점을 각각 구하였다. 이렇게 구한 시간변수의 최솟값과 최댓값은 넓은 형태 데이터에서 긴 형태의 데이터로 변환하였으며, `gm.ix`, `am.gsize`, `am.gmix` 등과 같은 통제변수들은 0의 값을 부여하여 그 효과를 통제하였다.

```
> ##3층모형 추정결과 그래프로 나타내기
> fig.data <- group_by(clus.rpt,pid,gid) %>%
+      summarise(gm.time.min=min(gm.time),gm.time.max=max(gm.time),
+              cc.gx=mean(cc.gx))
> fig.data <- gather(fig.data,"value",gm.time,-gid,-pid,-cc.gx)
> fig.data <- select(fig.data,-value)
> #나머지 변수들은 통제함
> fig.data$gm.ix <- 0
> fig.data$am.gsize <- 0
> fig.data$am.gmix <- 0
> fig.data
Source: local data frame [4,740 x 7]
Groups: pid [2,370]
```

```
      pid    gid cc.gx gm.time gm.ix am.gsize am.gmix
    <int> <int> <dbl>   <dbl> <dbl>    <dbl>   <dbl>
 1     1     1    -1      -1     0        0       0
 2     2     1    -1      -1     0        0       0
 3     3     1    -1      -1     0        0       0
 4     4     1    -1      -1     0        0       0
 5     5     1    -1      -1     0        0       0
 6     6     1    -1      -1     0        0       0
 7     7     1    -1      -1     0        0       0
 8     8     1    -1      -1     0        0       0
 9     9     1    -1      -1     0        0       0
10    10     1    -1      -1     0        0       0
# ... with 4,730 more rows
```

다음으로 predict() 함수를 이용하여 모형5B에 따른 종속변수의 예측값을 구한 후, fig.data 데이터의 변수로 생성하였다. 그래프 작업을 위해 gm.time 변수는 평균 중심화변환을 적용하기 이전 값으로 되돌렸다.

```
> #모형4B를 기반으로 예측값을 도출함
> fig.data$predy <- predict(CR.model4b,fig.data)
> fig.data$time <- 2+ fig.data$gm.time
```

fig.data 데이터의 경우 랜덤효과를 포함하고 있다. 따라서 group_by() 함수와 summarise_all() 함수를 이용하여 랜덤효과도 통제한 전체표본의 종속변수 예측값을 구하였다.

```
> #랜덤효과도 통제한 전체표본의 예측값 평균을 구함
> fig.data.pop <- group_by(fig.data,cc.gx,gm.time) %>%
+         summarise_all(mean)
```

하나의 그래프에 두 업무영역별로 시간에 따른 노동자 이직의도의 변화패턴을 동시에 겹쳐 그리는 방법은 아래와 같다. 01장에서 시계열 데이터에 적용한 2층모형 부분과 동일한 방식을 적용하였기 때문에 아래의 R 명령문에 대해서는 별도의 설명을 제시하지 않았다.

```
> #랜덤효과와 표본전체의 패턴을 같이 제시
> ggplot(data=fig.data,aes(x=time,y=predy,colour=factor(cc.gx))) +
+   geom_line(aes(y=predy,group=pid,size="응답자"),alpha=0.05) +
+   geom_line(data=fig.data.pop,aes(x=time,y=predy,size="집단전체")) +
+   scale_size_manual(name="예측선",values=c("응답자"=0.5,"집단전체"=2))+
+   scale_colour_manual(values=c('-1'='red','1'='blue'),
+                                 labels=c("서비스직","생산직"))+
+   labs(x='시점',y='이직의도',col='업무영역')
```

그림 18. 개별 노동자의 업무영역별 시간에 따른 이직의도 변화패턴(모집단 평균 추정치와 개체고유 추정치 동시 제시)

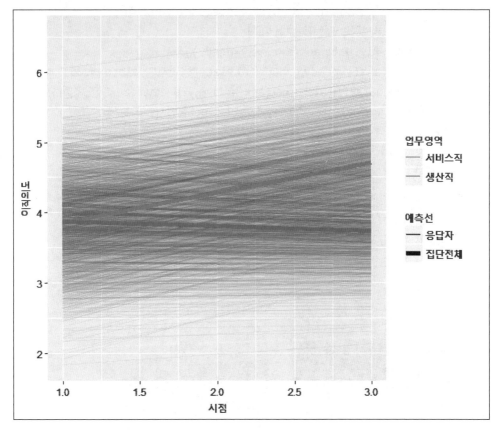

아쉽게도 **alpha** 옵션을 .05라는 매우 낮은 값으로 설정했음에도 불구하고, 응답자의 수가 매우 많은 편이어서 랜덤효과를 통제한 표본전체에서 나타난 시간에 따른 변화패턴 이 쉽게 드러나지 않는다. 즉 그래프의 가독성이 그다지 높다고 보기 어렵다. 이에 패시팅을 이용해서 각 업무영역으로 그래프를 구분한 후 노동자별 시간에 따른 이직의도 변화패턴을 그리면 아래와 같다. 상호작용효과의 패턴과 랜덤효과 및 표본전체에서 나타난 효과를 쉽게 확인할 수 있다.

```
> #가독성을 위해 업무영역을 텍스트 데이터로 변환
> fig.data$gx.label <- ifelse(fig.data$cc.gx==-1,"서비스직","생산직")
> fig.data.pop$gx.label <- ifelse(fig.data.pop$cc.gx==-1,"서비스직","생산직")
> fig.data$gx.label <- factor(fig.data$gx.label,
+                              levels=c("서비스직","생산직"))
> fig.data.pop$gx.label <- factor(fig.data.pop$gx.label,
+                                  levels=c("서비스직","생산직"))
> #랜덤효과와 표본전체의 패턴을 같이 제시
> ggplot(data=fig.data,aes(x=time,y=predy)) +
+   geom_line(aes(y=predy,group=pid,size="응답자"),alpha=0.05) +
+   geom_line(data=fig.data.pop,aes(x=time,y=predy,size="집단전체")) +
+   scale_size_manual(name="예측선",values=c("응답자"=0.5,"집단전체"=2))+
+   labs(x='시점',y='이직의도')+
+   facet_grid(~gx.label)
```

그림 19. 패시팅을 활용하여 개별 노동자의 업무영역별 시간에 따른 이직의도 변화패턴(모집단 평균 추정치와 개체고유 추정치 동시 제시)

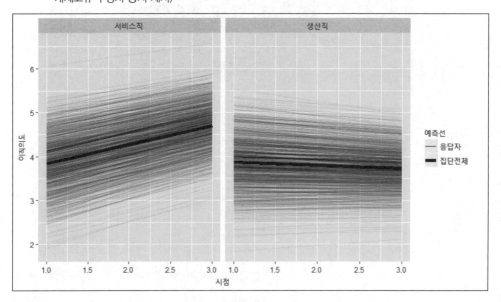

위계적 데이터의 복잡성이 증가하였을 뿐, 02장에서 설명한 3층모형은 01장에서 소개한 2층모형과 동일하다. 물론 다층모형 추정 이전의 데이터 사전처리 과정과 고정효과항들을 투입하기 전 랜덤효과의 패턴을 확정하는 과정이 다소 복잡하지만, 충분한 시간을 두고 연습한다면 이러한 복잡함도 어느 순간 극복될 것이다.

3층모형이 적용되는 데이터보다 훨씬 더 복잡한 위계를 갖는 데이터도 분석할 수 있다 (이를테면 4층모형, 5층모형 등). 그러나 2층모형과 3층모형이 본질적으로 동일하듯, 4층 이상의 모형 역시도 01장과 02장의 내용을 숙지하였다면 사용이 불가능하지 않다. 물론 데이터 사전처리와 다층모형을 확정하는 과정에서 보다 주의를 기울여야 할 것이다.

다음 장에서는 종속변수의 분포에 대해 정상분포(normal distribution) 가정을 적용할 수 없는 경우에 사용되는 다층모형을 소개할 것이다.

## 03장

일반다층모형:
정규분포가 아닌 종속변수인 경우

일반적으로 종속변수의 분포가 정상분포인 경우 사용하는 OLS 회귀모형을 학습한 후에는 정상분포를 가정하기 어려운 종속변수일 때 사용하는 회귀분석을 학습한다. 예를 들어 '로지스틱 회귀모형(logistic regression model)'은 종속변수가 이분변수(dichotomous variable)이기 때문에 정상분포가 아닌 이항분포(binomial distribution)를 가정한 회귀분석 기법이며, '포아송 회귀모형(Poisson regression model)'은 종속변수의 분포가 포아송 분포(Poisson distribution)를 띤다고 가정되는 경우 사용하는 회귀모형이다. 앞서 소개하였던 2층모형이나 3층모형의 경우 하위수준(level-1)의 회귀방정식의 오차항은 예외 없이 $N.I.D. \sim (0, \sigma^2)$라고 가정하였다.[1] 다층모형도 마찬가지다. 만약 제1수준 방정식의 오차항에 정규분포를 가정할 수 없는 경우, 종속변수에 적용되는 분포의 종류에 따라 '로지스틱 다층모형(logistic multi-level model)', '포아송 다층모형(Poisson multi-level model)', '순위형 로짓 다층모형(ordered logit multi-level model)', '다항명목 로지스틱 다층모형(multinomial logistic multi-level model)'[2] 등으로 불린다.

이번 장에서는 종속변수가 이분변수이거나 포아송 분포를 띤다고 가정되는 경우, 다층모형을 구성하고 추정하는 방법을 소개할 것이다. 종속변수의 분포에 정규분포 가정

---

1 $N.I.D.$는 **N**ormally and **I**ndependently **D**istributed의 약자다.

2 분석과 해석의 복잡성 때문에 다항명목 로지스틱 다층모형은 활용빈도가 높지 않다. 따라서 본서에서도 다항명목 로지스틱 다층모형은 소개하지 않았다.

을 적용할 수 없더라도 연결함수(link function)를 이용하여 추정하는 선형모형을 일반선형모형(GLM, generalized linear model)이라고 부르듯, 다층모형 역시 연결함수를 사용하며 이러한 다층모형을 흔히 "일반다층모형(GMLM, generalized multi-level model)", "일반선형혼합모형(GLMM, generalized linear mixed model)" 혹은 "일반위계선형모형(HGLM, hierarchical generalized linear model)"이라고 부른다(Finch et al., 2014; Raudenbush & Bryk, 2002). 따라서 일반다층모형(GMLM)을 이해하기 위해서는 일반선형모형(GLM)을 먼저 이해해야 한다.

여기서는 GMLM을 소개하기 이전에 GLM에 대해 간단한 설명을 제시하였다. GLM에서는 종속변수의 형태에 맞는 링크함수를 사용한다. 우선 종속변수가 정규분포를 가진다고 가정할 경우 사용되는 링크함수는 '동일함수(identity function)'를 사용한다. 즉 데이터에서 관측된 변수의 분포를 그대로 사용한다. 그러나 정규분포라고 가정되기 어려운 종속변수의 경우 관측된 데이터의 비정규분포를 링크함수를 이용해 '정규분포처럼' 변화시켜준다. 예를 들어 1개의 독립변수가 종속변수에 미치는 효과를 살펴본다고 가정하자. 만약 종속변수가 정규분포를 보인다고 가정되는 경우 R에서는 다음과 같은 형태의 lm() 함수를 통해 모형추정 결과를 추정한다.

lm(y ~ x, data)

R을 활용하는 입장에서 OLS와 GLM에서 유일하게 다른 점은 **family** 옵션을 이용해 정규분포가 아닌 종속변수를 링크함수를 이용해 알맞게 변화시킨다는 점이다. 예를 들어 **glm()** 함수를 이용해 로지스틱 회귀분석을 실시하면 다음과 같다(자세한 내용에 대해서는 저자의 『R를 이용한 사회과학데이터 분석: 기초편』이나 관련서적을 참고하기 바란다).

glm(y ~ x, data, family=binomial("logit")).

링크함수를 설정하는 방법은 GLM이나 GMLM이나 동일하다. 따라서 종속변수에 대해 가정할 수 있는 분포에 따라 사용되는 **family** 옵션과 각 옵션의 의미가 무엇인지에 소개한 후, 간단한 사례를 통해 독립변수 x가 정규분포를 가정하기 어려운 종속변수에 미치는 효과를 어떻게 해석하는지에 대한 간단한 예시를 제시하였다.

- 종속변수의 분포가 정규분포라고 가정하는 경우, `family=gaussian(link = "identity")`: 사실 이러한 방식의 `family` 옵션은 잘 사용되지 않는다. 그 이유는 종속변수에 대해 정규분포를 가정한다면 `glm()` 함수보다는 `lm()` 함수를 이용해 OLS 회귀분석을 사용하는 것이 보통이기 때문이다.

- 종속변수의 분포가 이항분포를 갖는 이분변수인 경우, `family=binomial(link = "logit")` 혹은 `family=binomial(link = "probit")`: 종속변수가 0 혹은 1의 값을 갖는 이분변수인 경우 이항분포(binomial distribution)를 적용한다. 이항분포의 확률밀도함수(PDF, probability density function)는 다음과 같다.

$$P(X=k) = \left(\begin{array}{c} n \\ k \end{array} \right) p^k (1-p)^{n-k}$$

위의 분포를 기준으로 1이 나올 가능성과 0이 나올 가능도 함수의 비율에 로그값을 씌운 것이 로짓(logit)이다. 이때 로짓변환을 위해 사용되는 함수가 바로 '로지스틱 함수(logistic function)'이며, 바로 이 때문에 '로지스틱 회귀분석(logistic regression)'이라는 이름이 붙은 것이다. 로지스틱 회귀분석에 사용되는 로짓은 아래와 같이 정의된다.

$$\text{logit} = ln\frac{F(x)}{1-F(x)} = b_0 + \Sigma\, b_i \cdot x_i$$

반면 누적정규분포 함수, 즉 프로빗 함수를 이용하여 변환한 경우 '프로빗 회귀분석(Probit regression)'이라고 불린다. 이 외에도 맥락에 따라 `link` 옵션에 보완적 로그-로그 함수("cloglog", Complementary Log-Log Link Function)를 사용하기도 한다.[3]

---

3 만약 이분변수 형태의 종속변수에서 1의 값이 과도하게 적거나 혹은 많은 경우, `binomial()` 대신 `quasibinomial()`을 적용한다[이를테면 `quasibinomial(link = "logit")`]. 흔히 1의 값이 너무 많거나 너무 적을 경우, 과분포(over-dispersion)라는 용어를 사용한다. 이분변수형의 종속변수가 과분포된 경우 이항분포에 φ 라는 이름의 모수가 하나 더 추가된 준-이항분포(quasi-binomial distribution)를 사용

- 종속변수의 분포가 포아송 분포를 갖는 경우, `family=poisson(link = "log")`: 종속변수에 대해 포아송 분포를 적용하는 경우 `family` 옵션으로 `poission()` 함수를 적용하며, 대부분의 링크함수는 로그(`link = "log"`) 함수를 사용한다.[4] 링크함수로 로그함수를 사용하는 이유는 포아송 회귀분석의 모형은 다음과 같이 정의되기 때문이다.

$$\log(E(Y|x)) = b_0 + \Sigma\, b_i \cdot x_i$$

이 외에도 R의 **glm()** 함수의 `family` 옵션에는 감마분포,[5] 역(逆)-가우스 분포(inverse Gaussian distribution)도 가능하며, 데이터 분석자가 원하는 분산과 링크함수를 지정하는 함수기능[6]도 있지만, 사회과학연구에서는 거의 사용되지 않기 때문에 별도의 설명을 제시하지는 않기로 한다.

이제 **glm()** 함수를 이용한 사례를 간략하게 살펴보자. 예시데이터 중 **GLM_example. csv**에는 다음과 같이 총 4개의 변수들이 존재한다.

하며, 준-이항분포의 확률밀도함수(PDF)는 아래와 같이 φ 모수 하나가 더 추가되어 있다.

$$P(X=k) = \binom{n}{k} p(p+k\varphi)^{k-1}(1-p-k\varphi)^{n-k}$$

4 Gamma(link = "inverse") 함수다. 앞서 소개한 이항분포를 따르는 이분변수와 마찬가지로 과분포된 경우 quasipoisson() 함수를 사용한다. 마찬가지로 준-포아송 분포를 적용하였을 때의 모형적합도가 포아송 분포를 적용하였을 때의 모형적합도보다 더 나을 경우 포아송 분포가 과분포되었다고 보는 것이 보통이다.

5 inverse.gaussian(link = "1/mu^2") 함수다.

6 quasi() 함수에서 link 옵션과 variance 옵션을 별도로 지정하면 된다. 예를 들어 "family=quasi(link = "log", variance = "mu")"라고 쓸 경우 분산을 평균의 제곱값(μ^2)으로 설정한 후 로그함수를 링크함수로 적용한다는 의미인데, 이는 포아송 분포를 링크함수로 사용한다는 것과 동일하다. quasi() 함수의 variance 옵션을 이용하면 보다 데이터에 적합한 다양한 링크함수를 적용할 수 있지만, 저자의 경험상 보통의 사회과학연구에서는 그다지 널리 사용되지는 않는다.

- x: 독립변수

- y.norm: 정규분포가 가정될 수 있는 종속변수

- y.dich1: 이분변수인 종속변수

- y.pois1: 포아송 분포를 가정할 수 있는 종속변수

```
> setwd("D:/data")
> mydata <- read.csv("GLM_example.csv",header=TRUE)
> head(mydata)
      x y.norm y.dich1 y.pois1
1  0.61   1.32       1       2
2 -2.54   1.76       1       0
3 -0.98  -0.10       0       3
4  0.08  -0.48       0       0
5 -0.61  -0.24       0       1
6 -0.70  -1.01       0       0
> #정규분포가 아닌 변수의 경우: 이항분포
> table(mydata$y.dich1)

 0  1
60 36
> #정규분포가 아닌 변수의 경우: 포아송 분포
> mean(mydata$y.pois1); sd(mydata$y.pois1)
[1] 1.364583
[1] 2.191466
```

먼저 정규분포를 띠는 **y.norm** 변수를 종속변수로 한 GLM을 **glm()** 함수를 이용해 추정해 보자.

```
> myglm.norm <- glm(y.norm ~ x, mydata,
+                   family=gaussian('identity'))
> summary(myglm.norm)

Call:
glm(formula = y.norm ~ x, family = gaussian("identity"), data = mydata)
```

```
Deviance Residuals:
     Min        1Q    Median        3Q       Max
-2.86525  -0.69088   0.04611   0.67300   2.61079

Coefficients:
            Estimate Std. Error t value Pr(>|t|)
(Intercept)  0.16871    0.11329   1.489     0.14
x            0.40138    0.08981   4.469 2.19e-05 ***
---
Signif. codes:  0 '***' 0.001 '**' 0.01 '*' 0.05 '.' 0.1 ' ' 1

(Dispersion parameter for gaussian family taken to be 1.231569)

    Null deviance: 140.37  on 95  degrees of freedom
Residual deviance: 115.77  on 94  degrees of freedom
AIC: 296.41

Number of Fisher Scoring iterations: 2
```

회귀방정식의 추정결과는 lm() 함수를 적용하였을 때와 동일하다[독자들은 "summary (lm(y.norm ~ x, mydata))"을 적용해 추정된 결과와 비교해 보기 바란다]. 다른 점이 있다면 모형적합도 통계치로 R^2가 아닌 이탈도(D, deviance)가 보고된다는 점이다. 독립변수가 전혀 투입되지 않았을 경우의 이탈도인 140.37과 1개의 독립변수가 투입되었을 경우의 이탈도 115.77을 다음과 같이 계산하면 모형의 설명력 지수, 즉 R^2를 계산할 수 있다. lm() 함수를 이용해 OLS 회귀분석을 실시한 결과 R^2=.1752와 유사한 값이 나오는 것을 확인할 수 있다.

$$\frac{140.37 - 115.77}{140.37} \approx .17525$$

그러나 종속변수가 정규분포인 경우에는 glm() 함수를 쓸 이유가 없으며 lm() 함수를 이용하는 것이 더 효율적이고 타당하다. 종속변수의 분포가 이항분포를 따르는 이분변수인 경우, 다음과 같은 방법으로 로지스틱 회귀분석을 실시할 수 있다.

```
> #로지스틱 회귀분석
> myglm.dich1 <- glm(y.dich1~x,mydata,family=binomial(link='logit'))
> summary(myglm.dich1)

Call:
glm(formula = y.dich1 ~ x, family = binomial(link = "logit"),
    data = mydata)

Deviance Residuals:
    Min      1Q   Median      3Q      Max
-1.3960  -0.9664  -0.7756   1.2843   1.9542

Coefficients:
            Estimate Std. Error z value Pr(>|z|)
(Intercept)  -0.5611     0.2211  -2.537   0.0112 *
x             0.4677     0.1878   2.490   0.0128 *
---
Signif. codes:  0 '***' 0.001 '**' 0.01 '*' 0.05 '.' 0.1 ' ' 1

(Dispersion parameter for binomial family taken to be 1)

    Null deviance: 127.02  on 95  degrees of freedom
Residual deviance: 120.04  on 94  degrees of freedom
AIC: 124.04

Number of Fisher Scoring iterations: 4
```

위의 결과에서 독립변수 x의 회귀계수에 지수함수 변환값(exponential value)을 구한 것이 바로 승산비(odds ratio, OR)이다. 즉 로지스틱 회귀분석 결과를 해석할 때는 $\exp(.4677) \approx 1.5963$[7]을 이용하여 "독립변수 x가 1단위 증가할 때 y의 값이 1이 나올 확

---

[7] 다음과 같은 방식으로 쉽게 승산비를 얻을 수 있다. 물론 여기서 절편값의 승산비는 해석하지 않는 것이 보통이다.

```
> exp(myglm.dich1$coef)
(Intercept)          x
  0.5705957  1.5962840
```

률은 약 59.63% 증가하며, 이는 통상적인 수준에서 통계적으로 유의미한 증가분이다"라
고 해석한다.

다음으로 포아송 분포가 가정된 변수를 종속변수로 한 GLM을 실시해 보자. `family`
옵션을 포아송 회귀분석에 맞게 지정하면 그 결과는 다음과 같다.

```
> #포아송 회귀분석
> myglm.pois1 <- glm(y.pois1~x,mydata,family=poisson(link = "log"))
> summary(myglm.pois1)

Call:
glm(formula = y.pois1 ~ x, family = poisson(link = "log"), data = mydata)

Deviance Residuals:
    Min       1Q   Median       3Q      Max
-2.2122  -1.4803  -0.9746   0.3847   5.0177

Coefficients:
            Estimate Std. Error z value Pr(>|z|)
(Intercept)  0.09006    0.10440   0.863    0.388
x            0.50299    0.06588   7.635 2.26e-14 ***
---
Signif. codes:  0 '***' 0.001 '**' 0.01 '*' 0.05 '.' 0.1 ' ' 1

(Dispersion parameter for poisson family taken to be 1)

    Null deviance: 285.23  on 95  degrees of freedom
Residual deviance: 228.76  on 94  degrees of freedom
AIC: 347.94

Number of Fisher Scoring iterations: 6
```

링크함수가 로그함수이기 때문에, 포아송 회귀분석 결과 역시 해석할 때 회귀계수에
지수함수를 적용한 결과를 적용한다. 즉 $\exp(.50299) \approx 1.65366$을 이용하여 "독립변수 x
가 1단위 증가할 때 y의 값이 1회(count) 더 증가할 가능성이 약 65.37% 증가하며, 이는
통상적인 수준에서 통계적으로 유의미한 증가분이다"라고 해석한다.

일반다층모형도 위의 `glm()` 함수와 크게 다르지 않다. 위계적 데이터 구조가 적용되었을 뿐 종속변수에 대해 가정되는 분포에 맞게끔 **family** 옵션을 적용하면 된다. 이제 정규분포가 아닌 종속변수의 유형 중 사회과학에서 가장 빈번하게 사용되는 이항분포의 그리고 포아송 분포의 종속변수에 대해 적용하는 로지스틱 다층모형과 포아송 다층모형 추정과정을 구체적 사례를 통해 살펴보자.

3.1 로지스틱 다층모형

1단계. 일반다층모형 사전 준비작업

다층모형의 데이터 사전처리는 종속변수의 분포와 무관하다. 즉 종속변수의 분포가 정규분포를 따르지 않는 일반다층모형(GMLM)의 경우에도 상위수준에 배속된 하위수준에서 측정된 변수에 대해서는 집단평균 중심화변환을 적용하고, 상위수준에서 측정된 변수에 대해서는 전체평균 중심화변환을 적용하면 된다. 종속변수가 이분변수인 예시데이터, `my2level_dich.csv` 데이터를 불러와 보자. 각 변수의 의미와 데이터의 형태는 다음과 같다.

- **gid**: 실험에서 응답자가 노출된 메시지
- **ix1**: 헌혈행동에 대한 응답자의 태도(개인수준)
- **ix2**: 헌혈행동에 대한 응답자의 규범인식(개인수준)
- **gx**: 전문가 집단이 평가한 메시지의 설득력(argument strength)
- **y**: 헌혈참여(개인수준; 참여하였을 경우 1, 참여하지 않았을 경우 0)

```
> #다층모형 추정 및 사전처리를 위한 라이브러리 구동
> library('lme4')
> library('lmerTest')
> library('tidyverse')
> #데이터 불러오기
> setwd("D:/data")
> L2.dich <- read.csv("my2level_dich.csv",header=T)
```

```
> head(L2.dich)
  gid ix1 ix2 gx y
1   1   3   3  6 0
2   1   5   3  6 0
3   1   4   4  6 0
4   1   5   4  6 0
5   1   5   5  6 0
6   1   4   5  6 0
```

위의 형태에서 알 수 있듯, L2.dich 데이터는 군집형 데이터 형태다. 데이터에 대한 설명에 앞서 개인수준에서 측정된 사례수와 상위수준에서 측정된 사례수를 살펴보자.

```
> #하위수준 사례수
> dim(L2.dich)
[1] 1609    5
> #상위수준 사례수
> length(unique(L2.dich$gid))
[1] 40
```

데이터는 다음과 같은 방식으로 수집되었다. 한 언론학자는 헌혈행동을 증진시키기 위한 헌혈 캠페인 메시지를 개발하고자 한다. 이를 위해 이 언론학자는 먼저 40개의 헌혈 캠페인 메시지를 제작한 후(gid 변수), 건강캠페인 전문가집단들로부터 40개의 헌혈 캠페인 메시지의 설득력(argument quality, argument strength; Petty & Cacioppo, 1986)을 7점 척도를 이용해 측정하였다(1 = 매우 낮음; 7 = 매우 높음, gx 변수). 또한 이 언론학자는 총 1,609명의 개인응답자를 대상으로 헌혈에 대한 응답자의 개인태도(ix1 변수)와 헌혈에 대한 사회적 규범인식(ix2 변수)을 측정한 후, 준비한 40개의 헌혈 캠페인 메시지를 무작위로 배치하였다. 이후 1개월 후에 전체 개인응답자들에게 지난 1개월간 헌혈을 한 경험유무를 다시 측정하였다(y변수). 아래와 같이 종속변수를 살펴보면 총 671명의 응답자가 헌혈을 한 것을 알 수 있다. 개인응답자들은 같은 헌혈 캠페인 메시지를 접한 경우 같은 집단에 배속되었다. 따라서 개인응답자는 하위수준의 측정사례가 되며, 헌혈 캠페인 메시지는 상위수준의 측정사례가 된다.

```
> #종속변수의 형태를 살펴보자.
> table(L2.dich$y)

  0   1
938 671
```

이제 **L2.dich** 데이터의 독립변수들을 각 측정수준에 맞게 사전처리해 보자. 우선 개인수준의 독립변수는 **gid** 변수의 수준별로 집단평균 중심화변환을 실시하였다. 앞에서 여러 차례 반복하였듯 **group_by()** 함수와 **mutate()** 함수를 동시에 사용하면 쉽게 집단평균 중심화변환을 실시할 수 있다.

```
> #개인수준 독립변수에 대한 집단평균 중심화변환
> L2.dich <- group_by(L2.dich,gid) %>%
+     mutate(gm.ix1=ix1-mean(ix1),gm.ix2=ix2-mean(ix2))
> round(L2.dich,2)
# A tibble: 1,609 x 7
# Groups:   gid [40]
     gid   ix1   ix2    gx     y gm.ix1 gm.ix2
   <dbl> <dbl> <dbl> <dbl> <dbl>  <dbl>  <dbl>
 1     1     3     3     6     0  -0.76  -1.17
 2     1     5     3     6     0   1.24  -1.17
 3     1     4     4     6     0   0.24  -0.17
 4     1     5     4     6     0   1.24  -0.17
 5     1     5     5     6     0   1.24   0.83
 6     1     4     5     6     0   0.24   0.83
 7     1     4     4     6     0   0.24  -0.17
 8     1     4     4     6     0   0.24  -0.17
 9     1     3     5     6     0  -0.76   0.83
10     1     5     4     6     0   1.24  -0.17
# ... with 1,599 more rows
```

다음으로 **L2.dich** 데이터를 집단수준으로 집산한 후 집단수준 독립변수들에 대해 전체평균 중심화변환을 실시하였다. 01장, 02장에서와 마찬가지로 상위수준으로 집산하는 방법은 **group_by()** 함수와 **summarise()** 함수를 이용하면 간단하다. 이렇게 집산한 데이터의 집단수준 변수들(메시지 설득력, 집단크기, 두 개인수준 독립변수의 집단별 평균들)은 **mutate()** 함수를 이용해 전체평균 중심화변환을 실시하였다.

```
> #집단수준 독립변수에 대한 전체평균 중심화변환
> temp <- group_by(L2.dich,gid) %>%
+    summarise(gx=mean(gx),gsize=length(gid),
+              gmix1=mean(ix1),gmix2=mean(ix2))
> temp <- mutate(temp,am.gx=gx-mean(gx),
+                am.gsize=gsize-mean(gsize),
+                am.gmix1=gmix1-mean(gmix1),
+                am.gmix2=gmix2-mean(gmix2))
> round(temp,2)
# A tibble: 40 x 9
      gid    gx gsize gmix1 gmix2 am.gx am.gsize am.gmix1 am.gmix2
    <dbl> <dbl> <dbl> <dbl> <dbl> <dbl>    <dbl>    <dbl>    <dbl>
 1      1     6    41  3.76  4.17  1.72     0.77    -0.20    -0.09
 2      2     1    37  4.05  4.24 -3.28    -3.23     0.10    -0.01
 3      3     2    41  4.02  3.90 -2.28     0.77     0.07    -0.35
 4      4     3    43  4.19  4.40 -1.28     2.77     0.23     0.14
 5      5     7    37  3.92  4.30  2.72    -3.23    -0.03     0.04
 6      6     3    42  3.98  4.26 -1.28     1.77     0.02     0.01
 7      7     5    43  3.67  4.23  0.72     2.77    -0.28    -0.02
 8      8     4    41  3.76  4.17 -0.28     0.77    -0.20    -0.09
 9      9     6    46  4.43  4.20  1.72     5.77     0.48    -0.06
10     10     4    40  3.85  4.45 -0.28    -0.23    -0.10     0.19
# ... with 30 more rows
```

집단수준의 독립변수들에 대한 사전처리 작업을 끝마친 데이터는 **inner_join()** 함수를 이용해 개인수준의 데이터와 합쳤다.

```
> #개인수준 데이터와 집단수준 데이터 통합
> temp <- select(temp,-gx)
> L2.dich <- inner_join(L2.dich,temp,by='gid')
> round(L2.dich,2)
# A tibble: 1,609 x 14
```

```
# Groups:    gid [?]
     gid   ix1   ix2    gx     y gm.ix1 gm.ix2 gsize gmix1 gmix2 am.gx
   <dbl> <dbl> <dbl> <dbl> <dbl>  <dbl>  <dbl> <dbl> <dbl> <dbl> <dbl>
 1     1     3     3     6     0  -0.76  -1.17    41  3.76  4.17  1.72
 2     1     5     3     6     0   1.24  -1.17    41  3.76  4.17  1.72
 3     1     4     4     6     0   0.24  -0.17    41  3.76  4.17  1.72
 4     1     5     4     6     0   1.24  -0.17    41  3.76  4.17  1.72
 5     1     5     5     6     0   1.24   0.83    41  3.76  4.17  1.72
 6     1     4     5     6     0   0.24   0.83    41  3.76  4.17  1.72
 7     1     4     4     6     0   0.24  -0.17    41  3.76  4.17  1.72
 8     1     4     4     6     0   0.24  -0.17    41  3.76  4.17  1.72
 9     1     3     5     6     0  -0.76   0.83    41  3.76  4.17  1.72
10     1     5     4     6     0   1.24  -0.17    41  3.76  4.17  1.72
# ... with 1,599 more rows, and 3 more variables: am.gsize <dbl>,
#   am.gmix1 <dbl>, am.gmix2 <dbl>
```

위의 과정을 거쳐 얻은 데이터를 이용해 각 수준별 독립변수들의 기술통계치를 구할 수도 있다. 각 수준별 기술통계치를 얻는 방법과 그 결과를 정리한 표는 아래와 같다.

```
> #기술통계치 정리
> #개인수준
> mysummary <- function(myobject,myvariable){
+     myresult <- summarise(myobject,size=length(myvariable),
+                        MEAN=mean(myvariable),SD=sd(myvariable),
+                        MIN=min(myvariable),MAX=max(myvariable))
+     round(myresult,3)
+ }
> mysummary(ungroup(L2.dich),ungroup(L2.dich)$ix1)
# A tibble: 1 x 5
   size  MEAN    SD   MIN   MAX
  <dbl> <dbl> <dbl> <dbl> <dbl>
1  1609 3.955 0.904     1     7
> mysummary(ungroup(L2.dich),ungroup(L2.dich)$ix2)
```

```
# A tibble: 1 x 5
    size  MEAN    SD   MIN   MAX
   <dbl> <dbl> <dbl> <dbl> <dbl>
1   1609 4.258 0.995     1     7
>
> #집단수준
> L22.dich <- group_by(L2.dich,gid) %>%
+       summarise_all(mean)
> mysummary(L22.dich,L22.dich$gsize)
# A tibble: 1 x 5
    size   MEAN    SD   MIN   MAX
   <dbl>  <dbl> <dbl> <dbl> <dbl>
1     40 40.225 2.778    35    47
> mysummary(L22.dich,L22.dich$gmix1)
# A tibble: 1 x 5
    size  MEAN    SD   MIN   MAX
   <dbl> <dbl> <dbl> <dbl> <dbl>
1     40 3.952 0.155 3.674 4.435
> mysummary(L22.dich,L22.dich$gmix2)
# A tibble: 1 x 5
    size  MEAN    SD   MIN   MAX
   <dbl> <dbl> <dbl> <dbl> <dbl>
1     40 4.257 0.163 3.902 4.675
> mysummary(L22.dich,L22.dich$gx)
# A tibble: 1 x 5
    size  MEAN    SD   MIN   MAX
   <dbl> <dbl> <dbl> <dbl> <dbl>
1     40 4.275 2.025     1     7
```

표 19. "my2level_dich.csv 데이터"의 기술통계치 정리

	사례수	평균	표준편차	최솟값	최댓값
개인수준(level-1)					
y	1,609	.417	.493	0	1
ix1	1,609	3.955	.904	1	7
ix2	1,609	4.258	.995	1	7
집단수준(level-2)					
집단크기	40	40.225	2.778	35	47
집단별 ix1 평균	40	3.952	.155	3.674	4.435
집단별 ix2 평균	40	4.257	.163	3.902	4.675
gx1 평균	40	4.275	2.025	1	7

2단계. 일반다층모형 구성: 가장 적합한 랜덤효과 구조의 확정

종속변수의 분포가 정규분포가 아닌 경우, 하위수준, 즉 제1수준(level-1) 오차항의 분산인 σ^2를 가정할 수 없다. 왜냐하면 여기서 소개할 이분변수(다음에 소개될 포아송 분포의 변수도 동일)는 명목변수이기 때문에(헌혈을 하였거나 하지 않았거나 둘 중 하나) 분산을 구할 수 없기 때문이다. 즉 제1수준의 오차항 분산은 데이터를 통해 얻을 수 없으며, 일반선형모형에서와 마찬가지로 오차항은 $\frac{\pi^2}{3}$의 고정값을 갖는다. 그러나 상위수준의 분산구조, 즉 랜덤효과는 제3부의 01장과 02장에서 정의했던 방식과 동일하다.

앞서 설명하였듯, 일반다층모형의 링크함수는 일반선형모형의 링크함수와 동일하다. 즉 종속변수가 이분변수인 경우 로짓함수(logit function)를 연결함수로 설정하며, 2개의 결과값을 갖는 종속변수는 $[-\infty, \infty]$의 범위를 갖는 로짓변환값을 갖게 된다. 이 과정을 거쳐 얻은 제1수준의 방정식은 아래와 같다(여기서 $F(x)$는 $x=1$인 확률을 의미한다).

개인수준(level-1):

$$\text{logit}_{ij} = ln\frac{F(x_{ij})}{1-F(x_{ij})} = b_0$$

.... 〈공식 3-1-A-1〉

다음 상위수준, 즉 집단수준에 따라 개인별 로짓의 평균값이 달라진다는 '랜덤효과'를 가정해 보자. 앞에서와 마찬가지로 개인수준 방정식에서 추정된 모수(b_0)가 집단수준에 따라 달라지는 랜덤절편효과항(random intercept effect, u_{00})을 지정하였다.

집단수준(level-2):

$$b_0 = \gamma_{00} + u_{00}$$

$$u_{00} \sim N.I.D.(0, \tau_{00})$$

.... 〈공식 3-1-A-2〉

정의된 두 수준의 방정식들을 통합하면 아래와 같다.

통합된 로지스틱 회귀모형(모형0):

$$\text{logit}_{ij} = ln\frac{F(x_{ij})}{1-F(x_{ij})} = \gamma_{00} + u_{00}$$

$$u_{00} \sim N.I.D.(0, \tau_{00})$$

.... 〈공식 3-1-A〉

즉 모형0을 통해 추정되는 모수들은 로짓의 절편(γ_{00}), 집단수준의 랜덤절편효과(τ_{00}), 두 가지다. 독자들도 눈치챘겠지만, 01장에서 소개하였던 2층모형과 다른 점은 2가지다. 첫째, 일반다층모형은 종속변수를 직접 예측하는 방정식이 아니라 링크함수를 이용하여 로짓변환된 값을 예측한다. 둘째, 최하위수준 방정식에서 오차항의 분산을 정의할 수 없으며 따라서 추정하는 것도 불가능하다. 그러나 이 두 가지를 제외하면 일반다층모형 방정식을 구성하는 방법은 앞서 소개했던 정규분포를 가정한 종속변수인 경우 사용하는 다층모형과 크게 다르지 않다.

따라서 앞서와 마찬가지로 개인수준의 독립변수들 2개(ix1, ix2 변수)를 기본모형에 추가로 투입한 후, 다음과 같은 랜덤효과를 추정하는 모형1A, 모형1B, 모형1C, 모형1D를 상정해 보자.

- 모형1A: **ix1** 변수의 랜덤기울기효과와 랜덤절편효과와의 공분산
- 모형1B: **ix2** 변수의 랜덤기울기효과와 랜덤절편효과와의 공분산
- 모형1C: **ix1** 변수와 **ix2** 변수의 랜덤기울기효과와 랜덤절편효과와의 공분산
- 모형1D: **ix1** 변수와 **ix2** 변수의 랜덤기울기효과와 랜덤절편효과(공분산은 0으로 고정)

순서대로 방정식을 구성하면 다음과 같다. 반복을 피하기 위해 모형1A에 대해서만 각 수준별 방정식을 제시하였고, 나머지 세 모형들에 대해서는 통합된 방정식만 제시하였다.

개인수준(level-1, 모형1A):

$$\text{logit}_{ij} = ln\frac{F(x_{ij})}{1-F(x_{ij})} = b_0 + b_1 \cdot ix_1 + b_2 \cdot ix_2$$

.... 〈공식 3-2-B-1〉

집단수준(level-2, 모형1A):

$$b_0 = \gamma_{00} + u_{00}$$
$$b_1 = \gamma_{10} + u_{11}$$
$$b_2 = \gamma_{20}$$

$$\begin{pmatrix} u_{00} \\ u_{01} \ u_{11} \end{pmatrix} \sim N.I.D. \left[0, \begin{pmatrix} \tau_{00} \\ \tau_{01} \ \tau_{11} \end{pmatrix} \right]$$

.... 〈공식 3-2-B-2〉

통합된 로지스틱 회귀모형(모형1A):

$$\text{logit}_{ij} = ln\frac{F(x_{ij})}{1-F(x_{ij})} = (\gamma_{00} + u_{00}) +$$
$$(\gamma_{10} + u_{11}) \cdot ix_1 + (\gamma_{20}) \cdot ix_2$$

$$\begin{pmatrix} u_{00} \\ u_{01} \ u_{11} \end{pmatrix} \sim N.I.D. \left[0, \begin{pmatrix} \tau_{00} \\ \tau_{01} \ \tau_{11} \end{pmatrix} \right]$$

.... 〈공식 3-2-B〉

통합된 로지스틱 회귀모형(모형1B):

$$\text{logit}_{ij} = ln\frac{F(x_{ij})}{1-F(x_{ij})} = (\gamma_{00}+u_{00}) +$$
$$(\gamma_{10}) \cdot ix_1 + (\gamma_{20}+u_{22}) \cdot ix_2$$

$$\begin{pmatrix} u_{00} \\ u_{02}\ u_{22} \end{pmatrix} \sim N.I.D. \left[0, \begin{pmatrix} \tau_{00} \\ \tau_{02}\ \tau_{22} \end{pmatrix} \right]$$

.... 〈공식 3-3-C〉

통합된 로지스틱 회귀모형(모형1C):

$$\text{logit}_{ij} = ln\frac{F(x_{ij})}{1-F(x_{ij})} = (\gamma_{00}+u_{00}) +$$
$$(\gamma_{10}+u_{11}) \cdot ix_1 + (\gamma_{20}+u_{22}) \cdot ix_2$$

$$\begin{pmatrix} u_{00} \\ u_{01}\ u_{11} \\ u_{02}\ u_{12}\ u_{22} \end{pmatrix} \sim N.I.D. \left[0, \begin{pmatrix} \tau_{00} \\ \tau_{01}\ \tau_{11} \\ \tau_{02}\ \tau_{12}\ \tau_{22} \end{pmatrix} \right]$$

.... 〈공식 3-4-D〉

통합된 로지스틱 회귀모형(모형1D):

$$\text{logit}_{ij} = ln\frac{F(x_{ij})}{1-F(x_{ij})} = (\gamma_{00}+u_{00}) +$$
$$(\gamma_{10}+u_{11}) \cdot ix_1 + (\gamma_{20}+u_{22}) \cdot ix_2$$

$$\begin{pmatrix} u_{00} \\ 0\ \ u_{11} \\ 0\ \ 0\ \ u_{22} \end{pmatrix} \sim N.I.D. \left[0, \begin{pmatrix} \tau_{00} \\ 0\ \ \tau_{11} \\ 0\ \ 0\ \ \tau_{22} \end{pmatrix} \right]$$

.... 〈공식 3-5-E〉

01장과 02장의 내용을 학습한 독자라면 위의 방정식들과 각 모형들의 의미를 이해하는 것이 그리 어렵지는 않을 것이다. 이제 다음 단계에서는 설정된 다섯 개 모형들을 lme4 라이브러리를 이용하여 추정한 후, 각 모형의 모형적합도들을 비교하였다.

3단계. 일반다층모형의 추정

일반선형모형을 추정할 때, OLS 추정시 사용하는 lm() 함수 대신 glm() 함수를 사용하듯, 일반다층모형을 추정할 때는 lme4 라이브러리의 lmer() 함수 대신 glmer() 함수를 이용한다. 또한 일반선형모형 추정과 마찬가지로 family 옵션에 종속변수의 형태에 맞는 링크함수를 설정하면 된다. 로지스틱 회귀모형과 마찬가지로 로지스틱 다층모형의 경우도 "family=binomial(link="logit")"를 설정하면 된다.

또한 모형의 추정법과 통계적 유의도 테스트 통계치도 매우 다르다. 첫째, lmer() 함수의 경우 최대우도법(ML), 혹은 제한적 최대우도법(REML) 두 가지가 가능한 반면, glmer() 함수를 통한 일반다층모형 추정법에서는 REML을 사용할 수 없으며 오로지 ML만이 지원된다. 여러 학자들이 일반다층모형 상황에서 적용가능한 REML을 제시하고 있지만(최근의 사례로는 다음을 보라; Noh & Lee, 2007), 효과성(effectiveness)이나 현실적 적용가능성, 효율성(efficiency) 등의 관점에서 아직은 glmer() 함수는 ML 옵션만을 지원되고 있다.[8] 따라서 REML을 사용하였을 때는 사용할 수 없었던 우도비 테스트 [likelihood-ratio (LR) test]를 사용할 수도 있다.[9] 둘째, 또한 lmer() 함수와 glmer() 함수는 통계적 유의도 테스트에 서로 다른 분포를 적용하고 있다. 이는 OLS 회귀모형과 일반선형모형(GLM)에서와 동일하다. 즉 종속변수에 대해 정규분포를 가정하는 다층모형의 경우 t분포를 기반으로 모수의 통계적 유의도를 테스트하지만, 일반다층모형의 경우 z분포를 기반으로 통계적 유의도 테스트가 진행된다.

그러나 이런 점들 외에 고정효과와 랜덤효과를 지정하는 방법은 lmer() 함수나 glmer() 함수나 큰 차이점이 없다. 우선은 기본모형부터 추정해 보자. 추정된 모형은 아래와 같다.

---

8   이와 관련한 유용한 자료로는 다음을 참조하기 바란다. http://bbolker.github.io/mixedmodels-misc/glmmFAQ.html#reml-for-glmms

9   사용이 가능하지만 일단 여기서는 통일성과 일관성이라는 측면에서 AIC와 BIC를 사용하였다.

```
> #기본모형
> gmlm.dich.m0 <- glmer(y~1+(1|gid),
+                       data=L2.dich,family=binomial(link="logit"))
> summary(gmlm.dich.m0)
Generalized linear mixed model fit by maximum likelihood
  (Laplace Approximation) [glmerMod]
 Family: binomial  ( logit )
Formula: y ~ 1 + (1 | gid)
   Data: L2.dich

     AIC      BIC   logLik deviance df.resid
  1471.1   1481.9   -733.6   1467.1     1607

Scaled residuals:
    Min      1Q  Median      3Q     Max
-4.7791 -0.4550 -0.1354  0.4664  4.9947

Random effects:
 Groups Name        Variance Std.Dev.
 gid    (Intercept) 4.868    2.206
Number of obs: 1609, groups:  gid, 40

Fixed effects:
            Estimate Std. Error z value Pr(>|z|)
(Intercept)  -0.5800     0.3603   -1.61    0.107

> #랜덤효과 추출
> var.cov <- data.frame(VarCorr(gmlm.dich.m0))
> var.cov
  grp         var1 var2     vcov     sdcor
1 gid (Intercept) <NA> 4.868317 2.206426
```

위의 결과에서 잘 드러나듯, 로지스틱 다층모형에서는 개인수준 방정식의 오차항이 설정되지도 않았으며 추정되지도 않았다. 따라서 로지스틱 다층모형에서는 개인수준 오차항의 분산 대신 $\frac{\pi^2}{3}$ 을 대치한 후 급내상관계수(ICC)를 추정한다. 즉 위의 모형0의 추정결과를 통해 다음과 같이 ICC를 계산할 수 있다.

$$\text{ICC} = \frac{4.868}{4.868 + (\pi^2 / 3)}$$

$$\approx .5967$$

그러나 위의 결과를 종속변수가 정규분포를 띤다고 가정하고 계산했던 ICC와 동일하게 취급할 수는 없을 것이다. 즉 .5967이라는 값에 대한 구체적인 해석을 제시하는 것보다 상위수준에서 발견된 분산의 비중이 상대적으로 어떠한지를 가늠하는 수치로 해석하는 것이 타당하다.

위에서 추정했던 모형0에 추가적으로 **ix1**, **ix2**의 두 변수를 투입한 후 모형1A, 모형1B, 모형1C, 모형1D에서 지정된 방식으로 랜덤효과를 추정하는 **glmer()** 함수의 형태는 아래와 같다. 독자들은 밑줄이 그어진 랜덤효과 지정 부분에 주목하기 바란다.

표 20. 모형1A, 모형1B, 모형1C, 모형1D 추정을 위한 **glmer()** 함수 형태

모형구분	glmer() 함수 형태
모형1A	gmlm.dich.m1a <- glmer(y~gm.ix1+gm.ix2+(gm.ix1|gid), 　　　　　　　data=L2.dich,binomial(link="logit"))
모형1B	gmlm.dich.m1b <- glmer(y~gm.ix1+gm.ix2+(gm.ix2|gid), 　　　　　　　data=L2.dich,binomial(link="logit"))
모형1C	gmlm.dich.m1c <- glmer(y~gm.ix1+gm.ix2+(gm.ix1+gm.ix2|gid), 　　　　　　　data=L2.dich,binomial(link="logit"))
모형1D	gmlm.dich.m1d <- glmer(y~gm.ix1+gm.ix2+(gm.ix1+gm.ix2||gid), 　　　　　　　data=L2.dich,binomial(link="logit"))

표 21. 랜덤효과 구조 및 모형적합도 추정결과 비교

	모형0	모형1A	모형1B	모형1C	모형1D
고정효과					
개인수준					
절편	−.580	−.607	−.655	−.636	−.631
	(.360)	(.386)	(.392)	(.393)	(.389)
태도		.415***	.435***	.421***	.434***
(gm.ix1)		(.083)	(.08)	(.085)	(.08)
사회규범인식		.546***	.573***	.575***	.558***
(gm.ix2)		(.077)	(.094)	(.095)	(.091)
집단수준					
랜덤효과					
랜덤절편(τ_{00})	4.86831	5.59278	5.73778	5.76836	5.69381
랜덤기울기(τ_{11})		.00754		.01344	<.00001
랜덤기울기(τ_{22})			.07793	.08299	.07248
공분산(τ_{01})		.20529		.24236	
공분산(τ_{02})			−.22969	−.19854	
공분산(τ_{12})				.00741	
모형적합도					
AIC	1471.139	1399.074	**1396.818**	1402.044	1397.338
BIC	1481.906	1431.374	**1429.118**	1450.494	1429.638

알림.*$p<.05$, **$p<.01$, ***$p<.001$, $N_{개인}$=1,609, $N_{메시지}$=40. 모든 모형들은 R의 lme4 라이브러리의 glmer() 함수를 이용하였으며, 모형추정방법으로는 최대우도법(ML)을 사용하였다.

위의 결과에서 알 수 있듯, 모형1B, 즉 **ix2** 변수(헌혈행동에 대한 사회규범인식)의 랜덤기울기효과는 발견된 반면 **ix1** 변수(응답자의 태도)의 랜덤기울기효과는 고려하지 않는 모형이 데이터와 더 부합되는 것으로 나타났다.[10]

---

10 모형0과 모형1B의 LR 테스트 결과 역시도 이를 지지한다($\chi^2(4)$=82.321, $p<.001$). LR 테스트 결과 모형1B는 가장 복잡한 모형인 모형1C에 비해 간단하면서도 설명력은 유사한 것을 알 수 있다($\chi^2(4)$=.774, p=.856). LR 테스트 결과는 아래와 같이 anova() 함수를 이용해 실시할 수 있다.

이제는 랜덤효과 패턴으로 확정된 모형1B에 상위수준 독립변수를 고정효과로 추가투입해 보자.

4단계. 상위수준 독립변수의 효과 추정

앞서 소개한 바와 동일하게 상위수준의 독립변수는 **am.gx** 변수 외에도 메시지를 평가한 개인들의 수(즉 집단크기; **am.gsize**), 동일메시지를 접한 응답자들의 개인수준 독립변수값들(**am.gmix1, am.gmix2**)의 평균을 추가로 고려할 수 있다. 그러나 데이터에 대한 설명에서 언급되었듯, 집단수준인 메시지는 개인응답자에게 무작위로 배치되었다. 다시 말해 메시지를 평가하는 개인응답자의 수나 개인응답자의 특성은 이론적으로 종속변수의 분포와 무관하다고 보는 것이 타당하다(물론 무작위배치가 없었다면 이러한 이론적 예측은 타당하지 않을 수 있다).[11]

이에 저자는 상위수준에서 측정된 메시지 특성변수(즉 전문가가 평가한 메시지의 설득력 변수)만을 추가로 투입하되 다음과 같이 모형2A, 모형2B, 모형2C, 모형D를 구성하였다.

```
> anova(gmlm.dich.m0, gmlm.dich.m1b)
Data: L2.dich
Models:
gmlm.dich.m0: y ~ 1 + (1 | gid)
gmlm.dich.m1b: y ~ gm.ix1 + gm.ix2 + (gm.ix2 | gid)
              Df    AIC    BIC  logLik deviance  Chisq Chi Df Pr(>Chisq)
gmlm.dich.m0   2 1471.1 1481.9 -733.57   1467.1
gmlm.dich.m1b  6 1396.8 1429.1 -692.41   1384.8 82.321      4  < 2.2e-16 ***
---
Signif. codes:  0 '***' 0.001 '**' 0.01 '*' 0.05 '.' 0.1 ' ' 1
> anova(gmlm.dich.m1b, gmlm.dich.m1c)
Data: L2.dich
Models:
gmlm.dich.m1b: y ~ gm.ix1 + gm.ix2 + (gm.ix2 | gid)
gmlm.dich.m1c: y ~ gm.ix1 + gm.ix2 + (gm.ix1 + gm.ix2 | gid)
              Df    AIC    BIC  logLik deviance Chisq Chi Df Pr(>Chisq)
gmlm.dich.m1b  6 1396.8 1429.1 -692.41   1384.8
gmlm.dich.m1c  9 1402.0 1450.5 -692.02   1384.0 0.774      3     0.8557
```

[11] 실제로 **cc.gx** 외의 상위수준 독립변수들은 모형의 설명력을 높이는 데도 별로 기여하지 못한다.

- 모형2A: **am.gx** 변수의 주효과만을 추가로 고려
- 모형2B: **am.gx** 변수의 주효과와 **gm.ix1** 변수와의 상호작용효과만을 추가로 고려
- 모형2C: **am.gx** 변수의 주효과와 **gm.ix2** 변수와의 상호작용효과만을 추가로 고려
- 모형2D: **am.gx** 변수의 주효과와 **gm.ix1** 및 **gm.ix2** 변수와의 상호작용효과를 추가로 고려

위에서 지정한 네 가지 모형들을 추정하는 **glmer()** 함수는 아래의 표와 같다.

표 22. 모형2A, 모형2B, 모형2C, 모형2D 추정을 위한 glmer() 함수 형태

모형구분	glmer() 함수 형태

모형2A	```gmlm.dich.m2a <- glmer(y~am.gx+gm.ix1+gm.ix2+```
	``` (gm.ix2|gid),```
	``` data=L2.dich,binomial(link="logit"),```
	``` control=glmerControl(optimizer = c("Nelder_Mead")))```

모형2B	```gmlm.dich.m2b <- glmer(y~am.gx*gm.ix1+gm.ix2+```
	``` (gm.ix2|gid),```
	``` data=L2.dich,binomial(link="logit"),```
	``` control=glmerControl(optimizer = c("Nelder_Mead")))```

모형2C	```gmlm.dich.m2c <- glmer(y~gm.ix1+am.gx*gm.ix2+```
	``` (gm.ix2|gid),```
	``` data=L2.dich,binomial(link="logit"),```
	``` control=glmerControl(optimizer = c("Nelder_Mead")))```

모형2D	```gmlm.dich.m2d <- glmer(y~am.gx*(gm.ix2+gm.ix1)+```
	``` (gm.ix2|gid),```
	``` data=L2.dich,binomial(link="logit"),```
	``` control=glmerControl(optimizer = c("Nelder_Mead"))```

알림. 위의 모형들의 경우 디폴트로 사용된 옵티마이저 옵션(bobyqa 옵션)을 사용할 경우 모형수렴(convergence)에 실패함. 디폴트옵션이 실패할 경우 옵티마이저의 옵션을 바꾸어 볼 것을 권함. 여기서는 Nelder_Mead 옵션을 사용함. 옵티마이저 옵션의 사용과 관련된 이슈는 제5부에서 자세히 논의하였으니 참고하기 바람.

표 23. 집단수준 독립변수와 상호작용효과 투입 전후의 다층모형 비교

	모형1B[†]	모형2A	모형2B	모형2C	모형2D
고정효과					
개인수준					
절편	−.656	−.587	−.588	−.632	−.634
	(.392)	(.379)	(.38)	(.376)	(.376)
태도	.435***	.434***	.434***	.438***	.548***
(gm.ix1)	(.080)	(.080)	(.080)	(.081)	(.080)
사회규범인식	.573***	.531***	.531***	.547***	.439***
(gm.ix2)	(.094)	(.094)	(.094)	(.080)	(.081)
집단수준					
메시지설득력		−.462	−.464	−.287	−.287
(am.gx)		(.241)	(.241)	(.186)	(.186)
상호작용효과					
am.gx × gm.ix1			.007		.011
			(.039)		(.039)
am.gx × gm.ix2				.151***	.151***
				(.037)	(.037)
랜덤효과					
랜덤절편(τ_{00})	5.74651	5.37566	5.37974	5.27645	5.27757
랜덤기울기(τ_{22})	.07806	.07770	.07864	.00122	.00135
공분산(τ_{02})	−.23119	.36933	.37439	.08019	.08451
모형적합도					
AIC	1396.817	1396.334	1398.302	**1384.339**	1386.258
BIC	1429.118	1434.017	1441.369	**1427.406**	1434.709

알림. *$p<.05$, **$p<.01$, ***$p<.001$, $N_{개인}$ = 1,609, $N_{메시지}$=40. 모든 모형들은 R의 `lme4` 라이브러리의 `glmer()` 함수를 이용하였으며, 모형추정방법으로는 최대우도법(ML)을 사용하였다. [†]여기서 제시된 모형1B의 추정결과는 다른 모형들과의 비교를 위하여 옵티마이저 옵션으로 `Nelder_Mead` 옵션을 선택하여 다시 추정됨.

위의 결과를 통해 알 수 있듯 집단수준에서 측정한 메시지 설득력(am.gx)의 주효과와 개인수준에서 측정한 사회규범인식(gm.ix2)과의 상호작용효과를 추가로 투입한 모형2C가 가장 데이터에 부합하는 것으로 나타났다. 즉 헌혈에 대한 사회규범인식이 높을수록 헌혈을 할 가능성이 높아지며(γ_{20}=.547, $p<.001$), 이 효과는 설득력이 높은 메시지를 접할

경우 더욱 강력해 지는 것으로 나타났다($\gamma_{21}=.151$, $p<.001$).

다음으로 오차비율감소(PRE)를 구해보자. 아래의 계산결과에서 잘 드러나듯 집단수준의 독립변수와 상호작용효과는 메시지마다 다른 **gm.ix2** 변수가 종속변수에 미치는 효과 분산(즉 랜덤기울기효과)의 대부분을 설명하고 있으며(약 98%), 메시지별 절편값의 분산도 약 8%가량 설명하는 것으로 나타났다.

- $\text{PRE}_{\text{leve2, 랜덤절편}} = \dfrac{(5.73768 - 5.27645)}{5.73768} \approx .08$

- $\text{PRE}_{\text{leve2, 랜덤기울기}} = \dfrac{(.077924 - .001219)}{.077924} \approx .98$

5단계. 일반다층모형 추정결과를 그래프로 제시하기

이제는 위에서 얻은 모형2C의 추정결과, 특히 "**gm.ix1**"의 주효과와 "**am.gx × gm.ix2**"의 상호작용효과를 어떻게 해석하고 그래프로 제시할 수 있을지 살펴보자. 언급하였듯 일반다층모형은 정규분포를 따르지 않는 종속변수를 링크함수를 이용해 변환시킨 후 선형모형을 적용한다. 따라서 로지스틱 회귀모형과 마찬가지로, 로짓변환을 적용한 일반다층모형의 고정효과의 경우도 승산비(OR, odds ratio)를 얻은 후 그 결과를 해석해야 한다.

우선 **gm.ix1**의 주효과를 나타내는 $\gamma_{10}=.438$은 상대적으로 해석이 쉽다. 즉 다른 변수들의 효과와 랜덤효과를 통제하였을 때, 헌혈에 대한 개인의 태도가 1단위 증가하면 헌혈에 참가할 확률은 약 55%가량 증가한다($\exp(.438) \approx 1.550$). 이를 그림으로 나타내면 아래와 같다. 먼저 각 집단별로 **ix1** 변수의 수준별로 예측값을 저장할 데이터를 생성한다(**gm.ix1** 변수의 주효과 패턴을 제시하는 것이기 때문에 다른 독립변수들의 값은 0을 부여하여 통제하였다).

```
> #gm.ix1 변수의 주효과
> #각 집단별로 ix1의 수준별로 데이터 생성
> fig.data <- group_by(L2.dich,gid,ix1) %>%
+     summarise_all(mean)
> #모형에 투입된 나머지 변수들의 경우 통제 (즉 0을 부과)
> fig.data$gm.ix2 <- 0
> fig.data$am.gx <- 0
```

이제 설정된 데이터에 모형3C를 적용시켜 예측된 종속변수의 확률값을 구해보자. 앞서와 동일하게 predict() 명령문을 사용하면 되지만, 종속변수가 이분변수이기 때문에 확률값을 예측하기 위해서는 반드시 type='response' 옵션을 별도로 지정해야 한다. 만약 이를 지정하지 않으면 로짓변환값이 적용된다.

```
> #아래와 같이 하면 로짓변환값이 추출된다.
> fig.data$logit <- predict(gmlm.dich.m2c,fig.data)
> #확률값을 위한다면 다음과 같이 해야 한다.
> fig.data$predy <- predict(gmlm.dich.m2c,fig.data,type='response')
```

위의 fig.data 데이터에는 gm.ix1 수준별로 예측된 종속변수의 확률값이 저장되지만, 여기에는 집단별 랜덤효과가 포함되어 있다. 만약 전체표본의 평균값을 얻고자 한다면, 다음과 같은 방식으로 고정효과에 해당되는 회귀계수만을 추출한 후 설정된 gm.ix1 변수의 수준별로 예측된 종속변수의 확률을 구하는 방법을 생각해 볼 수 있다. 저자의 경우 gm.ix1 변수값을 기준으로 하위 10%부터 90%에 해당되는 값들을 설정한 후, 수작업을 통해 종속변수의 확률값을 계산하였다.

```
> #전체집단의 헌혈참여 확률 평균을 구함
> xrange <- quantile(fig.data$gm.ix1,0.1*(1:9))
> mycoef <- fixef(gmlm.dich.m2c)
> mylogit <- mycoef[1]+xrange*mycoef[2]
> myresponse <- 1/(1+exp(-1*mylogit))
> fig.data.pop <- fig.data[1:9,]
> fig.data.pop$gm.ix1 <- xrange
> fig.data.pop$predy <- myresponse
```

이제는 각 집단별(즉 같은 메시지를 접한 응답자 집단) 랜덤효과가 반영된 값과 전체표본의 평균값을 하나의 그래프에 같이 포함하여 그려보자.

```
> #랜덤효과와 표본전체의 패턴을 같이 제시
> ggplot(data=fig.data,aes(x=gm.ix1,y=predy)) +
+    geom_line(aes(y=predy,group=gid),
+              alpha=0.5,linetype=3,size=0.5) +
+    geom_line(data=fig.data.pop,aes(y=predy),linetype=1,size=1.5) +
+    labs(x='헌혈에 대한 응답자태도\n(집단평균 중심화변환된 ix1 변수)',
+         y='예측된 헌혈참여확률')
```

그림 20. 집단별 헌혈에 대한 개별 응답자의 태도가 헌혈참여 확률에 미치는 효과(모집단 평균 추정치와 개체 고유 추정치 동시 제시)

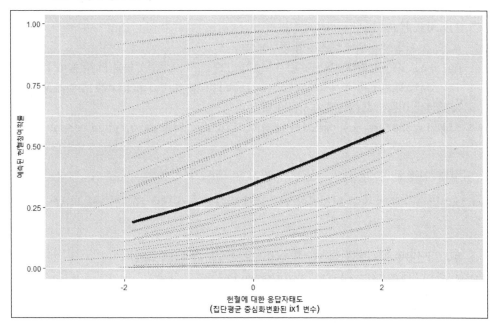

그림에서 잘 드러나듯, 응답자의 태도와 헌혈참여 확률값은 종속변수가 정규분포를 따른다고 가정된 경우와는 달리 완전한 직선을 보이지 않는 것을 알 수 있다.

이제 다음으로 상호작용효과를 그래프로 그려보자. 종속변수의 값이 이분변수이기 때문에 Y축에 종속변수의 확률값이 들어간다는 것을 제외하고는 01장이나 02장에서 소개한 그래프 작성방법과 크게 다르지 않다. 먼저 각 집단별로 **gm.ix2** 변수의 수준을 추출한 후, **gm.ix1** 변수를 0으로 설정하여 그 효과를 통제하였다. 이후 패시팅의 효율성을 높이기 위해 메시지의 설득력(즉 집단수준의 변수)별로 텍스트 형태의 라벨을 붙였으며, **type='response'** 옵션을 별도로 지정한 **predict()** 함수를 이용해 종속변수의 확률값을 계산하였다.

```
> #gm.ix2 변수와 am.gx 변수의 상호작용효과
> fig.data <- group_by(L2.dich,gid,gm.ix2) %>%
+     summarise(am.gx=mean(am.gx),gx=mean(gx))
> #gm.ix1 변수 통제
> fig.data$gm.ix1 <- 0
> #그래프 가독성을 위해 텍스트형 변수생성
> mylabel <- c('매우낮음','낮음','다소낮음','중간','다소높음','높음','매우높음')
> fig.data$gx.label <- factor(mylabel[fig.data$gx],levels=mylabel)
> #모형4를 이용해 그래프에 제시될 예측값 추정
> fig.data$predy <- predict(gmlm.dich.m2c,fig.data,type='response')
```

이렇게 설정된 데이터를 전문가가 평가한 메시지 설득력 수준으로 패시팅하고, **gm.ix2** 변수 수준에 따른 헌혈참여 확률값의 변화를 그래프로 그리면 다음과 같다.

```
> #각 집단별로 패시팅을 적용한 후 상호작용효과를 그래프로 그림
> ggplot(fig.data,aes(y=predy,x=gm.ix2))+
+     geom_point(size=1)+
+     geom_line(aes(y=predy,group=gid))+
+     labs(x='헌혈에 대한 응답자태도\n(집단평균 중심화변환된 ix2 변수)',
+         y='예측된 헌혈참여확률')+
+     facet_grid(~gx.label)
```

그림 21. 집단수준의 독립변수 수준별 헌혈에 대한 개별 응답자의 태도가 헌혈참여 확률에 미치는 효과(개체
고유 추정치 제시)

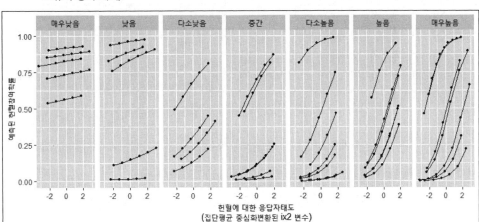

3.2 포아송 다층모형

1단계. 다층모형 사전 준비작업

앞에서는 종속변수에 대해 이항분포를 가정하는 로지스틱 다층모형을 어떻게 실행하
고 해석할 수 있는지 살펴보았다. 이제는 종속변수에 대해 포아송 분포를 가정하는 포아
송 다층모형을 어떻게 적용하고 실행할 수 있는지 예시데이터를 통해 살펴보자.

- pid: 응답자의 개인식별번호
- y1, y2, y3: 응답자가 소속되었다고 밝힌 온라인 커뮤니티의 수
- ix: 응답자 외향성 여부(0 = 내성적 성격; 1 = 외향적 성격)

```
> #라이브러리 구동 및 데이터 불러오기
> library('lme4')
> library('lmerTest')
> library('tidyverse')
> setwd("D:/data")
> L2.pois <- read.csv("my2level_pois.csv",header=T)
> head(L2.pois)
```

```
  pid y1 y2 y3 ix
1   1  0  0  0  0
2  59  0  0  0  0
3  60  0  0  0  0
4  63  2  0  0  1
5  65  0  0  0  0
6  66  1  1  0  0
```

L2.pois 데이터는 시계열 데이터, 즉 여러 시점들에 걸쳐 얻은 측정치들이 개인에게 배속된 형태의 데이터다. 우선 상위수준, 즉 개인수준의 사례수를 살펴보자. 하위수준(시간수준)의 사례수는 결측값이 없다면 개인수준 사례수에 측정시점의 수를 곱해서 (360=120×3) 얻을 수 있다.

```
> #사례수 계산
> dim(L2.pois)
[1] 120   5
```

이제 데이터에 대해 사전처리 작업을 실시해 보자. 넓은 형태의 데이터를 긴 형태의 데이터로 전환하기 전에 먼저 상위수준의 독립변수인 **ix**에 대해 비교코딩(contrast coding) 리코딩을 실시하였다.

이후 **reshape()** 함수를 이용하여 넓은 형태의 데이터를 긴 형태의 데이터로 변환시켰다. 이 과정은 이미 01장 2층모형 부분에서 이미 설명하였기에 함수에 대한 자세한 설명은 제시하지 않기로 한다.

```
> #개인수준 독립변수에 대한 비교코딩 리코딩
> L2.pois$cc.ix <- ifelse(L2.pois$ix==0,-1,1)
> #넓은 형태 -> 긴 형태
> pois.long <- reshape(L2.pois,idvar='pid',varying=list(2:4),
+                      v.names = "y",direction='long')
```

이제 하위수준의 독립변수인 **time** 변수에 대해 집단평균 중심화변환을 실시하면 다음과 같다. 앞서와 마찬가지로 **group_by()** 함수와 **mutate()** 함수를 **%>%**를 이용해 동시에 사용하였다.

```
> #시간수준 독립변수에 대한 집단평균 중심화변환
> pois.long <- group_by(pois.long,pid) %>%
+     mutate(gm.time=time-mean(time))
```

각 수준별로 기술통계치를 정리하면 아래의 표와 같다.

```
> #기술통계치
> summarise(ungroup(pois.long),
+           length(y),mean(y),sd(y),min(y),max(y))
# A tibble: 1 x 5
  'length(y)' 'mean(y)'   'sd(y)'  'min(y)'  'max(y)'
      <int>      <dbl>     <dbl>     <dbl>     <dbl>
1       360   1.408333  1.325742         0         8
> summarise(ungroup(pois.long),
+           length(time),mean(time),sd(time),min(time),max(time))
# A tibble: 1 × 5
  'length(time)' 'mean(time)' 'sd(time)' 'min(time)' 'max(time)'
         <int>        <dbl>      <dbl>       <int>       <int>
1          360            2   0.817633           1           3
> group_by(pois.long,pid) %>%
+     summarise(ix=mean(ix)) %>%
+     summarise(length(ix),mean(ix),sd(ix),min(ix),max(ix))
# A tibble: 1 x 5
  'length(ix)' 'mean(ix)' 'sd(ix)' 'min(ix)' 'max(ix)'
       <int>      <dbl>    <dbl>     <dbl>     <dbl>
1        120  0.4583333  0.50035         0         1
```

표 24. "my2level_pois.csv 데이터"의 기술통계치 정리

	사례수	평균	표준편차	최솟값	최댓값
시간수준(level-1)					
y	360	1.408	1.326	0	8
time	360	2.000	.817	1	3
개인수준(level-2)					
ix	120	.458	.500	0	1

2단계. 다층모형 구성: 가장 적합한 랜덤효과 구조의 확정

포아송 다층모형의 경우도 하위수준에서의 분산, 즉 제1수준의 오차항의 분산인 σ^2 를 가정할 수 없다. 독자들은 로지스틱 다층모형의 경우 제1수준의 분산을 $\frac{\pi^2}{3}$으로 가정 하였던 것을 기억할 것이다. 포아송 다층모형의 경우 제1수준의 오차항 분산을 1로 고정 한다.[12]

종속변수가 포아송 분포를 가지며, 데이터가 2층의 위계적 데이터일 경우 각 수준별 방정식은 아래와 같다.

시간수준(level-1):

$$\log(E(Y)) = b_0$$

.... 〈공식 3-2-A-1〉

---

[12] 과분포 모수(over-dispersion parameter)를 반영하는 경우도 가능하지만, 현재의 **glmer()** 함수에서는 적 용이 불가능하다. 만약 과분포 모수를 적용하여 데이터에 보다 적합한 ICC를 구하려면 다음의 공식을 적 용하면 된다.

$$ICC = \frac{\tau_{00}}{\tau_{00} + ln(1 + \frac{\omega}{\lambda})}$$

여기서 ω는 과분포 모수를 의미하며, 일반적인 포아송 회귀분석의 경우 $\omega = 1$이다. λ는 종속변수의 평균 값을 의미한다.

다음 상위수준, 즉 개인수준에 따라 모수(b_0)가 달라지는 랜덤절편효과항(random intercept effect, u_{00})을 지정하면 다음과 같다.

개인수준(level-2):

$$b_0 = \gamma_{00} + u_{00}$$

$$u_{00} \sim N.I.D.(0, \tau_{00})$$
.... 〈공식 3-2-A-2〉

정의된 두 수준의 방정식들을 통합하면 아래와 같다.

통합된 로지스틱 회귀모형(모형0):

$$\log(E(Y)) = \gamma_{00} + u_{00}$$

$$u_{00} \sim N.I.D.(0, \tau_{00})$$
.... 〈공식 3-2-A〉

즉 모형0을 통해 추정되는 모수들은 절편(γ_{00}) 및 개인수준의 랜덤절편효과(τ_{00})의 두 가지다. 로지스틱 다층모형에서 좌변에 로짓이 들어갔다면, 포아송 다층모형에서는 좌변에 회수형식의 종속변수의 기댓값에 로그를 취했다는 점이 다를 뿐 다른 것들은 모두 동일하다.

따라서 앞서 01장의 시계열 데이터에 적용한 2층모형과 마찬가지로 하위수준인 시간수준의 독립변수(`gm.time` 변수)를 기본모형에 추가로 투입한 후, `gm.time` 변수의 랜덤기울기효과와 랜덤절편효과, 그리고 그 둘 사이의 공분산을 추정하는 모형1을 설정하였다.

모형1의 통합방정식은 아래와 같다.

통합된 로지스틱 회귀모형(모형1):

$$\log(E(Y \mid gm.time)) = (\gamma_{00} + u_{00}) + (\gamma_{10} + u_{11}) \cdot gm.time$$

$$\begin{pmatrix} u_{00} \\ u_{01} \ u_{11} \end{pmatrix} \sim N.I.D. \left[0, \begin{pmatrix} \tau_{00} \\ \tau_{01} \ \tau_{11} \end{pmatrix} \right]$$

.... 〈공식 3-2-B〉

이렇게 설정된 두 모형들을 lme4 라이브러리의 **glmer()** 함수를 이용해 추정한 후 각 모형의 모형적합도를 비교해 보자.

3단계. 다층모형의 추정

일반선형모형 추정과 마찬가지로 **family** 옵션에 포아송 분포의 종속변수의 형태에 맞는 링크함수인 "family=poisson(link="log")"를 설정하였다. **glmer()** 함수를 이용해 추정하는 로지스틱 다층모형과 마찬가지로 모형추정법으로는 제한적 최대우도법(REML)을 사용할 수 없으며, 최대우도법(ML)이 사용된다. 우선 기본모형인 모형0을 추정해 보자.

```
> #기본모형
> gmlm.pois.m0 <- glmer(y~1+(1|pid),
+                       data=pois.long,
+                       family=poisson(link="log"))
> summary(gmlm.pois.m0)
Generalized linear mixed model fit by maximum likelihood (Laplace
  Approximation) [glmerMod]
 Family: poisson  ( log )
Formula: y ~ 1 + (1 | pid)
   Data: pois.long

    AIC      BIC   logLik deviance df.resid
  1104.1   1111.9   -550.1   1100.1      358
```

```
Scaled residuals:
     Min       1Q   Median       3Q      Max
-1.45944 -0.89293 -0.02938  0.60045  2.94882


Random effects:
 Groups Name        Variance Std.Dev.
 pid    (Intercept) 0.1964   0.4432
Number of obs: 360, groups:  pid, 120


Fixed effects:
            Estimate Std. Error z value Pr(>|z|)
(Intercept)  0.24339    0.06501   3.744 0.000181 ***
---
Signif. codes:  0 '***' 0.001 '**' 0.01 '*' 0.05 '.' 0.1 ' ' 1
```

위의 결과에서 알 수 있듯 $\tau_{00}=.1964$다. 이 정보를 이용하여 포아송 다층모형의 ICC 를 계산하면 아래와 같다.

$$ICC = \frac{.1964}{.1964+1} \approx .1642$$

로지스틱 다층모형에서와 마찬가지로 이 ICC 역시 구체적인 설명보다는 각 수준에서 나타난 분산의 비율이 대략 어느 정도인지를 가늠하는 용도로 쓰는 것이 바람직하다.

이제 모형1을 추정해 보자. R 명령문과 그 추정결과는 아래와 같다.

```
> #시간수준 변수의 고정효과 투입
> gmlm.pois.m1 <- glmer(y~gm.time+(gm.time|pid),
+                       data=pois.long,
+                       family=poisson(link="log"))
> summary(gmlm.pois.m1)
Generalized linear mixed model fit by maximum likelihood (Laplace
  Approximation) [glmerMod]
 Family: poisson  ( log )
Formula: y ~ gm.time + (gm.time | pid)
   Data: pois.long
```

```
    AIC      BIC   logLik deviance df.resid
 1067.2   1086.7   -528.6   1057.2       355
Scaled residuals:
     Min       1Q   Median       3Q      Max
-1.42994 -0.86087 -0.00807  0.50398  2.98789


Random effects:
 Groups Name        Variance Std.Dev. Corr
 pid    (Intercept) 0.184536 0.42958
        gm.time     0.003361 0.05798  1.00
Number of obs: 360, groups:  pid, 120


Fixed effects:
            Estimate Std. Error z value Pr(>|z|)
(Intercept)  0.20564    0.06554   3.138   0.0017 **
gm.time      0.33437    0.06579   5.082 3.73e-07 ***
---
Signif. codes:  0 '***' 0.001 '**' 0.01 '*' 0.05 '.' 0.1 ' ' 1


Correlation of Fixed Effects:
        (Intr)
gm.time -0.149
```

위의 결과를 정리하면 아래의 표와 같다.

표 25. 랜덤효과 구조 및 모형적합도 추정결과 비교

	모형0	모형1
고정효과		
시간수준		
절편	.243***	.206**
	(.065)	(.066)
측정시점		.334***
(gm.time)		(.066)
개인수준		
랜덤효과		
랜덤절편(τ_{00})	.19644	.18454
랜덤기울기(τ_{11})		.00336
공분산(τ_{01})		.02491
모형적합도		
AIC	1104.102	**1067.234**
BIC	1111.874	**1086.664**

알림. *$p<.05$, **$p<.01$, ***$p<.001$, $N_{시간}=360$, $N_{개인}=120$. 모든 모형들은 R의 lme4 라이브러리의 glmer() 함수를 이용하였다.

위의 결과를 통해 알 수 있듯, 시간에 따른 가입 커뮤니티 개수의 변화는 개인별로 차이가 있다고 보는 모형1을 채택하는 것이 보다 데이터에 적합하였다. 이에 모형1에 개인수준의 독립변수, 즉 개별 응답자의 외향적 성격 여부를 추가로 투입하였다.

4단계. 상위수준 독립변수의 효과 추정

개인수준에서 측정된 변수 ix의 주효과만 고려한 모형2A와 gm.time 변수의 효과가 ix 변수의 수준에 따라 달라지는 상호작용효과도 추가로 고려한 모형 2B를 추정하였다. 각 모형을 추정하는 glmer() 함수는 아래의 표와 같다.

표 26. 모형2A, 모형2B 추정을 위한 glmer() 함수 형태

모형구분	glmer() 함수 형태
모형2A	gmlm.pois.m2a <- glmer(y~cc.ix+gm.time+(gm.time|pid), 　　　　　　　　　　　　data=pois.long, 　　　　　　　　　　　　family=poisson(link="log"))
모형2B	gmlm.pois.m2b <- glmer(y~cc.ix*gm.time+(gm.time|pid), 　　　　　　　　　　　　data=pois.long, 　　　　　　　　　　　　family=poisson(link="log"))

　　포아송 다층모형 추정결과를 비교하면 아래의 표와 같다.

표 27. 개인수준 독립변수와 상호작용효과 투입 전후의 다층모형 비교

	모형1	모형2A	모형2B
고정효과			
시간수준			
절편	.206** (.066)	.213** (.065)	.207** (.064)
측정시점 (gm.time)	.334*** (.066)	.379*** (.067)	.350*** (.065)
개인수준			
응답자의 외향성 여부 (cc.ix)		.239*** (.061)	.184** (.060)
상호작용효과			
gm.time × cc.ix			.200*** (.057)
랜덤효과			
랜덤절편(τ_{00})	.18454	.16108	.15617
랜덤기울기(τ_{11})	.00336	.00242	.00088
공분산(τ_{01})	.02491	−.01972	−.01175
모형적합도			
AIC	1067.234	1054.737	**1044.421**
BIC	1086.664	1078.054	**1071.623**

알림. $*p<.05$, $**p<.01$, $***p<.001$, $N_{시간}=360$, $N_{개인}=120$. 모든 모형들은 R의 lme4 라이브러리의 glmer() 함수를 이용하였다.

위의 표는 시간에 따라 응답자가 소속된 커뮤니티의 개수 변화가 개인의 성격이 외향적인지 아니면 내성적인지에 따라 달라진다는 것을 보여준다. 즉 모형2B의 추정결과를 기준으로 전체표본을 기준으로 측정시점이 1단위 변할 때마다 소속 커뮤니티 개수가 1개 증가할 가능성은 약 42%(1.4191≈exp(.350))씩 증가한다. 그러나 응답자가 외향적 성격인 경우는 가능성의 증가분이 약 73%(1.7333≈exp(.333+.200))씩 증가하지만, 내향적 성격인 경우에는 그 가능성이 16%(1.1618≈exp(.333−.200))밖에 증가하지 않는다. 즉 외향적 성격인 경우의 증가분(73%)은 내향적 성격인 경우의 증가분(16%)보다 통계적으로 유의미하게 크다.

다음으로 추가로 투입된 개인수준의 독립변수와 상호작용효과가 랜덤절편 및 랜덤기울기에서 발견된 분산을 얼마나 감소시키는지를 알아보기 위해 오차감소비율(PRE)을 계산해 보자. 계산결과, 랜덤절편효과는 약 15% 감소한 반면, 랜덤기울기효과는 약 74% 감소하였다. 즉 개인수준의 독립변수와 상호작용효과는 랜덤기울기효과의 대부분을 설명할 수 있는 것을 확인할 수 있다.

$$\bullet \; \text{PRE}_{leve2, \, 랜덤절편} = \frac{(.18454 - .15617)}{.18454} \approx .15$$

$$\bullet \; \text{PRE}_{leve2, \, 랜덤기울기} = \frac{(.00336 - .00088)}{.00336} \approx .74$$

5단계. 다층모형 추정결과를 그래프로 제시하기

이제는 위에서 얻은 모형2B의 추정결과, 즉 "cc.ix × gm.time"의 상호작용효과를 그래프를 그려 이해해 보자. 로지스틱 다층모형과 마찬가지로 그래프를 그릴 때는 링크함수로 변형된 우변을 원래 형태의 종속변수로 전환시켜주어야 한다.

현재 상위수준인 개인수준의 변수는 2개 집단으로 나뉘고 있다. 모형의 예측값을 추정하기 위해 상위집단 수준(즉, 개인)과 측정시점에 맞도록 예측용 데이터를 준비한 후, predict() 함수를 이용해 포아송 다층모형의 예측값을 저장하였다. 이후 그래프의 가독성을 높이기 위해 ix 변수의 수준에 맞는 라벨 작업을 실시하였다. 이후 개인의 성격이 내성적인지 외향적인지에 따라 각 개인의 소속 커뮤니티 개수의 변화를 그려보면 다음과 같다.

```
> #포아송 분포의 종속변수에 대한 다층모형 추정결과 그래프
> fig.data <- group_by(pois.long,pid,gm.time) %>%
+   summarise(time=mean(time),cc.ix=mean(cc.ix),ix=mean(ix))
> #전체 데이터를 대상으로 예측값을 저장
> fig.data$predy <- predict(gmlm.pois.m2b,fig.data,type='response')
> #그래프 가독성을 위해 텍스트형 변수생성
> fig.data$ix.label <- ifelse(fig.data$ix==0,'내성적','외향적')
> #개인 응답자의 외향성 수준에 따른 변화패턴
> ggplot(data=fig.data,aes(x=time,y=predy)) +
+   geom_point(size=1,alpha=0.2) +
+   geom_line(aes(y=predy,group=pid),alpha=0.2) +
+   labs(x='시점',y='소속 커뮤니티 개수')+
+   facet_grid(~ix.label)
```

그림 22. 개인의 성격유형별 시점에 따른 소속 커뮤니티 개수 변화패턴(개체고유 추정치만 제시)

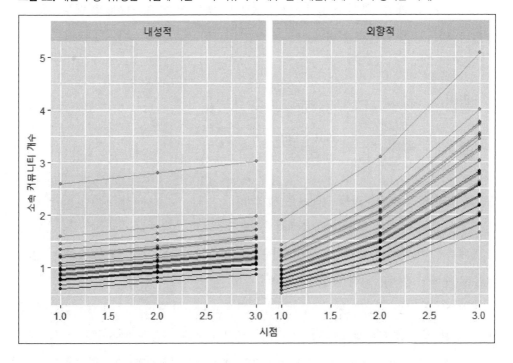

위와 같은 그래프에 전체표본의 평균을 같이 제시하면 다음과 같다. 각 집단별로 시점에 따른 소속 커뮤니티 개수의 평균을 구한 후, 이를 위의 그림에 겹쳐 그리면 된다.

```
> #전체표본의 평균변화도 같이 제시
> fig.data.pop <- group_by(fig.data,ix,gm.time) %>%
+   summarise(time=mean(time),predy=mean(predy),cc.ix=mean(cc.ix))
> fig.data.pop$ix.label <- ifelse(fig.data.pop$ix==0,'내성적','외향적')
> ggplot(data=fig.data,aes(x=time,y=predy)) +
+   geom_line(aes(y=predy,group=pid,size="응답자"),alpha=0.2) +
+   geom_line(data=fig.data.pop,aes(y=predy,size="집단전체")) +
+   scale_size_manual(name="예측선",values=c("응답자"=0.3,"집단전체"=2))+
+   labs(x='시점',y='소속 커뮤니티 개수')+
+   facet_grid(~ix.label)
```

그림 23. 개인의 성격유형별 시점에 따른 소속 커뮤니티 개수 변화패턴(개체고유 추정치와 함께 모집단 평균
추정치도 제시)

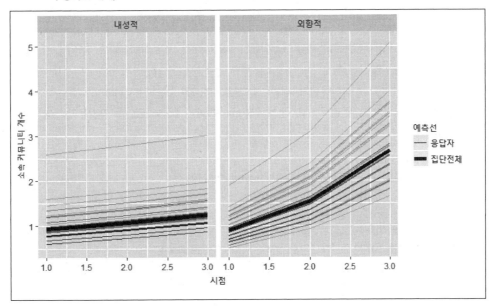

위와 같은 그래프를 이용하면 모형2B에서 나타난 상호작용효과를 독자와 청중들에게
명확하게 전달할 수 있다.

이상과 같이 종속변수의 분포가 정규분포가 아닌 경우에 사용하는 일반다층모형
(GMLM)을 살펴보았다. 구체적으로 종속변수가 이항분포의 이분변수일 때 사용하는 로
지스틱 다층모형을 3.1절에서, 종속변수에 대해 포아송 분포를 가정할 때 사용하는 포아

송 다층모형을 3.2절에서 소개하였다. 일반다층모형 역시도 위계적 데이터의 측정수준의 개수에 따라 일반2층모형은 물론 일반3층모형 혹은 그 이상의 일반다층모형이 가능하다. 비록 본서에서는 일반2층모형에 대한 분석사례만을 제시하였으나, 앞의 01장과 02장 내용을 충실하게 학습한 독자라면 여기서 소개한 일반2층모형을 기반으로 일반3층모형 혹은 그 이상의 복잡한 일반다층모형도 충분히 적용하고 해석할 수 있을 것이다.

또한 본서에서는 종속변수가 순위형 변수(ordinal variable)인 위계적 데이터일 경우 사용하는 순위형 로지스틱 다층모형(ordered logistic MLM)과 다항명목형 변수(multi-nominal variable)인 위계적 데이터에 적용될 수 있는 다항 로지스틱 다층모형(multi-nominal logistic MLM)을 소개하지 않았다. 우선 순위형 로지스틱 다층모형은 `ordinal` 라이브러리의 `clmm()` 함수를 이용하면 순위형 로지스틱 다층모형을 추정할 수 있다. 또한 `clmm()` 함수의 경우 고정효과와 랜덤효과를 지정하는 방법이 `lmer()` 함수나 `glmer()` 함수와 동일하다.[13] 아마도 데이터를 적용하고 해석하는 것이 크게 어렵지는 않을 것이다. 종속변

---

[13] 예를 들어 `clmm()` 함수를 이용해 앞서 우리가 최종적으로 선택한 모형2C를 추정하면 다음과 같다(왜냐하면 이분변수는 가장 간단한 순위형 변수이기 때문이다. 한 가지 주의할 것은 종속변수는 반드시 요인이어야 한다).

```
> library('ordinal')
> clmm.object <- clmm(factor(y)~gm.ix1+am.gx*gm.ix2+
+                          (gm.ix2|gid),
+                     data=L2.dich)
> summary(clmm.object)
Cumulative Link Mixed Model fitted with the Laplace approximation

formula: factor(y) ~ gm.ix1 + am.gx * gm.ix2 + (gm.ix2 | gid)
data:    L2.dich

 link  threshold nobs logLik  AIC     niter    max.grad cond.H
 logit flexible  1609 -684.17 1384.34 490(2946) 1.14e-03 1.0e+02

Random effects:
 Groups Name        Variance Std.Dev. Corr
 gid    (Intercept) 5.281657 2.29819
        gm.ix2      0.001198 0.03461  1.000
Number of groups:  gid 40
```

수의 수준에 따라 절편값이 여러 개 발생한다는 점(종속변수의 수준보다 1개 작은 절편값들이 추정됨)을 빼면 사실 순위 로지스틱 다항모형과 앞서 소개한 이분변수에 대한 로지스틱 다층모형은 크게 다르지 않다. 그러나 다항 로지스틱 다층모형(multinomial logistic MLM)의 경우는 문제가 다르다. 다항 로지스틱 다층모형도 R에서 추정 가능하지만, lme4 라이브러리의 **glmer()** 함수나 ordinal 라이브러리의 **clmm()** 함수와 같이 이용자가 편하게 사용할 수 있는 단계는 아니다(2017년 8월 31일 기준). 어쩌면 독자가 이 책을 접하게 되었을 때는 상황이 달라졌을 수도 있지만, 저자는 다항 로지스틱 다층모형을 매우 강력하게 권하지 않는다. 저자의 편견과 능력 부족일수도 있지만, 다항 일반선형모형이나 다항 로지스틱 다층모형은 해석이 매우 까다로워 모형추정 결과를 독자들에게 효과적으로 전달하는 것이 매우 쉽지 않다. 실제로 저자의 경우도 다항 로지스틱 다층모형을 적용한 실제 연구사례를 본 적은 거의 없다. 가능하면 다항 로지스틱 다층모형은 사용하지 않는 것을 권하며, 만약 사용할 경우에는 R 관련 이용자들의 커뮤니티 페이지를 참고하기 바란다.[14]

지금까지 종속변수의 분포가 정규분포를 따르는 경우와 정규분포를 따르지 않는 경우에 어떻게 다층모형을 적용하는지 살펴보았다. 비록 종속변수의 분포에 대해 적용되는

```
Coefficients:
            Estimate Std. Error z value Pr(>|z|)
gm.ix1       0.43865    0.08194    5.353 8.64e-08 ***
am.gx       -0.28729    0.18693   -1.537    0.124
gm.ix2       0.54776    0.08200    6.680 2.39e-11 ***
am.gx:gm.ix2 0.15107    0.03801    3.975 7.05e-05 ***
---
Signif. codes:  0 '***' 0.001 '**' 0.01 '*' 0.05 '.' 0.1 ' ' 1

Threshold coefficients:
    Estimate Std. Error z value
0|1   0.6328     0.3790    1.67
```

위의 결과를 앞에서 **glmer()** 함수를 이용해 추정한 모형2C와 비교해 보자. 동일한 결과인 것을 발견할 것이다.

14 현재 개별 R이용자가 시범적인 R 코드를 공유하는 단계이기 때문에 R 프로그래밍에 익숙하지 않은 독자는 응용이 쉽지 않을 것이다

가정이 다르지만, 01장부터 03장까지의 다층모형에서 다루는 위계적 데이터는 완벽하게 위계화된 데이터(completely hierarchical data)라는 공통점을 갖는다. 예를 들어 시계열 데이터의 경우 시점별로 측정된 일련의 관측치는 단 1명의 개인에게 배속되어 있으며, 군집형 데이터의 경우 개인은 단 하나의 조직에 배속되어 있다.

그러나 상황에 따라 상위수준과 하위수준의 관계가 부분적으로만 위계적인 관계를 맺는 경우도 발생한다. 예를 들어 대학교에 다니는 학생들은 공식적으로는 '학과'라는 상위조직에 배속되어 있으면서 동시에 '동아리/학회'라는 비공식적 상위조직에 배속되어 있기도 하다. 다시 말해 '학과'와 '동아리/학회'라는 두 개의 상위조직은 완전하게 위계적인 관계로 구성되어 있지 않다. 다음 장은 데이터의 위계구조가 완전하지 않을 경우에 사용할 수 있는 교차분류모형(cross-classified model)을 소개할 것이다.

## 04장

교차분류모형

앞서 소개한 다층모형들이 적용되는 위계적 데이터는 흔히 "완전한 위계적 데이터 (completely hierarchical data)"라고 불린다. 왜냐하면 어떤 상위수준 개체에 속한 하위수준 의 개체들은 동일한 상위수준의 다른 개체에는 속하지 않기 때문이다. 구체적으로 제1수 준의 어떤 개체 i가 제2수준의 어떤 개체 j에 속해있다면, 이 개체 i는 동일한 제2수준의 다른 개체 k에는 속할 수 없다. 학교에 배속된 학생을 예로 들자면 만약 언론학과에 속한 학생이 교육학과에 속하지 않는다고 가정할 수 있는 경우, 이 데이터는 완전한 위계적 데이터라고 볼 수 있다. 그러나 학과라는 공식적 조직 외에도 학생들은 동아리나 학회와 같은 비공식적 조직에도 가입하고 있다. 이 경우 제1수준의 학생 i는 동일한 제2수준에 서 서로 다르게 존재하는 '학과'라는 집단과 '동아리'라는 집단에 교차되어 존재한다. 04 장에서 소개할 교차분류모형(cross-classified model)은 이러한 위계구조를 갖는 "불완전한 위계적 데이터(incompletely hierarchical data)"에 적용하는 다층모형이다.

교차분류모형 역시도 종속변수 유형에 따라 lme4 라이브러리의 lmer() 함수(정규분포 를 가정할 수 있는 종속변수)나 glmer() 함수(정규분포를 가정할 수 없는 종속변수)를 이용해 쉽 게 추정할 수 있다. 그러나 완전한 위계적 데이터의 경우 상위수준에 따라 달라지는 랜 덤절편효과(혹은 랜덤기울기효과)가 단일한 반면, 불완전한 위계적 데이터에서는 하나의 상 위수준에서 배속된 집단의 속성에 따라 둘 이상의 랜덤절편효과(혹은 랜덤기울기효과)가 '주효과'와 '상호작용효과'의 형태로 동시에 나타난다.

표 28. 교차분류모형이 적용되는 가장 간단한 데이터 사례 예시

	동아리1	동아리2	동아리총합
학과1	$n_{11}=20$	$n_{12}=20$	$n_{1.}=40$
학과2	$n_{21}=20$	$n_{22}=20$	$n_{2.}=40$
학과총합	$n_{.1}=40$	$n_{.2}=40$	$N=80$

설명이 추상적일 수 있으니 다음과 같은 가상의 사례를 생각해 보자. 다음과 같이 교차분류된 80명의 학생들로 구성된 불완전한 위계적 데이터를 가정해 보자. 다시 말해 $n_{11}=20$에 해당되는 학생들은 '동아리1'과 '학과1'에 동시에 배속되어 있는 학생들이다. 학생들에게는 학교생활만족도를 측정했다고 가정해 보자. 여기서 집단수준은 '동아리 수준'과 '학과 수준'으로 구분할 수 있다. 즉 전체 랜덤효과는 다음과 같은 세 가지로 분해(decomposition; partitioning) 가능하다. 첫째, '동아리 차이에 따른 분산'이다. 이를 동아리에 따른 '주 랜덤절편효과(main random intercept effect)'라고 부르자. 둘째, '학과 차이에 따른 분산'이다. 이 역시 학과에 따른 '주 랜덤절편효과'라고 부를 수 있다. 셋째, '학과 차이에 따른 분산이 동아리 차이에 따라 달라지면서 발생하는 분산'을 생각해 볼 수 있다. 이는 '상호작용 랜덤절편효과(interaction random intercept effect)'라고 부를 수 있다. 독자들은 이원분산분석(two-way ANOVA) 경우를 떠올리면 왜 여기서 랜덤절편효과가 3가지로 나타나는지를 이해할 수 있을 것이다.

같은 수준에 두 개 이상의 상위수준이 존재하며, 이로 인해 상호작용 랜덤효과를 고려한다는 점을 제외한다면 앞에서 다루었던 다층모형이나 일반다층모형과 교차다층모형은 본질적으로 큰 차이가 없다. 또한 모형을 지정하는 방법 역시 앞서 소개한 lmer() 함수나 glmer() 함수와 큰 차이는 없다. 사례 데이터 분석을 통해 교차분류모형을 구성하고 추정하는 과정을 살펴보자.

1단계. 교차분류모형 사전 준비작업

우선 교차분류모형이 적용될 데이터를 살펴보자. 앞서 다층모형에서 사용하였던 lme4, lmerTest, tidyverse 라이브러리들을 모두 구동한 후, crosslevel.csv라는 이름의 데이터를 열어보자. 이 데이터에는 총 6개의 변수가 들어 있으며, 각 변수의 의미는 다음과 같다.

- **g1id**: 개인 노동자가 속한 기업식별번호
- **g2id**: 개인 노동자가 속한 지역행정구역 식별번호
- **y**: 노동자가 밝힌 이직의도(1 = 전혀 떠날 생각없다; 7 = 언제든 떠날 생각이다)
- **ix**: 노동자가 인식하는 노동강도(1 = 매우 편하다; 7 = 매우 힘들다)
- **g1x**: 기업의 유형(0 = 공기업; 1 = 사기업)
- **g2x**: 지역의 유형(0 = 도시외곽; 1 = 도심)

```
> #라이브러리 구동 및 데이터 불러오기
> library('lme4')
> library('lmerTest')
> library('tidyverse')
> setwd("D:/data")
> mycross <- read.csv("crosslevel.csv",header=T)
> head(mycross)
  g1id g2id y ix g1x g2x
1    1    1 5  4   0   0
2   55    1 5  4   0   0
3  125    1 4  4   1   0
4  125    1 4  3   1   0
5    4    1 5  4   1   0
6   74    1 5  3   0   0
> dim(mycross)
[1] 7865    6
```

위의 데이터에서 1번째 노동자는 도시외곽에 거주하며(g2x = 0) 현재 근무하고 있는 기업은 공기업이다(g1x = 0). 그러나 같은 지역에서 살고 있는 세 번째 노동자가 근무하는 기업은 사기업이다(g1x = 1). 즉 개인수준의 노동자는 50개의 '거주지역'과 150개의 '기업'이라는 두 가지 상위수준에 배속되어 있다.

독자들은 앞서 살펴본 2층의 위계적 데이터에 대한 다층모형과 일반다층모형의 경우 집단평균 중심화변환을 실시했던 것을 기억할 것이다. 그러나 교차분류모형의 데이터의 사전 준비작업은 앞서 소개한 다층모형이나 일반다층모형과는 다르다. 아마도 가장 큰 차이점은 하위수준 독립변수에 대한 평균 중심화 전환 적용방법일 것이다. 완전한 위계적 데이터의 경우, 특별한 상황이 아니라면 '집단평균 중심화변환'을 사용하는 것이 권장된다. 그러나 교차분류모형의 경우 '집단평균 중심화변환'을 적용하는 것이 상황에 따라 불가능하며, 가능하다고 하더라도 타당하지 않은 경우가 적지 않다. 왜냐하면 위와 같은 데이터에서 개인수준의 독립변수를 기업을 기준으로 집단평균 중심화변환을 실시할지, 아니면 거주지역을 기준으로 집단평균 중심화변환을 실시할지 명확하지 않기 때문이다. 따라서 보통의 교차분류 모형의 경우 개인수준의 독립변수에 대해 평균 중심화변환을 적용하지 않고 사용하거나 혹은 전체평균 중심화변환을 적용하는 것이 보통이다. 여기서는 개인수준 독립변수 원점수를 그대로 다층모형에 투입하였다. 또한 집단수준의 변수의 경우 이분변수이기 때문에 앞서 소개했던 비교코딩을 적용할 수도 있지만, 여기서는 원점수 그대로 교차분류모형에 투입하였다. 또한 집단크기 변수나 각 집단수준별 독립변수의 평균도 사용하지 않았다. 그 이유는 두 집단수준이 교차된 집단의 크기가 매우 작아 집단에 배속된 사례수나 독립변수의 평균에 큰 의미를 두기 어렵기 때문이다. 예를 들어 **g1id** 변수와 **g2id** 변수의 교차표 중 일부를 살펴보자. 아래의 결과에서 알 수 있듯, 두 집단이 교차되면서 나타난 집단은 그 크기가 매우 작다.

```
> table(mycross$g1id,mycross$g2id)[1:5,]
```

```
    1 2 3 4 5 6 7 8 9 10 11 12 13 14 15 16 17 18 19 20
  1 1 2 1 1 1 1 0 1 2 1  1  0  0  1  1  1  1  1  1  0  1
  2 2 1 1 1 1 2 1 1 2 0  0  0  2  1  2  1  1  0  1  0  1
  3 1 1 0 0 0 1 0 1 1 1  0  1  1  2  0  2  2  2  2  2  1
  4 1 1 1 2 1 1 0 0 1 1  0  2  1  3  2  1  1  0  1  3
  5 0 1 2 0 1 0 0 1 3 2  0  1  2  2  1  2  1  0  2  2
```

```
     21 22 23 24 25 26 27 28 29 30 31 32 33 34 35 36 37
  1   2  1  0  1  0  3  0  1  2  1  1  0  1  1  0  0  1
  2   2  1  3  2  0  0  0  0  3  1  0  2  1  1  0  0
  3   2  1  2  1  0  1  1  3  1  0  2  1  1  3  3  0  1
  4   1  1  0  2  1  2  1  0  3  0  1  1  2  2  0  2  1
  5   2  0  3  0  1  3  0  2  2  2  0  0  0  1  1  1  1
```

```
     38 39 40 41 42 43 44 45 46 47 48 49 50
  1   2  1  2  2  1  2  0  1  1  0  0  0  2
  2   1  1  0  0  1  0  1  2  2  1  1  0  1
  3   4  2  2  1  1  2  1  0  2  0  1  1  1
  4   0  0  0  1  3  2  2  0  2  2  3  1  1
  5   0  3  2  0  1  0  0  2  0  1  1  1  0
```

각 수준별로 기술통계치를 정리하면 아래의 표와 같다.

```
> #기술통계치
> #개인수준
> summarise(ungroup(mycross),
+            length(ix),mean(ix),sd(ix),min(ix),max(ix))
  length(ix) mean(ix)    sd(ix) min(ix) max(ix)
1       7865 3.903497 0.8112693       1       7
> summarise(ungroup(mycross),
+            length(y),mean(y),sd(y),min(y),max(y))
  length(y)  mean(y)    sd(y) min(y) max(y)
1      7865 4.069549 0.9378552      1      7
```

```
> #각 집단별 수준
> group_by(mycross,g1id) %>%
+    summarise(g1x=mean(g1x)) %>%
+    summarise(length(g1x),mean(g1x),sd(g1x),min(g1x),max(g1x))
# A tibble: 1 x 5
   'length(g1x)' 'mean(g1x)' 'sd(g1x)' 'min(g1x)'
         <int>       <dbl>     <dbl>     <dbl>
1         150        0.46 0.5000671         0
# ... with 1 more variables: 'max(g1x)' <dbl>
> group_by(mycross,g2id) %>%
+    summarise(g2x=mean(g2x)) %>%
+    summarise(length(g2x),mean(g2x),sd(g2x),min(g2x),max(g2x))
# A tibble: 1 x 5
   'length(g2x)' 'mean(g2x)' 'sd(g2x)' 'min(g2x)'
         <int>       <dbl>     <dbl>     <dbl>
1          50        0.56 0.5014265         0
# ... with 1 more variables: 'max(g2x)' <dbl>
```

표 29. "crosslevel.csv 데이터"의 기술통계치 정리

	사례수	평균	표준편차	최솟값	최댓값
개인수준(level-1)					
y	7,865	4.070	.938	1	7
ix	7,865	3.903	.811	1	7
집단수준(level-2)					
기업(사기업 = 1)	150	.460	.500	0	1
지역수준(도심 = 1)	50	.560	.501	0	1

2단계. 교차분류모형 구성: 가장 적합한 랜덤효과 구조의 확정

앞서 소개하였듯, 1개의 집단수준이 교차된 교차분류모형의 경우 2개의 주 랜덤효과와 1개의 상호작용 랜덤효과를 지정해야 한다. 앞서와 마찬가지로 고정효과항들을 전혀 고려하지 않는 기본모형, 즉 모형0에 해당하는 교차분류모형을 구성해 보자. 우선 제1수준의 회귀방정식은 앞서 살펴본 다층모형 사례들과 동일하다. 여기서 i는 개별 노동자를 j는 기업을, k는 지역을 의미한다.

개인수준(level-1):

$$y_{ijk} = b_0 + e_{ijk}$$

$$e_{ijk} \sim N.I.D.(0, \ \sigma^2)$$

.... 〈공식 4-1-A-1〉

다음으로 '랜덤효과'를 고려해 보자. 개인수준 방정식에서 추정된 모수(b_0)가 집단수준에 따라 달라지는 랜덤절편효과항을 지정하는 것은 동일하지만, 집단의 수준이 2개이기 때문에 주 랜덤절편효과항 2개와 상호작용 랜덤절편효과항 1개를 설정한다는 점이 다르다. 여기서 r_{00}항은 기업에 따른 주 랜덤절편효과항을, c_{00}는 지역에 따른 주 랜덤절편효과항을, rc_{00}은 기업과 지역의 상호작용 랜덤절편효과항을 의미한다.

집단수준(level-2):

$$b_0 = \gamma_{00} + r_{00} + c_{00} + rc_{00}$$

$$r_{00} \sim N.I.D.(0, \tau_{r00})$$

$$c_{00} \sim N.I.D.(0, \tau_{c00})$$

$$rc_{00} \sim N.I.D.(0, \tau_{rc00})$$

.... 〈공식 4-1-A-2〉

〈공식 4-1-A-1〉과 〈공식 4-1-A-2〉을 통합한 방정식은 아래와 같다.

통합된 회귀모형(모형0):

$$y_{ijk} = \gamma_{00} + r_{00} + c_{00} + rc_{00} + e_{ijk}$$

$$e_{ijk} \sim N.I.D.(0, \ \sigma^2)$$

$$r_{00} \sim N.I.D.(0, \tau_{r00})$$

$$c_{00} \sim N.I.D.(0, \tau_{c00})$$

$$rc_{00} \sim N.I.D.(0, \tau_{rc00})$$

.... 〈공식 4-1-A〉

공식에서 잘 드러나듯, 추정되는 모수들은 제1수준의 오차항의 분산(σ^2), 그리고 기업에 따른 랜덤효과 τ_{r00}, 지역에 따른 랜덤효과 τ_{c00}, 기업과 지역에 따른 랜덤효과 τ_{rc00}로 총 네 가지다. 랜덤효과에 해당되는 분산이 3가지이기 때문에 2개의 집단이 교차된 형태의 교차분류모형에서는 급내상관계수(ICC)를 3개 추정하는 것이 가능하다. 즉 집단수준 중 (1) 기업의 차이에 따라 발생되는 분산의 비율을 나타내는 ICC_r, (2) 지역 차이에 의해 발생되는 분산의 비율을 나타내는 ICC_c, 그리고 (3) 둘 사이의 상호작용에 의해 발생되는 분산의 비율을 나타내는 ICC_{rc}를 계산할 수 있다. 각 ICC를 계산하는 공식은 다음과 같다.

$$\text{ICC}_r = \frac{\tau_{r00}}{\tau_{r00} + \tau_{c00} + \tau_{rc00} + \sigma^2}$$

$$\text{ICC}_c = \frac{\tau_{c00}}{\tau_{r00} + \tau_{c00} + \tau_{rc00} + \sigma^2}$$

$$\text{ICC}_{rc} = \frac{\tau_{rc00}}{\tau_{r00} + \tau_{c00} + \tau_{rc00} + \sigma^2}$$

모형0을 기준으로 개인수준의 독립변수인 ix 변수를 투입한 후, 랜덤기울기효과를 지정해 보자. 위의 집단수준 방정식에서 나타나듯, 랜덤기울기효과도 랜덤절편효과와 마찬가지로 주효과와 상호작용효과로 구분할 수 있다. 그러나 상호작용 랜덤기울기효과는 현재의 데이터에서 생각할 수 없다. 왜냐하면 앞에서 살펴보았듯 기업과 집단을 교차할 경우 어떤 경우에는 어떠한 사례로 발견되지 않거나 사례수가 매우 적은 칸(cell)이 있기 때문이다. 따라서 여기서는 다음과 같은 4개의 랜덤효과 구조를 상정한 모형들을 설정하였다.

- 모형1A: ix 변수의 기울기 고정효과만 추가로 고려함
- 모형1B: ix 변수의 기울기가 기업 수준에 따라서만 달라지는 랜덤기울기효과와 랜덤절편효과와의 공분산 고려
- 모형1C: ix 변수의 기울기가 지역 수준에 따라서만 달라지는 랜덤기울기효과와 랜덤절편효과와의 공분산 고려

- 모형1D: **ix** 변수의 기울기가 기업 수준과 지역 수준에 따라 달라지는 랜덤기울기 효과와 랜덤절편효과와의 공분산 고려

여기서 언급한 네 모형의 통합된 회귀방정식을 수식으로 표현하면 아래와 같다.

통합된 회귀모형(모형1A):

$$y_{ijk} = \gamma_{00} + r_{00} + c_{00} + rc_{00} +$$
$$\gamma_{10} \cdot ix + e_{ijk}$$

$$e_{ijk} \sim N.I.D.(0, \ \sigma^2)$$
$$r_{00} \sim N.I.D.(0, \ \tau_{r00})$$
$$c_{00} \sim N.I.D.(0, \ \tau_{c00})$$
$$rc_{00} \sim N.I.D.(0, \ \tau_{rc00})$$

.... 〈공식 4-2-A〉

통합된 회귀모형(모형1B):

$$y_{ijk} = \gamma_{00} + r_{00} + c_{00} + rc_{00} +$$
$$(\gamma_{10} + r_{11}) \cdot ix + e_{ijk}$$

$$e_{ijk} \sim N.I.D.(0, \ \sigma^2)$$
$$\begin{pmatrix} r_{00} \\ r_{01} \ r_{11} \end{pmatrix} \sim N.I.D. \left[0, \begin{pmatrix} \tau_{r00} \\ \tau_{r01} \ \tau_{r11} \end{pmatrix} \right]$$

$$c_{00} \sim N.I.D.(0, \ \tau_{c00})$$
$$rc_{00} \sim N.I.D.(0, \ \tau_{rc00})$$

.... 〈공식 4-3-A〉

통합된 회귀모형(모형1C):

$$y_{ijk} = \gamma_{00} + r_{00} + c_{00} + rc_{00} +$$
$$(\gamma_{10} + r_{22}) \cdot ix + e_{ijk}$$

$$e_{ijk} \sim N.I.D.(0, \ \sigma^2)$$
$$r_{00} \sim N.I.D.(0, \tau_{r00})$$
$$\begin{pmatrix} c_{00} \\ c_{01} \ c_{11} \end{pmatrix} \sim N.I.D. \left[0, \begin{pmatrix} \tau_{c00} \\ \tau_{c01} \ \tau_{c11} \end{pmatrix} \right]$$
$$rc_{00} \sim N.I.D.(0, \tau_{rc00})$$
$$.... \langle 공식 \ 4-4-A \rangle$$

통합된 회귀모형(모형1D):

$$y_{ijk} = \gamma_{00} + r_{00} + c_{00} + rc_{00} +$$
$$(\gamma_{10} + r_{11} + r_{22}) \cdot ix + e_{ijk}$$

$$e_{ijk} \sim N.I.D.(0, \ \sigma^2)$$
$$\begin{pmatrix} r_{00} \\ r_{01} \ r_{11} \end{pmatrix} \sim N.I.D. \left[0, \begin{pmatrix} \tau_{r00} \\ \tau_{r01} \ \tau_{r11} \end{pmatrix} \right]$$
$$\begin{pmatrix} c_{00} \\ c_{01} \ c_{11} \end{pmatrix} \sim N.I.D. \left[0, \begin{pmatrix} \tau_{c00} \\ \tau_{c01} \ \tau_{c11} \end{pmatrix} \right]$$
$$rc_{00} \sim N.I.D.(0, \tau_{rc00})$$
$$.... \langle 공식 \ 4-5-A \rangle$$

이제 기본모형인 모형0과 개인수준 독립변수를 투입한 후 랜덤효과 구조를 지정한 모형1A, 모형1B, 모형1C, 모형1D 중에서 어떤 모형이 가장 데이터에 적합한지를 살펴본 후 랜덤효과의 구조를 확정해 보자.

3단계. 교차분류모형의 추정

　종속변수에 대해 정규분포를 가정하였기 때문에 **lme4** 라이브러리의 **lmer()** 함수를 이용하였다. 독자들은 주 랜덤효과를 지정하는 방법에서 크게 다른 점은 없지만 ["**(1|g1id)**"과 "**(1|g2id)**" 부분], 두 집단수준의 상호작용 랜덤절편효과를 추정하는 방법에 주목하기 바란다["**(1|g1id:g2id)**" 부분]. 또한 모형추정법으로는 **lmer()** 함수의 디폴트, 즉 제한적 최대우도법(REML)을 사용하였다.

```
> #기본모형
> cross.m0 <- lmer(y~1+(1|g1id)+(1|g2id)+(1|g1id:g2id),
+                  data=mycross)
> summary(cross.m0)
summary from lme4 is returned
some computational error has occurred in lmerTest
Linear mixed model fit by REML ['lmerMod']
Formula: y ~ 1 + (1 | g1id) + (1 | g2id) + (1 | g1id:g2id)
   Data: mycross

REML criterion at convergence: 20521

Scaled residuals:
    Min      1Q  Median      3Q     Max
-2.6636 -0.5421 -0.0415  0.6884  3.3671

Random effects:
 Groups     Name        Variance  Std.Dev.
 g1id:g2id  (Intercept) 0.4485530 0.66974
 g1id       (Intercept) 0.0000000 0.00000
 g2id       (Intercept) 0.0005752 0.02398
 Residual               0.4376500 0.66155
Number of obs: 7865, groups:  g1id:g2id, 5201; g1id, 150; g2id, 50

Fixed effects:
            Estimate Std. Error t value
(Intercept)  4.06923    0.01264     322
```

"Random effects:" 부분에서 잘 드러나듯 랜덤절편효과의 경우 기업에 따른 주효과나 지역에 따른 주효과는 두드러지지 않는 반면, 상호작용효과는 매우 강하게 나타난 것을 알 수 있다. 앞서 소개했던 3가지 급내상관계수(ICC_r, ICC_c, ICC_{rc})를 계산하면 아래와 같다.

$$ICC_r = \frac{000000}{.448530 + .000000 + .0005752 + .43765} \approx .0000$$

$$ICC_c = \frac{.0005752}{.448530 + .000000 + .0005752 + .43765} \approx .0006$$

$$ICC_{rc} = \frac{.448530}{.448530 + .000000 + .0005752 + .43765} \approx .5058$$

위의 결과에서 잘 나타나듯 개별 노동자의 이직의도 평균값 분산의 절반가량은 기업차이 및 지역차이의 상호작용효과에 의한 것임을 알 수 있다.

이제 개인수준의 독립변수 **ix**를 투입한 후 랜덤효과 구조를 결정하기 위한 모형1A, 모형1B, 모형1C, 모형1D를 추정해 보자. 이들 네 가지 교차분류모형을 추정하기 위한 **lmer()** 함수는 아래와 같다.

표 30. 모형1A, 모형1B, 모형1C, 모형1D 추정을 위한 lmer() 함수 형태

모형구분	lmer() 함수 형태
모형1A	cross.m1a <- lmer(y~ix+(1|g1id)+(1|g2id)+(1|g1id:g2id), data=mycross)
모형1B	cross.m1b <- lmer(y~ix+(ix|g1id)+(1|g2id)+(1|g1id:g2id), data=mycross)
모형1C	cross.m1c <- lmer(y~ix+(1|g1id)+(ix|g2id)+(1|g1id:g2id), data=mycross)
모형1D	cross.m1d <- lmer(y~ix+(ix|g1id)+(ix|g2id)+(1|g1id:g2id), data=mycross)

위와 같은 방식으로 모형들을 추정한 후, 고정효과와 랜덤효과 그리고 각 모형의 모형적합도를 비교한 결과는 다음의 표와 같다.

표 31. 랜덤효과 구조 및 모형적합도 추정결과 비교

	모형0	모형1A	모형1B	모형1C	모형1D
고정효과					
개인수준					
절편	4.069***	2.636***	2.636***	2.638***	2.638***
	(.013)	(.044)	(.044)	(.044)	(.044)
노동강도인식		.367***	.367***	.367***	.367***
(ix)		(.011)	(.011)	(.011)	(.011)
집단수준					
랜덤효과					
기업수준 주효과					
랜덤절편(τ_{r00})	<.00001	.00057	<.00001	.00054	<.00001
랜덤기울기(τ_{r11})			.00005		.00005
공분산(τ_{r01})			<.00001		<.00001
지역수준 주효과					
랜덤절편(τ_{c00})	.00058	.00067	.00067	.00124	.00122
랜덤기울기(τ_{c00})				.00029	.00029
공분산(τ_{r01})				-.00060	-.00060
상호작용효과					
랜덤절편(τ_{rc00})	.44855	.45027	.45007	.45006	.44986
랜덤기울기(τ_{rc11})					
공분산(τ_{rc01})					
오차항(σ^2)	.43765	.34709	.34703	.34685	.34680
모형적합도					
AIC	20531.010	**19467.678**	19471.601	19471.075	19475.001
BIC	20565.861	**19509.499**	19527.363	19526.836	19544.703

알림. $*p<.05$, $**p<.01$, $***p<.001$, $N_{개인}=7,865$, $N_{기업}=150$, $N_{지역}=50$. 모든 모형들은 R의 lme4 라이브러리의 lmer( ) 함수를 이용하였으며, 모형추정방법으로는 제한적 최대우도법(REML)을 사용하였다. 또한 고정효과의 자유도(df)는 새터스웨이트(Satterthwaite)의 제안에 따라 조정되었다.

모형적합도를 비교한 결과 ix 변수의 랜덤기울기효과를 고려하지 않고 2개의 주 랜덤절편효과와 1개의 상호작용 랜덤절편효과만 고려한 모형1A가 가장 적합한 것으로 나타났다.

4단계. 상위수준 독립변수의 효과 추정

이제 앞서 선택한 모형1A에 상위수준 독립변수들을 추가로 투입하였다. 앞서 설명하였듯 기업수준의 독립변수는 **g1x**이며, 지역수준의 독립변수는 **g2x**다. 우선 집단수준에서 측정된 두 변수들의 주효과만 고려한 모형을 모형2A로 설정하였으며, **g1x**와 개인수준 독립변수 **ix**와의 상호작용효과를 추가고려한 모형을 모형2B, **g2x**와 **ix**와의 상호작용효과를 추가고려한 모형을 모형2C, 그리고 **g1x** 및 **g2x** 변수와 **ix**와의 상호작용효과 두 가지를 모두 고려한 모형을 모형2D로 지정하였다. 이들 모형2A, 모형2B, 모형2C, 모형2D를 추정한 교차분류모형의 `lmer()` 함수의 형태는 아래와 같다.

표 32. 모형2A, 모형2B, 모형2C, 모형2D 추정을 위한 `lmer()` 함수 형태

모형구분	`lmer()` 함수 형태
모형2A	`cross.m2a <- lmer(y~ix+g1x+g2x+(1|g1id)+(1|g2id)+(1|g1id:g2id),` `                   data=mycross)`
모형2B	`cross.m2b <- lmer(y~ix*g1x+g2x+(1|g1id)+(1|g2id)+(1|g1id:g2id),` `                   data=mycross)`
모형2C	`cross.m2c <- lmer(y~g1x+ix*g2x+(1|g1id)+(1|g2id)+(1|g1id:g2id),` `                   data=mycross)`
모형2D	`cross.m2d <- lmer(y~ix*(g1x+g2x)+(1|g1id)+(1|g2id)+(1|g1id:g2id),` `                   data=mycross)`

위에서 지정된 방식으로 교차분류모형들을 추정한 결과와 모형적합도 지수들을 정리하면 아래의 표와 같다.

표 33. 집단수준 독립변수와 상호작용효과 투입 전후의 다층모형 비교

	모형1B	모형2A	모형2B	모형2C	모형2D
고정효과					
개인수준					
절편	2.636***	2.616***	2.646***	2.598***	2.629***
	(.044)	(.047)	(.061)	(.067)	(.078)
노동강도인식	.367***	.367***	.359***	.371***	.364***
(ix)	(.011)	(.011)	(.015)	(.016)	(.019)
집단수준					
기업유형		.088***	.023	.088***	.023
(g1x)		(.023)	(.087)	(.023)	(.087)
지역구분		−.035	−.035	−.005	−.005
(g2x)		(.024)	(.024)	(.088)	(.088)
상호작용효과					
ix × g1x			.017		.017
			(.021)		(.021)
ix × g2x				−.008	−.008
				(.022)	(.022)
랜덤효과					
기업수준 주효과					
랜덤절편(τ_{r00})	.00057	<.00001	<.00001	<.00001	<.00001
지역수준 주효과					
랜덤절편(τ_{c00})	.00067	.00047	.00046	.00048	.00047
상호작용효과					
랜덤절편(τ_{rc00})	.45027	.44941	.44957	.44944	.44959
오차항(σ^2)	.34709	.34691	.34686	.34696	.34690
모형적합도					
AIC	19467.678	**19466.736**	19473.977	19474.433	19481.673
BIC	19509.499	**19522.497**	19536.709	19537.164	19551.375

알림. $*p<.05$, $**p<.01$, $***p<.001$, $N_{개인}=7,865$, $N_{기업}=150$, $N_{지역}=50$. 모든 모형들은 R의 `lme4` 라이브 러리의 `lmer()` 함수를 이용하였으며, 모형추정방법으로는 제한적 최대우도법(REML)을 사용하였다. 또한 고정 효과의 자유도(df)는 새터스웨이트(Satterthwaite)의 제안에 따라 조정되었다.

최종모형 추정결과 집단수준의 독립변수들의 주효과만을 고려한 모형2A가 데이터에 가장 잘 부합하는 것으로 나왔다. 즉 개별 노동자가 인식하는 노동강도가 강할수록 ($b=.367$, $p<.001$), 그리고 노동자가 일하는 기업이 사기업일수록($b=.088$, $p<.001$) 노동자의 이직의도가 높아지는 것을 알 수 있다. **g1x** 변수를 투입하기 전의 기업수준의 주 랜덤절편효과(τ_{r00})는 .00057이라는 미미한 값을 가졌던 반면, **g1x** 변수가 투입되면 이 값이 <.00001로 떨어졌다는 것도 주목할 필요가 있다[즉 오차감소비율(PRE)은 1.00에 가까운 값이 나왔다]. 다시 말해 기업의 유형이 기업간 주 랜덤절편효과의 대부분을 차지하고 있는 것을 알 수 있다.

5단계. 교차분류모형 추정결과를 그래프로 제시하기

이제는 위에서 얻은 교차분류모형의 추정결과를 그래프로 제시해 보자. 우선 모형2A를 제시할 수도 있지만, 여기서는 기업의 유형(공기업 혹은 사기업) 혹은 거주지역성격(도심 외곽 혹은 도심)에 따라 개별 노동자가 인지하는 노동강도가 이직의도에 미치는 효과가 크게 변하지 않는다는 것을 그래프로 제시해 보자(즉 모형2D 결과를 제시해 보자).

그래프를 그리는 과정은 앞서 설명했던 과정과 동일하다. 교차분류모형의 경우 집단수준이 하나가 아니기 때문에, 교차된 집단별로 개인수준의 독립변수의 최솟값과 최댓값을 지정한 후, 이 데이터를 이용해 모형2D의 예측값을 **predict()** 함수를 이용해 저장하였다. 완전한 위계적 데이터와 다른 점은 상호작용 랜덤효과를 그래프에 그리기 위해 두 집단수준 변수를 교차시킨 변수를 별도로 생성하면 그래프 작업이 더 간편해진다(독자들은 **g12id** 변수의 생성과정에 주목하기 바란다). 앞서와 마찬가지로 **group_by()** 함수와 **summarise()** 함수를 같이 이용하였다.

```
> #그래프
> fig.data <- group_by(mycross,g2id,g1id) %>%
+    summarise(x.min=min(ix),x.max=max(ix),g1x=mean(g1x),g2x=mean(g2x))
> fig.data <- gather(fig.data,"value",ix,
+                    -g1id,-g2id,-g1x,-g2x)
> fig.data$predy <- predict(cross.m2d,fig.data)
> fig.data$g12id <- 100*fig.data$g1id + fig.data$g2id
```

이 데이터를 기반으로 전체표본의 패턴을 저장하였다. 앞서와 마찬가지로 **group_by()** 함수와 **summarise()** 함수를 같이 이용하면 매우 쉽게 작업할 수 있다.

```
> #전체표본의 패턴
> temp1 <- group_by(subset(fig.data,value=='x.min'),g1x,g2x) %>%
+    summarise(predy=mean(predy),ix=min(ix))
> temp2 <- group_by(subset(fig.data,value=='x.max'),g1x,g2x) %>%
+    summarise(predy=mean(predy),ix=max(ix))
> fig.data.pop <- rbind(temp1,temp2)
```

이후 그래프의 가독성을 높이기 위해 기업의 유형 변수와 거주지역 변수를 텍스트 형식의 변수로 바꾸었다.

```
> #그래프 가독성을 위해 텍스트 형식의 변수생성
> fig.data$g1x.label <- ifelse(fig.data$g1x==0,"공기업","사기업")
> fig.data$g2x.label <- ifelse(fig.data$g2x==0,"외곽","도심")
> fig.data$g1x.label <- factor(fig.data$g1x.label,levels=c("공기업","사기업"))
> fig.data$g2x.label <- factor(fig.data$g2x.label,levels=c("외곽","도심"))
> fig.data.pop$g1x.label <- ifelse(fig.data.pop$g1x==0,"공기업","사기업")
> fig.data.pop$g2x.label <- ifelse(fig.data.pop$g2x==0,"외곽","도심")
> fig.data.pop$g1x.label <- factor(fig.data.pop$g1x.label,
+                                  levels=c("공기업","사기업"))
> fig.data.pop$g2x.label <- factor(fig.data.pop$g2x.label,
+                                  levels=c("외곽","도심"))
```

이제 개별패턴과 전체패턴을 같이 그래프에 그려보자. 앞서 생성한 **g12id** 변수[첫 번째의 **geom_line()** 함수]에 주목하기 바란다. 또한 **ggplot2** 라이브러리의 **facet_grid()** 함수를 잘 활용하면 보다 가독성이 높은 그래프를 그릴 수 있다.

```
> #개별패턴과 전체패턴을 같이 그리는 경우
> ggplot(fig.data,aes(y=predy,x=ix))+
+    geom_line(aes(y=predy,group=g12id),alpha=.1)+
+    geom_line(data=fig.data.pop,aes(y=predy),linetype=1,col='red') +
+    labs(x='노동강도 인식',y='이직의도')+
+    facet_grid(g2x.label~g1x.label)
```

그림 24.

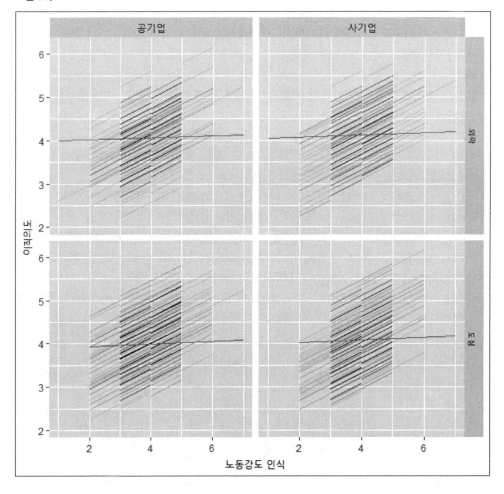

그러나 위의 그림은 전체패턴을 명확하게 보여주지 못하는 한계가 있다. 만약 전체패턴만 그릴 경우, 효과의 패턴을 쉽게 확인할 수 있다.

```
> #전체패턴만 그리는 경우
> ggplot(fig.data.pop,aes(y=predy,x=ix))+
+     geom_line(size=1)+
+     labs(x='노동강도 인식',y='이직의도')+
+     facet_grid(g2x.label~g1x.label)
```

그림 25.

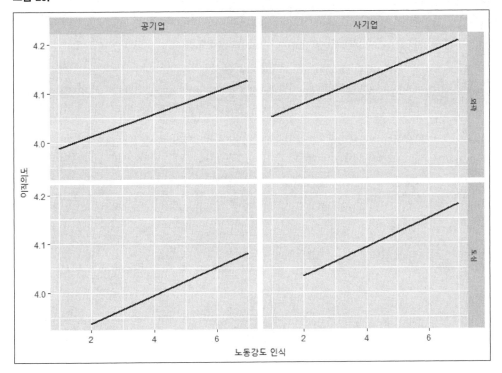

위의 그림에서 알 수 있듯, 개별 노동자의 노동강도 인식이 이직의도에 미치는 효과는 기업의 유형이나 거주지역에 따라 크게 달라지지 않는다. 또한 전반적으로 사기업의 노동자들이 공기업의 노동자들에 비해 이직의도가 높으며, 도심보다는 도심외곽에 거주하는 노동자들의 이직의도가 높게 나타났다. 그러나 위의 표의 결과에서 확인할 수 있듯, 기업의 형태에 따른 이직의도 차이는 통계적으로 유의미한 차이였지만, 거주지역에 의한 차이는 통계적 유의도 수준에서 미미한 차이였다.

지금까지 불완전한 위계적 데이터에 적용하는 다층모형인 교차분류모형을 살펴보았다. 완전한 위계적 데이터에 적용하는 다층모형과 달리 랜덤효과를 추정하는 방법이 다소 다르다. 또한 서로 다른 집단이 교차되기 때문에 하위수준의 독립변수에 평균 중심화변환 방식을 어떻게 적용할지도 심사숙고할 필요가 있다. 그러나 모형의 구성, 추정방법, 결과에 대한 해석과 제시방법 등은 본질적으로 크게 다르지 않다. 완전한 위계적 데이터에 적용되는 다층모형을 학습하였다면 교차분류모형을 이해하는 것이 크게 어렵지 않을 것이다.

4부

다층모형과 기타 고급 통계기법

제4부에서는 다층모형이 기타 데이터 분석기법들과 어떤 관계를 갖는지를 살펴보았다. 우선 앞에서 설명하였듯 다층모형은 OLS 회귀분석과 분산분석을 포함한 일반선형모형과 유사하다. 그러나 위계적 데이터를 분석할 경우 다층모형은 일반선형모형 추정시 문제점들을 극복할 수 있다는 점에서 다르다. 제4부에서 소개할 다른 통계기법들도 마찬가지다. 어떤 점에서는 소개되는 모형과 다층모형이 서로 유사하지만, 어떤 점에서는 각 모형은 구분될 수 있다. 또한 어떤 현상에 대해서는 다층모형이 기타 경쟁 모형들보다 더 우월하지만, 다른 현상에 대해서는 다른 경쟁모형이 다층모형보다 더 나은 모습을 보일 수도 있다. 제4부에서는 사회과학에서 널리 사용되고 사랑받는 '구조방정식모형(SEM)', '문항반응이론(IRT) 모형', '메타분석(meta-analysis)', '일반화추정방정식(generalized estimating equations, GEE)'이 다층모형과 어떤 관계를 갖는지를 간단히 소개하였다.

## 01장

구조방정식모형(SEM)

시계열 데이터에 적용되는 구조방정식모형(structural equation model, SEM)은 흔히 '잠재성장모형(latent growth curve model)'이라고 불린다. 다층모형 관점에서 잠재성장모형은 시간이 종속변수에 미치는 회귀방정식의 랜덤절편효과와 랜덤기울기효과를 추정하는 SEM이라고 요약할 수 있다. 저자는 '구조방정식모형'의 관점에서 잠재성장모형과 다층모형(혼합모형)의 관계에 대해 이전 저작인 『R를 이용한 사회과학데이터 분석: 구조방정식 분석』을 소개한 바 있다. 만약 측정수준이 2개인 시계열 데이터에 대한 잠재성장모형 추정에 관심 있는 독자라면 저자의 이전 저술 '5부 잠재성장 모형'의 '03장 잠재성장모형과 혼합모형'을 참조하기 바란다.

그렇다면 시계열 데이터가 아닌 군집형 데이터에 SEM을 적용하면 어떻게 될까? 흔히 사회과학연구에서 자주 등장하는 "X → M → Y"와 같은 매개효과모형을 떠올려 보자. SEM은 이러한 매개효과모형을 추정하는 매우 효과적인 분석기법으로 알려져 있다. 그렇다면 개인수준의 "X → M → Y"와 같은 매개효과모형이 집단수준에 따라 달라지는 (즉, 랜덤효과가 발휘되는) 모형을 추정할 수는 없을까? 일단 "가능하다"(하지만 쉽지는 않다). 군집형 데이터에 SEM을 적용한 모형은 최근 계량적 사회과학연구에서 '다층 구조방정식모형(multi-level SEM)'이라는 이름으로 조금씩 시도되고 있지만(Heck & Thomas, 2015; Preacher et al., 2010, 2011), 다음과 같은 이유들로 인해 활발하게 사용되지는 못하고 있다.

첫째, 다층 SEM을 구성하고 이론적 관점에서 정당화하는 것이 쉽지 않다. 제3부의 내용을 학습한 독자라면 랜덤효과가 반영된 다층모형이 OLS 회귀모형이나 일반선형모형에 비해 모형이 복잡하다는 것에 동의할 것이다. 다층모형이 적용되는 상황에서는 간단한 회귀방정식도 복잡한데, 여러 개의 행렬들(LISREL 표기법을 따르자면 Λ_X, Λ_Y, Θ_δ, Θ_ε, Φ, Ψ, Γ, B, K, A, 등)로 구성된 SEM은 얼마나 복잡할지 별도의 설명을 제시하지 않아도 이해할 수 있을 것이다. 논문을 써본 독자라면 누구나 동의하겠지만, 모형이 복잡할 경우 논문의 심사위원을 설득시키기 쉽지 않으며, 독자들에게도 연구결과가 쉽게 전달되지 않는다.

둘째, 군집형 데이터에 대한 SEM 모형을 추정할 수 있는 통계패키지들이 많지 않다. 일단 상업용 프로그램 중 M*plus*의 경우 다층 SEM을 매우 효과적으로 추정할 수 있는 분석 프로그램이다(Heck & Thomas, 2015; Muthen & Muthen, 2010). 그러나 M*plus*는 비용을 지불해야 하는 상업용 소프트웨어이기에 연구비가 없거나 충분하지 않은 연구자에게는 그다지 매력적인 옵션이 아니다. R의 경우 **xxm**이라는 이름의 라이브러리를 사용하면 다층 SEM을 추정할 수 있다. 그러나 저자의 관점에서 **xxm** 라이브러리는 다음과 같은 2가지 점에서 사용이 불편하다. 첫째, 온라인이나 클라우드를 통해 다운로드를 받는 것이 불가능하다. **xxm** 라이브러리 저자(Paras D. Mehta)의 홈페이지(https://xxm.times.uh.edu/)를 방문한 후 별도로 라이브러리를 다운로드 받은 후 수동으로 라이브러리를 저장해야 하는 불편함이 있다. 둘째, 적어도 저자가 보기에 **xxm** 라이브러리의 R 명령문은 직관적이지 않으며, SEM을 행렬로 이해하고 학습한 독자가 아니라면 명령문을 이해하고 응용하는 것이 쉽지 않다. 사실 저자는 **xxm** 라이브러리 개발자가 왜 간단한 명령문을 채택하지 못하였는지 충분히 이해한다. 상위수준 집단에 따른 랜덤효과를 추정하기 위해서는 하위수준에서의 모수들을 지정해야 한다. `lmer()` 함수나 `glmer()` 함수와 같이 회귀방정식 형태로 표현하기 어려운 SEM의 모수들의 랜덤효과를 추정하기 위해서는 어쩌면 행렬형태로 제1수준의 모수를 입력하고 지정하는 수밖에는 없었을 것이다. 또한 이런 두 가지 점 외에도 모형추정의 속도가 매우 느리며, 2017년 8월 31일 현재 32비트 체제의 R 환경에서만 함수가 작동한다는 것도 상당히 아쉬운 점이다(즉, 64비트 체제의 R 환경에서는 **xxm** 라이브러리의 함수들이 작동되지 않는다). 관심 있는 독자는 **xxm** 라이브러리 저자의 홈페이지를 통해 이용자 아이디와 패스워드를 생성한 후 해당 라이브러리를 다운로드 받은 후 매뉴얼을 통해 스스로 학습해 보기 바란다(SEM을 구성하는 행렬들의 이름과 의미를 반드시 학습하지 않는다면 학습 자체가 불가능할 수도 있다. 소위 LISREL 표기법이 익숙하지 않은 독자들에게는 저자의 졸저『R를 이용한 사회과학데이터 분석: 구조방정식 분석』을 한번 훑어볼 것을 권한다).

셋째, 모형의 추정결과도 쉽게 해석되지 않는다(정확히 말하자면 SEM과 다층모형 모두에서 상당한 지식을 갖추지 않으면 연구결과를 쉽게 해석할 수 없다). 다층모형은 그 모형의 특성상 조절효과 테스트 결과를 제시하는 경우가 많은데, 복잡한 SEM 추정결과에 대한 조절효과 테스트 결과를 제시하고 해석하는 것은 더구나 쉽지 않은 일이다. 첫 번째 언급했던 것과 마찬가지로 결과가 복잡할 경우 논문 심사자를 설득하는 것은 쉬운 일이 아니며, 심사자를 설득했다 하더라도 결과를 이해하는 독자의 수가 적다면 연구결과의 파급력과 영향력이 낮을 수밖에 없다.

다층 SEM을 간략하게라도 소개하는 것이 좋을지를 두고 고민을 많이 했다. 그러나 현 단계에서 구체적인 분석사례를 소개하는 것보다는 관심 있는 독자들에게 xxm 라이브러리를 소개하는 것에 만족하는 것이 낫다고 판단했다. 아마도 시간이 지나면 xxm 라이브러리가 보다 쉽게 개선되거나 혹은 SEM을 추정하는 lavaan 라이브러리와 같이 상대적으로 이용이 간편한 라이브러리가 나올 것이다. 만약 기회가 된다면 다음 개정판을 통해 아니면 별도의 서적을 통해 다층 SEM의 실제 분석사례를 소개할 수 있길 기원한다.

## 02장

문항반응이론(IRT) 모형

문항반응이론(IRT) 모형이 가장 활발하게 적용되는 분야는 학생들의 지식측정에 관심있는, 특히 표준화된 시험문제들을 준비하고 관리하는 기관(예를 들어 토플 시험을 주관하는 ETS)에서 널리 사용되는 통계분석 기법이다. 예를 들어 어떤 학급의 학생들을 대상으로 50문제로 구성된 객관식 시험을 치렀다고 가정해 보자. 이 경우 50문제에 대해 반복적으로 정답을 맞힌 학생은 만점을, 50문제에 대해 반복적으로 오답을 맞춘 학생에게는 0점이 부여될 것이다. 즉 한 학생은 50회에 걸쳐 문제별 정답 여부를 반복측정하게 되며, 다층모형의 관점으로 바꾸어 말하자면 50문제에 대한 응답들은 학생에게 배속되어 있다. 이런 점에서 IRT 모형과 다층모형은 연관되어 있다. 물론 모든 IRT 모형들이 다층모형으로 환원되지는 않는다. IRT 모형에는 정답 여부와 같은 이분변수(dichotomous variable)를 종속변수로 하되 추정되는 모수의 수에 따라 1-모수 로지스틱 모형[one-parameter logistic (1PL) model], 2-모수 로지스틱 모형(2PL model), 3-모수 로지스틱 모형(3PL model) 등이 존재하며, 종속변수가 부분점수(순위형 변수, polytomous variable)로 지정된 경우 사용되는 부분점수모형(PCM, partial credit model)이나 응답등급모형(GRM, graded response model) 등이 존재한다(Embretson & Reise, 2000).

본서의 목적이 IRT 모형을 설명하는 것은 아니지만, IRT 모형에서 말하는 세 가지 모수들과 이들 모수가 차례대로 반영된 1PL, 2PL, 3PL 모형들을 살펴보자. IRT 모형의 세 가지 모수들에 대해 간략하게 설명하면 다음과 같다(Embretson & Reise, 2000, pp. 65-76). 첫째는 측정문항의 난이도(difficulty, β_i) 모수다. 난이도 모수는 어떤 문항이 난이도가 높은지 낮은지를 척도화(scaling)한다. 두 번째는 판별력(discrimination, α_i) 모수다. 판별력 모수는 항목의 난이도가 학생들에게 비슷하게 받아들여지는지, 아니면 특정 속성을 갖는 학생들에게 유독 어렵게 혹은 쉽게 나타나는지를 척도화한다. 세 번째는 무작위추정(random guessing, γ_i) 모수다. 예를 들어 4지선다 객관식 문항은 5지선다 문항에 비해 무작위추정으로 정답을 맞출 확률이 더 높다.

우선 1PL 모형에서는 측정문항의 난이도만을 추정하고, 판별력이나 무작위추정 모수는 측정문항마다 동일하다고 가정한다. 1PL 모형에서는 어떤 난이도를 갖는 문제 i를 접한 학생이 해당 문제를 풀 수 있는 충분한 지적 능력이 있다면 정답을 맞출 확률이 증가할 것이라고 가정한다. 어떤 학생 s가 보유한 지적 능력의 모수를 θ_s라고 한다면 다음과 같이 예측할 수 있다.

- $\theta_s > \beta_i$이면 정답 확률($Y_{is}=1$) 증가
- $\theta_s < \beta_i$이면 오답 확률($Y_{is}=0$) 증가

위와 같은 예측은 다음과 같이 모형화할 수 있다.

$$\text{1PL 모형:} P(Y_{is}=1|\theta_s,\beta_i) = \frac{\exp(\theta_s-\beta_i)}{1+\exp(\theta_s-\beta_i)}$$

2PL 모형의 경우 위의 모형에 판별력 모수(α_i)를 다음과 같이 추가한다. 즉 학생 s의 능력이 문항 i의 난이도를 넘을 가능성은 문항의 판별력 수준 α_i에 따라 변화한다.

$$\text{2PL 모형:} P(Y_{is}=1|\theta_s,\beta_i,\alpha_i) = \frac{\exp[\alpha_i\cdot(\theta_s-\beta_i)]}{1+\exp[\alpha_i\cdot(\theta_s-\beta_i)]}$$

3PL 모형은 여기에 무작위추정 모수(γ_i)를 더한 모형이다. 즉 무작위추정으로 문제를 맞출 확률과 그렇지 않을 확률로 구분한 후, 무작위추정으로 문제를 맞추지 않았을 경우에만 2PL 모형을 적용한다.

$$\text{3PL 모형}: P(Y_{is}=1|\theta_s, \beta_i, \alpha_i, \gamma_i) = \gamma_i + (1-\gamma_i) \cdot \frac{\exp[\alpha_i \cdot (\theta_s - \beta_i)]}{1+\exp[\alpha_i \cdot (\theta_s - \beta_i)]}$$

아쉽게도 다층모형 관점에서 적용할 수 있는 IRT 모형은 lme4 라이브러리의 glmer() 함수를 사용할 경우 1PL 모형만 가능하며(De Boeck et al., 2011), 순위형 변수인 경우 ordinal 라이브러리의 clmm() 함수를 사용할 수 있으나 이 경우에도 일모수(one-parameter) 모형만이 가능하다. 2PL 모형이나 3PL 모형의 경우 본서에서 소개한 다층모형 라이브러리들로는 추정이 불가능하다. 그러나 1PL 모형을 사용하더라도 다층모형 관점을 적용하는 것은 매우 중요하다. 왜냐하면 전통적인 IRT 모형에서는 문제를 푸는 학생들의 공간적 맥락을 고려하지 않고 있다(Fox, 2007). 다시 말해 어떤 교사에게, 어떤 학교에서, 더 나아가 어떤 지역이나 어떤 국가에서 교육을 받고 시험을 치르는가에 따라 IRT 모형의 모수 추정결과는 달라질 수 있다. 만약 다층모형 상황과 IRT 모형을 같이 고려하고 싶은 독자는 폭스(Fox, 2007)가 개발한 mlirt 라이브러리를 참고하기 바란다.

그렇다면 다층모형 관점에서 1PL 모형을 어떻게 이해할 수 있을까? lme4 라이브러리의 예시데이터인 VerbAgg 데이터를 분석사례로 1PL 모형을 이해해 보자. VerbAgg 데이터는 다음과 같은 변수들로 구성되어 있다. 여기서 저자는 측정수준별로 데이터에 입력된 순서를 재배치하였다.

- **id** (측정수준 = 개인): 응답자 식별번호
- **Anger** (측정수준 = 개인): 응답자의 분노성향점수
- **Gender** (측정수준 = 개인): 응답자의 성별(M = 남성; F = 여성)
- **item** (측정수준 = 문항): 문항 식별코드
- **btype** (측정수준 = 문항): 응답자 행동유형(curse = 저주; scold = 잔소리; shout = 고함)
- **situ** (측정수준 = 문항): 상황유형(other = 행동대상이 타자인 경우; self = 행동대상이 자신인 경우)
- **mode** (측정수준 = 문항): 행동유형(want = 소망; do = 행동)
- **resp** (측정수준 = 응답): 특정문항에 대한 응답자의 응답(no = 그렇지 않음; perhaps = 아마도; yes = 그러함)

- r2 (측정수준 = 응답): 특정문항에 대한 응답자 행동 여부 응답(N = 하지 않음; Y = 함).

  * r2 변수에서 N의 값을 갖는 응답은 resp 변수에서 no의 값을 가짐. 그러나 r2 변수에서 Y의 값을 갖는 응답은 resp 변수에서 yes 혹은 perhaps의 값을 가짐. 다시 말해 r2 변수는 resp 변수를 이분변수로 리코딩한 것임.

```
> #라이브러리 구동
> library('lme4')
> library('lmerTest')
> library('tidyverse')
> data(VerbAgg)
> head(VerbAgg)
  Anger Gender        item    resp id btype  situ mode r2
1    20      M S1WantCurse      no  1 curse other want  N
2    11      M S1WantCurse      no  2 curse other want  N
3    17      F S1WantCurse perhaps  3 curse other want  Y
4    21      F S1WantCurse perhaps  4 curse other want  Y
5    17      F S1WantCurse perhaps  5 curse other want  Y
6    21      F S1WantCurse     yes  6 curse other want  Y
```

데이터가 언뜻 복잡해 보이지만, 그렇지는 않다. 우선 응답들의 개수, 응답자수, 문항수들을 계산하면 다음과 같다. 즉 총 316명의 응답자들이 24개의 문항에 대해 응답한 것을 긴 형태(long format) 데이터로 변환하면 총 7,584(316×24)개의 응답들을 얻을 수 있다. 다시 말해 **VerbAgg** 데이터는 개별 응답들이 응답자(24개의 문항에 대한 응답들이 한 응답자에 배속)와 문항(개별문항은 316명의 응답들에 배속)에 배속된 위계적 데이터다.

```
> dim(VerbAgg)[1]
[1] 7584
> length(unique(VerbAgg$id))
[1] 316
> length(unique(VerbAgg$item))
[1] 24
```

VergAgg 데이터에 대해 기본모형을 추정해 보자. 각 측정수준별로 방정식을 구성한 후 통합하면 다음과 같다.

하위수준(제1수준, 개별응답):

$$\text{logit}_{is} = b_0$$

상위수준(제2수준, 응답자 및 항목):

$$b_0 = \gamma_{00} + u_{s00} + u_{i00}$$

$$u_{s00} \sim N.I.D.(0, \tau_{s00})$$
$$u_{i00} \sim N.I.D.(0, \tau_{i00})$$

통합방정식:

$$\text{logit}_{is} = \gamma_{00} + u_{s00} + u_{i00}$$

$$u_{s00} \sim N.I.D.(0, \tau_{s00})$$
$$u_{i00} \sim N.I.D.(0, \tau_{i00})$$

통합방정식에서 지정된 두 랜덤효과 변수는 1PL 모형에서 지정된 θ_s와 β_i에 해당된다. glmer() 함수에서 종속변수의 분포에 맞도록 family 옵션을 지정한 후, 위의 기본모형을 추정한 결과를 살펴보자.

```
> #종속변수를 이분변수로
> VerbAgg$y <- ifelse(VerbAgg$r2=='Y',1,0)
> #기본모형 추정
> irt.m0 <- glmer(y ~ 1+(1|id)+(1|item),
+                   data=VerbAgg,
+                   family=binomial(link='logit'))
> summary(irt.m0)
Generalized linear mixed model fit by maximum likelihood (Laplace
   Approximation) [glmerMod]
 Family: binomial  ( logit )
Formula: y ~ 1 + (1 | id) + (1 | item)
   Data: VerbAgg

     AIC      BIC   logLik deviance df.resid
  8209.1   8229.9  -4101.5   8203.1     7581

Scaled residuals:
    Min      1Q  Median      3Q     Max
-5.9045 -0.6196 -0.1808  0.6239 13.7443

Random effects:
 Groups Name        Variance Std.Dev.
 id     (Intercept) 1.886    1.373
 item   (Intercept) 1.276    1.129
Number of obs: 7584, groups:  id, 316; item, 24

Fixed effects:
            Estimate Std. Error z value Pr(>|z|)
(Intercept)  -0.1626     0.2449  -0.664    0.507
```

이렇게 얻은 **irt.m0** 오브젝트에서 개별응답자별, 개별문항별 랜덤효과 예측값을 **ranef()** 함수를 이용해 추출해 보자. 개별문항의 랜덤효과를 추출한 후 그 값을 정렬한 후 어떤 항목이 어떤 값을 갖고 있는지를 살펴본 결과는 아래와 같다.

```
> #개별 응답자의 랜덤효과
> person.property <- data.frame(ranef(irt.m0)$id)
> person.property$personid <- rownames(person.property)
> colnames(person.property)[1] <- 'random.effect'
> #개별 문항의 랜덤효과
> item.property <- data.frame(ranef(irt.m0)$item)
> item.property$itemid <- rownames(item.property)
> colnames(item.property)[1] <- 'random.effect'
> item.property[order(item.property$random.effect),]
            random.effect      itemid
S3DoShout     -2.60513189    S3DoShout
S4DoShout     -1.72256322    S4DoShout
S3WantShout   -1.28224449  S3WantShout
S3DoScold     -1.26103617    S3DoScold
S2DoShout     -1.23998670    S2DoShout
S4WantShout   -0.82797641  S4WantShout
S1DoShout     -0.66477169    S1DoShout
S3WantScold   -0.48993131  S3WantScold
S4DoScold     -0.20375959    S4DoScold
S4WantScold   -0.17074430  S4WantScold
S3DoCurse     -0.03959928    S3DoCurse
S2DoScold      0.10675064    S2DoScold
S2WantShout    0.17159579  S2WantShout
S1WantShout    0.23641787  S1WantShout
S1DoScold      0.52971733    S1DoScold
S3WantCurse    0.66209436  S3WantCurse
S1WantScold    0.69549518  S1WantScold
S4DoCurse      0.83064158    S4DoCurse
S2WantScold    0.83064158  S2WantScold
S2DoCurse      0.98633729    S2DoCurse
S4wantCurse    1.18359503  S4wantCurse
S1WantCurse    1.31423868  S1WantCurse
S1DoCurse      1.31423868    S1DoCurse
S2WantCurse    1.80689997  S2WantCurse
```

위의 결과에서 잘 나타나듯 가장 쉽게 발현되는 상황은 'S2WantCurse'이며, 구체적으로 '타인에 대해 저주하고 싶은 경우'가 가장 쉽게 발생한다는 것을 알 수 있다. 반면

'S3DoShout'는 여간해서는 발생하지 않는 상황인 것을 알 수 있다. 즉 위에서 살펴본 β_i 의 값이 바로 각 문항의 난이도다(쉽게 하게 되는 상황 vs. 쉽사리 하기 어려운 상황). 만약 응답자가 일반적 문항에 대해 '예'라고 응답할 확률은 응답자의 랜덤효과를 살펴보면 된다.

여기에 추가적으로 개별 응답자 속성변수들, 그리고 개별 문항의 속성변수들을 투입한, 즉 고정효과를 통제한 후의 문항의 난이도를 구하는 것도 가능하다. 먼저 개별 응답자 속성변수를 통제해 보자. **VerbAgg** 데이터의 경우 이분변수인 **Gender**와 연속형 변수인 **Anger** 변수가 개인수준에서 측정되었다. 각 변수를 리코딩하고 개인수준에서 전체평균 중심화변환을 실시한 후, 기본모형에 독립변수를 추가투입한 후 모형을 추정한 결과는 아래와 같다.

```
> #개인수준 데이터 사전처리
> VerbAgg$female <- ifelse(VerbAgg$Gender=='M',0,1)
> temp <- group_by(VerbAgg,id) %>%
+    summarise(anger=mean(Anger))
> temp <- mutate(ungroup(temp),am.anger=anger-mean(anger))
> VerbAgg <- inner_join(select(ungroup(temp),-anger),
+                      VerbAgg,by='id')
> #개인 응답자 수준 독립변수 투입
> irt.m1 <- glmer(y ~ female+am.anger+(1|id)+(1|item),
+             data=VerbAgg,
+             family=binomial(link='logit'))
> print(summary(irt.m1),correlation=FALSE)
Generalized linear mixed model fit by maximum likelihood (Laplace
  Approximation) [glmerMod]
 Family: binomial  ( logit )
Formula: y ~ female + am.anger + (1 | id) + (1 | item)
   Data: VerbAgg


     AIC      BIC   logLik deviance df.resid
  8199.1   8233.8  -4094.6   8189.1     7579

Scaled residuals:
    Min      1Q  Median      3Q     Max
-5.9953 -0.6244 -0.1787  0.6270 14.0481
```

```
Random effects:
 Groups Name          Variance Std.Dev.
 id      (Intercept) 1.797    1.341
 item    (Intercept) 1.275    1.129
Number of obs: 7584, groups:  id, 316; item, 24

Fixed effects:
             Estimate Std. Error z value Pr(>|z|)
(Intercept)  0.08360    0.28524   0.293  0.76945
female      -0.32052    0.19170  -1.672  0.09453 .
am.anger     0.05744    0.01681   3.418  0.00063 ***
---
Signif. codes:  0 '***' 0.001 '**' 0.01 '*' 0.05 '.' 0.1 ' ' 1
```

기본모형에서 나타난 개별 응답자의 랜덤효과를 살펴보자. 1.886에서 1.797로 감소한 것을 알 수 있다. 즉 개인수준에서 측정된 두 female, am.anger 변수들이 고정효과로 투입되면서 .089만큼의 분산(즉, 랜덤절편효과)이 감소한 것을 알 수 있다.

이제는 개별 문항의 랜덤효과를 살펴보자. 문항수준의 독립변수들 btype, situ, mode 변수들을 투입한 결과는 다음과 같다.

```
> #개별 문항 수준 독립변수 투입
> irt.m2 <- glmer(y ~ btype+situ+mode+female+am.anger+(1|id)+(1|item),
+                 data=VerbAgg,
+                 family=binomial(link='logit'))
> print(summary(irt.m2),correlation=FALSE)
Generalized linear mixed model fit by maximum likelihood (Laplace
  Approximation) [glmerMod]
 Family: binomial  ( logit )
Formula: y ~ btype + situ + mode + female + am.anger + (1 | id) + (1 |
    item)
   Data: VerbAgg

     AIC      BIC   logLik deviance df.resid
  8153.8   8216.2  -4067.9   8135.8     7575
```

```
Scaled residuals:
    Min      1Q  Median      3Q     Max
-6.3170 -0.6231 -0.1771  0.6237 13.3212
```

```
Random effects:
 Groups Name         Variance Std.Dev.
 id     (Intercept) 1.7927   1.3389
 item   (Intercept) 0.1171   0.3422
Number of obs: 7584, groups:  id, 316; item, 24
```

```
Fixed effects:
             Estimate Std. Error z value Pr(>|z|)
(Intercept)  2.02226    0.23829    8.487  < 2e-16 ***
btypescold  -1.05952    0.18449   -5.743 9.30e-09 ***
btypeshout  -2.10324    0.18721  -11.234  < 2e-16 ***
situself    -1.05401    0.15152   -6.956 3.49e-12 ***
modedo      -0.70685    0.15127   -4.673 2.97e-06 ***
female      -0.32072    0.19149   -1.675 0.093969 .
am.anger     0.05739    0.01679    3.419 0.000629 ***
---
Signif. codes:  0 '***' 0.001 '**' 0.01 '*' 0.05 '.' 0.1 ' ' 1
```

위의 세 모형들을 비교하면 데이터에 제공된 개인수준의 독립변수들의 고정효과, 항목수준의 독립변수들의 고정효과를 통제한 후의 1PL 모형에서 정의한 개별응답자 모수와 개별항목의 모수를 구할 수 있다. 또한 다층모형 관점에서 오차감소비율을 계산하는 것도 가능하다. 아래와 같은 과정을 통해 알 수 있듯, 개인수준의 두 변수(female, am.anger)는 개인수준의 분산치 중 약 5%를 설명하며, 문항수준의 세 변수(btype, situ, mode)는 문항수준의 분산치 중 약 91%를 설명할 수 있다. 다시 말해 문항수준의 세 변수들의 고정효과를 통제한 후 문항간 분산(고정효과 통제 후 남은 랜덤효과)은 10%가 채 못 되는 것을 알 수 있다.

```
> #오차감소비율(PRE)
> re0 <- data.frame(VarCorr(irt.m0))$vcov
> re2 <- data.frame(VarCorr(irt.m2))$vcov
> round((re0-re2)/re0, 4)
[1] 0.0495 0.9082
```

이제 **irt.m2**의 모형에서 나타난 문항의 랜덤효과를 구한 후 기본모형에서 얻은 랜덤효과와 한번 비교해 보자. 아래 결과에서 잘 나타나듯 문항들의 분산이 상당 부분 감소한 것을 발견할 수 있다.

```
> summary(ranef(irt.m0)$item)
  (Intercept)
 Min.   :-2.605132
 1st Qu.:-0.705573
 Median : 0.139173
 Mean   : 0.006705
 3rd Qu.: 0.830642
 Max.   : 1.806900
> summary(ranef(irt.m2)$item)
  (Intercept)
 Min.   :-0.569810
 1st Qu.:-0.196140
 Median :-0.046804
 Mean   : 0.002803
 3rd Qu.: 0.277030
 Max.   : 0.587280
```

위의 1PL 모형의 결과를 IRT 모형 추정에 특화된 eRM 라이브러리를 이용해 반복해 보자. 먼저 eRM 라이브러리를 다운로드하고 구동한다. 1PL 모형은 RM( ) 함수(래쉬 모형, Rasch model의 첫 글자)를 이용해 추정할 수 있다.[1] RM( ) 함수의 데이터 형태는 긴 형태가 아니라 넓은 형태이기 때문에, 먼저 spread( ) 함수를 이용해 데이터를 긴 형태에서 넓은 형태로 전환하였다. 이후 해당되는 데이터를 입력한 후 RM( ) 함수를 적용한 결과는 아래와 같다.

---

[1] 다른 2PL, 3PL 모형이나, PCM이나 GRM 등도 가능하지만, 본서의 목적상 소개하지 않기로 한다. eRM 라이브러리의 IRT 모형 추정 함수들에 대한 보다 자세한 설명으로는 다음의 문헌을 참조하기 바란다. Mair, P. & Hatzinger, R. (2007). Extended Rasch modeling: The eRm package for the application of IRT models in R. *Journal of Statistical Software*, *20*(9), 1-20.

```
> #데이터의 형태전환
> library('eRm')
> temp <- select(VerbAgg,id,item,y)
> VerbAgg.wide <- spread(temp,item,y)
> # 1PL IRT 실시
> res <- RM(select(VerbAgg.wide,-id))
> summary(res)

Results of RM estimation:

Call:  RM(X = select(VerbAgg.wide, -id))

Conditional log-likelihood: -3049.923
Number of iterations: 31
Number of parameters: 23
```

Item (Category) Difficulty Parameters (eta): with 0.95 CI:

	Estimate	Std. Error	lower CI	upper CI
S1WantScold	-0.731	0.131	-0.987	-0.475
S1WantShout	-0.249	0.128	-0.501	0.003
S2WantCurse	-1.909	0.153	-2.210	-1.608
S2WantScold	-0.873	0.132	-1.132	-0.614
S2WantShout	-0.181	0.128	-0.433	0.070
S3WantCurse	-0.696	0.130	-0.951	-0.440
S3WantScold	0.514	0.132	0.254	0.773
S3WantShout	1.358	0.149	1.065	1.650
S4wantCurse	-1.245	0.137	-1.514	-0.976
S4WantScold	0.178	0.129	-0.076	0.432
S4WantShout	0.871	0.138	0.601	1.141
S1DoCurse	-1.383	0.140	-1.658	-1.109
S1DoScold	-0.557	0.129	-0.810	-0.303
S1DoShout	0.698	0.135	0.434	0.963
S2DoCurse	-1.037	0.134	-1.300	-0.774
S2DoScold	-0.113	0.128	-0.365	0.138
S2DoShout	1.312	0.148	1.022	1.602
S3DoCurse	0.040	0.129	-0.212	0.293
S3DoScold	1.335	0.149	1.044	1.626

S3DoShout	2.871	0.222	2.436	3.306
S4DoCurse	-0.873	0.132	-1.132	-0.614
S4DoScold	0.213	0.130	-0.042	0.467
S4DoShout	1.840	0.165	1.516	2.165

Item Easiness Parameters (beta) with 0.95 CI:
##아랫부분은 위의 Difficulty와 의미상으로 동일하기 때문에 일부만 제시함 ##

	Estimate Std.	Error	lower CI	upper CI
beta S1WantCurse	1.383	0.140	1.109	1.658
beta S1WantScold	0.731	0.131	0.475	0.987

"Item (Category) Difficulty Parameters (eta): with 0.95 CI:" 부분이 바로 각 문항의 난이도 모수값이며, 이 값은 앞서 **glmer()** 함수 추정결과 후 항목의 랜덤효과와 개념적으로 동일하다. 이제 위에서 얻은 β_i와 **glmer()** 함수를 통해 얻은 β_i의 값을 추출한 후 그 값을 비교해보자. 아래에서 알 수 있듯, 약간의 차이가 있기는 하지만 추정된 두 β_i는 아주 근소한 차이만이 존재할 뿐이다($r=.9998$).

```
> # 결과의 비교
> temp <- cbind(data.frame(ranef(irt.m0)$item),data.frame(res$betapar))
> colnames(temp) <- c('b.lme4','b.eRm')
> cor.test(temp$b.eRm,temp$b.lme4)

        Pearson's product-moment correlation

data:  temp$b.eRm and temp$b.lme4
t = 261.3, df = 22, p-value < 2.2e-16
alternative hypothesis: true correlation is not equal to 0
95 percent confidence interval:
 0.9996212 0.9999315
sample estimates:
      cor
0.9998389
```

## 03장

메타분석(meta-analysis)

메타분석은 사회과학은 물론 의학이나 약학, 공학 등의 분야에서도 광범위하게 자주 사용되는 통계기법이다. 메타분석은 동일하거나 비교가능한 유사한 연구가설에서 도출된 효과(effect)를 테스트한 개별 연구결과들을 수집하고 표준화시킨 후 통합시키는 분석기법이다(Hunter & Schmidt, 2004). 예를 들어 A, B, C, D의 네 연구자가 비슷한 방식으로 실험기법을 이용해 "X → Y"의 인과관계를 테스트했다고 가정해 보자. 각 연구자가 동일한 가설을 테스트했다고 가정해 보자. 인과관계가 터무니없지 않은 한, 네 연구자의 테스트 결과는 완전하게 동일하지도 또한 완전하게 다르지도 않을 것이다. 다시 말해 네 가지 테스트 결과들 사이에는 차이, 즉 분산이 존재할 것이다.

여기서 개별 연구에서 사용된 데이터를 하위수준으로, 개별 연구 그 자체를 상위수준이라고 생각해 보자. 이는 앞서 소개한 2층의 군집형 데이터와 동일한 형태를 갖는다. 예를 들어 네 연구결과가 다음과 같았다고 가정해 보자(표본의 크기, 측정도구는 완전하게 동일했다고 가정해 보자).

A: r_{XY}=.26, 실험대상은 영국인

B: r_{XY}=.28, 실험대상은 프랑스인

C: r_{XY}=.54, 실험대상은 한국인

D: r_{XY}=.56, 실험대상은 일본인

다층모형의 관점에서 이야기하자면, 개인수준에서 측정된 X변수와 Y변수의 관계는 연구단위에 따라 다르며, 특히 연구가 수행된 집단속성(인종)에 따라 달라지는 것을 쉽게 확인할 수 있다. 다시 말해 X변수와 Y변수의 상관계수라는 모수추정치는 개별연구라는 집단수준에 따라 달라지는 랜덤효과(random effect)를 보이고 있으며, 이 랜덤효과의 상당 부분은 개별연구 참여자의 인종이라는 집단속성의 고정효과(즉, 유럽인인지 동아시아인인지) 로 인해서 상당 부분 설명될 것이라는 것을 쉽게 이해할 수 있다.

본서에서는 다층모형을 집중적으로 다루었지만, 앞에서 소개한 사례에서 알 수 있듯 메타분석 역시 큰 틀에서는 다층모형으로 이해할 수 있다. 개념적으로 다층모형과 메타분석 기법은 다음과 같은 점들에서 깊이 연관되어 있다.

첫째, 개별적 연구결과들을 통합함으로써 개별 연구결과들에서 나타날 수 있는 랜덤효과를 추가로 추정하여 연구가설이 다루고 있는 모수추정치의 참값에 보다 근접한 통계치를 얻을 수 있다. 독자들은 앞서 다루었던 전체표본의 모수추정치 평균(population average)을 떠올리기 바란다. 즉 다층모형에서 분류한 고정효과와 랜덤효과는 메타분석에서도 그대로 적용된다. 다층모형의 랜덤효과는 메타분석에서 '연구간 분산(between-study variance)'이라는 이름으로 불리며, 연구의 속성변수(예를 들어 앞서 소개한 가상사례의 실험참여자의 인종)를 투입하지 않았을 경우의 절편값은 랜덤효과를 통제하였을 때 얻을 수 있는 Y에 미치는 X의 효과를 의미한다.

둘째, 랜덤효과, 즉 연구간 분산이 0에 가까운 경우 Y에 미치는 X의 효과는 연구 맥락에 상관없이 일정하지만(즉 효과가 매우 동질적이고 균일하다), 연구간 분산값이 큰 경우 "X → Y"의 인과관계에 영향을 미치는 어떤 조절변수의 존재를 생각해 볼 수 있다. 독자들은 제3부에서 소개하였던 급내상관계수(ICC)와 오차감소비율(PRE)을 떠올리기 바란다. 급내상관계수는 전체분산 중 상위수준에서 발견된 분산의 비율을 의미하고, 오차감소비율은 상위수준 독립변수가 추가로 투입되었을 때 감소된 분산감소분(즉, 랜덤효과 감소분)을 의미한다. 메타분석에서는 '연구간 분산'의 비율과 통계적 유의도 테스트 결과와 관련된 여러 지수들(I^2, H^2, 임의 R^2, Q; Hedges, 1983; Raudenbush, 2009)이 제시되는데, 이들은 개념적으로 다층모형의 ICC와 PRE와 동일하다. 연구의 속성변수를 이용해 연구간 분산을 추정하기 위해 최근에는 '혼합효과 메타-회귀모형(mixed effects meta-regression model)'(흔히 '메타-회귀모형'으로 약칭됨; Knapp & Hartung, 2003; Viechtbauer, López-López,

Sánchez-Meca, & Marín-Martínez, 2015)을 사용하는데, 이는 메타분석 맥락에 다층모형을 적용한 것이다.

다층모형 관점을 통해 메타분석 기법을 어떻게 이해할 수 있는지 구체적 사례를 통해 살펴보자. 메타분석 기법들을 실시할 수 있는 R 라이브러리들로는 **meta** (개발자: Guido Schwarzer), **rmeta** (개발자: Thomas Lumley), **metafor** (개발자: Wolfgang Viechtbauer) 등이 있다. 그러나 2017년 8월 31일 기준으로 메타-회귀분석은 **metafor** 라이브러리의 **rma()** 함수에서만 가능하다. 따라서 여기서는 **metafor** 라이브러리의 함수들을 통해 메타분석 자료에 대해 메타-회귀분석을 어떻게 실시할 수 있으며, 이 결과가 다층모형과 어떻게 연관되는지 간단한 분석사례를 소개하였다.

우선 **metafor** 라이브러리를 설치한 후 구동시켜보자. **metafor** 라이브러리에는 메타분석용 예시데이터가 많이 들어있는데, 여기서는 **dat.bcg**라는 이름의 데이터를 살펴보자.[1] 해당 데이터를 R 공간에 불러온 후, 데이터를 열어보면 다음과 같이 13개의 연구들에서 얻은 연구결과를 정리한 간단한 데이터를 확인할 수 있을 것이다.

- **trial**: 개별연구 식별번호
- **author**: 연구를 수행한 저자 이름
- **year**: 출간연도
- **tpos**: 백신처치된 집단 중 종양양성반응을 보인 수
- **tneg**: 백신처치된 집단 중 종양음성반응을 보인 수
- **cpos**: 통제집단(백신처치를 받지 않은 집단) 중 종양양성반응을 보인 수
- **cneg**: 통제집단(백신처치를 받지 않은 집단) 중 종양음성반응을 보인 수
- **ablat**: 연구가 수행된 지역의 절대위도(absolute latitude)
- **alloc**: 백신처치방법
  - **random**: 실험집단과 통제집단을 무작위 배치
  - **alternate**: 일련의 실험참가자를 실험집단 → 통제집단 → 실험집단 ... 순서로

---

[1] 해당 데이터를 이용한 구체적인 메타분석 결과는 다음의 논문에서 찾아볼 수 있다. Colditz et al., (1994). Efficacy of BCG vaccine in the prevention of tuberculosis: Meta-analysis of the published literature. JAMA, 271(9), 698-702.

교대 배치

– systematic: 실험참가자를 어떤 체계적인 기준(이를테면 출생연도나 입원연도 등)에 따라 실험집단 혹은 통제집단에 배치

```
> #라이브러리 구동
> library('metafor')
> #예시데이터 로드
> #metafor 패키지에 들어 있는 데이터
> data(dat.bcg)
> dat.bcg
   trial              author year tpos  tneg cpos  cneg ablat      alloc
1      1            Aronson 1948    4   119   11   128    44     random
2      2    Ferguson & Simes 1949    6   300   29   274    55     random
3      3     Rosenthal et al 1960    3   228   11   209    42     random
4      4    Hart & Sutherland 1977   62 13536  248 12619    52     random
5      5 Frimodt-Moller et al 1973   33  5036   47  5761    13  alternate
6      6      Stein & Aronson 1953  180  1361  372  1079    44  alternate
7      7     Vandiviere et al 1973    8  2537   10   619    19     random
8      8          TPT Madras 1980  505 87886  499 87892    13     random
9      9     Coetzee & Berjak 1968   29  7470   45  7232    27     random
10    10     Rosenthal et al 1961   17  1699   65  1600    42 systematic
11    11      Comstock et al 1974  186 50448  141 27197    18 systematic
12    12  Comstock & Webster 1969    5  2493    3  2338    33 systematic
13    13      Comstock et al 1976   27 16886   29 17825    33 systematic
```

예를 들어 첫 번째 연구의 경우 통제집단과 백신처치집단의 종양양성반응 여부를 2×2 형태의 표로 정리하면 다음과 같다.

표 34.

	종양양성반응	종양음성반응
백신처치집단	$a_i = 4$	$b_i = 119$
통제집단	$c_i = 11$	$d_i = 128$

위의 결과를 백신의 효과크기(ES: effect size)의 통계치인 승산비(OR, odds ratio)로 나타내면 다음과 같다(Hunter & Schmidt, 2004).

$$OR = \log\left(\frac{a \times d}{b \times c}\right)$$
$$= \log\left(\frac{4 \times 128}{11 \times 119}\right)$$
$$\approx \log.3911383 \approx -.93869$$

이때 백신의 효과크기의 분산은 다음과 같은 공식을 이용하여 계산된다(Hunter & Schmidt, 2004).

$$V = \frac{1}{a_i} + \frac{1}{b_i} + \frac{1}{c_i} + \frac{1}{d_i}$$
$$= \frac{1}{4} + \frac{1}{119} + \frac{1}{11} + \frac{1}{128}$$
$$\approx 0.357125$$

위와 같은 방식을 다른 12개의 연구들에도 적용하면 각 연구의 효과크기와 효과크기의 분산을 구할 수 있다. 그러나 `metafor` 라이브러리의 `rma()` 함수를 사용하면 효과크기의 종류와 원자료의 값(즉 위의 2×2 표의 각 칸의 빈도인 a_i, b_i, c_i, d_i)을 지정하면 매우 손쉽게 메타분석을 실시할 수 있다. 여기서는 앞서 언급하였듯, 혼합효과 메타-회귀분석을 실시해 보자. 우선 개별연구의 속성변수를 고려하지 않은 모형을 생각해 보자(다층모형을 설명할 때 언제나 제일 먼저 설명했던 '기본모형'과 동일하다).

하위수준(제1수준):

$$ES_i = b_0 + e_i$$

$$e_i \sim N.I.D.(0, V_i)$$

상위수준(제2수준):

$$b_0 = \gamma_{00} + u_{00}$$

$$u_{00} \sim N.I.D.(0, \tau^2)$$

통합방정식:

$$ES_i = \gamma_{00} + u_{00} + e_i$$

$$e_i \sim N.I.D.(0, V_i)$$
$$u_{00} \sim N.I.D.(0, \tau^2)$$

이렇게 정의하면 메타분석을 다층모형의 맥락에서 이해할 수 있다. 이제 **rma( )** 함수에서 효과크기가 승산비임을 지정한 후(measure = "OR"), 2×2 빈도표의 빈도를 **ai**, **bi**, **ci**, **di**에 맞게 각각 지정하고, 앞서 소개하였던 것과 같이 제한적 최대우도법(REML)을 모형의 추정법(method = "REML")[2]으로 지정하면 메타-회귀분석이 실시된다. 지정된 결과를 **summary( )** 함수를 이용해 살펴본 결과는 다음과 같다.

```
> #2X2 표를 기반으로 승산비(OR)를 효과크기로 함
> #연구의 차이에 따른 랜덤효과 반영
> result.ma0 <- rma(ai=tpos, bi=tneg, ci=cpos, di=cneg,
+                   data=dat.bcg,
+                   measure="OR",
+                   method="REML")
```

---

2   연구간 분산[즉 개별연구들 사이의 이질성(heterogeneity)]을 추정하는 메타-회귀모형의 추정법으로는 제한적 최대우도법(REML) 외에도 최대우도 추정법(ML; method="ML"), 경험적 베이즈 추정법(empirical Bayes; method="EB"), 일반화 Q-통계치 추정법(generalized Q-statistic; method="GENQ"), DerSimonian-Laird 추정법(method="DL"), Hedges 추정법(method="HE"), Hunter-Schmidt 추정법(method="HS"), Sidik-Jonkman 추정법(method="SJ"), Paule-Mandel추정법(method="PM") 등 총 9개의 추정법이 가능하다. 그러나 비크트바우어(Viechtbauer, 2005)의 시뮬레이션에 따르면 REML이 가장 안정적이라고 한다. 또한 이 책이 다층모형을 소개하고 있고, 다층모형에서 가장 권고하는 모형추정법이 REML이라는 점에서 여기서는 REML을 이용하였다.

```
> summary(result.ma0)

Random-Effects Model (k = 13; tau^2 estimator: REML)

  logLik  deviance     AIC      BIC     AICc
-12.5757  25.1513  29.1513  30.1211  30.4847

tau^2 (estimated amount of total heterogeneity): 0.3378 (SE = 0.1784)
tau (square root of estimated tau^2 value):      0.5812
I^2 (total heterogeneity / total variability):   92.07%
H^2 (total variability / sampling variability):  12.61

Test for Heterogeneity:
Q(df = 12) = 163.1649, p-val < .0001

Model Results:

estimate      se     zval     pval    ci.lb    ci.ub
 -0.7452  0.1860  -4.0057  <.0001  -1.1098  -0.3806   ***

---
Signif. codes:  0 '***' 0.001 '**' 0.01 '*' 0.05 '.' 0.1 ' ' 1
```

결과의 첫 부분은 모형적합도 지수들이 보고되었다. 현재는 경쟁하는 다른 모형이 없기 때문에 이 결과는 고려하지 않아도 무방하다. 다음에 제시되는 결과들은 다층모형의 랜덤효과와 ICC에 해당되는 결과다. 우선 "tau^2"에 해당되는 결과는 공식에서 언급한 τ_{00}, 즉 상위수준의 랜덤효과를 의미한다("tau"는 "tau^2"의 값 .3378에 제곱근을 취한 값이다). 그 다음에 보고되는 "I^2"는 설명되지 않는 분산의 비율을 의미하고(Higgins et al., 2003), "H^2"는 설명되지 않은 연구간 이질성(heterogeneity)를 의미한다(Higgins & Thompson, 2002). 우선 두 지수를 이해하기 위해서는 그 다음에 보고되는 "Test for Heterogeneity"라는 Q지수를 먼저 이해할 필요가 있다. Q는 다음과 같이 정의된다 (여기서 W_i는 연구 i의 표본크기를 의미).

$$Q = \sum_i W_i (ES_i - \widehat{\gamma_{00}})^2$$

다시 말해 Q지수는 관측된 효과크기와 추정된 효과크기의 차이값을 제곱한 후 수행된 연구의 크기로 가중치를 부여한 총합을 의미한다. 관측된 효과크기(ES_i)와 추정된 효과크기($\hat{\gamma}_{00}$)의 차이값을 제곱한 것에서 암시되듯, 카이제곱 통계치를 이용하며, 이 값이 크면 클수록 메타분석에 포함된 연구들의 분산(between-study variance), 즉 이질성(heterogeneity)은 더 크다고 할 수 있다. 위의 결과의 "Q(df = 12) = 163.1649"에서 자유도는 표본에 포함된 사례수에서 1을 빼준 값이며, 카이제곱 테스트를 적용한다.

I^2와 H^2는 이 Q통계치를 다음과 같은 공식을 이용해 표준화시킨 지수다.

$$I^2 = 100 \times \frac{(Q-df)}{Q}$$

$$H^2 = \frac{Q}{df}$$

즉 I^2가 크면 클수록 설명되지 않은 집단간 분산이 많다는 뜻이며, H^2가 크면 클수록 설명되지 않은 자유도 1당 집단간 분산이 크다는 뜻이다. 절대적인 기준은 없지만, 히긴스와 동료들(Higgins et al., 2003)은, $I^2 > 75$인 경우에는 연구간 분산이 심한 편이며, $50 < I^2 < 75$ 정도면 고려할 만한 수준의 연구간 분산이라는 주관적 평가를 내린 바 있다.

즉 위의 결과 $I^2 = 92.07$의 의미는 제1수준에서 발견된 분산은 약 8%에 불과하며, 연구간 분산이 무려 92%에 달한다는 것을 의미한다. 또한 $H^2 = 12.61$은 1개 연구당 연구간 분산은 약 12.61에 달한다는 것을 의미한다. 즉 위의 결과는 백신의 효과가 $\gamma_{00} = -.7452$, 95% 신뢰수준 [−1.1098, −.3806]으로 존재하는 것은 틀림없지만, I^2와 H^2의 값은 백신의 효과가 연구에 따라 상당히 다르다는 것(즉, 연구간 분산이 상당히 크다는 것)을 명확하게 보여주고 있다.

그렇다면 왜 연구들마다 효과크기(ES)가 매우 다르게 나타난 것일까? 혼합효과 메타-회귀분석의 매력은 개별 연구단위의 속성이 연구간 분산을 얼마나 감소시킬 수 있는지를 테스트할 수 있다는 점이다. 앞서 이는 우리가 집단수준의 독립변수를 투입하여 랜덤효과가 얼마나 감소했는지를 오차감소비율(PRE)을 통해서 살펴보았던 것과 개념적으로 동일하다. 여기서는 다음과 같은 모형1과 모형2를 지정하였다. 앞에서 소개한 **rma()** 함수에 **mods** 옵션을 추가한 후 모형에서 추가한 변수들을 별도로 지정해 주면 된다(밑줄 그은 부분에 주목할 것).

- 모형1: 연구가 진행되었던 곳의 절대고도(absolute latitude)인 **ablat** 변수만 투입
- 모형2: **ablat** 변수와 실험자극 처치방법을 무작위 배치(0)와 비무작위 배치(1)로 나눈 이분변수 투입

표 35. 모형1, 모형2 추정을 위한 rma( ) 함수 형태

모형구분	함수 형태

모형1	`result.ma1 <- rma(ai=tpos, bi=tneg, ci=cpos, di=cneg,`
	`            data=dat.bcg,`
	`            mods=dat.bcg[, "ablat"],`
	`            measure="OR",`
	`            method="REML")`

모형2	`dat.bcg$notrandom <- ifelse(dat.bcg$alloc == "random",0,1)`
	`result.ma2 <- rma(ai=tpos, bi=tneg, ci=cpos, di=cneg,`
	`            data=dat.bcg,`
	`            mods=dat.bcg[, c("ablat","notrandom")],`
	`            measure="OR",`
	`            method="REML")`

위와 같은 방법으로 추정된 모형1과 모형2의 결과와 기본모형인 모형0(result.ma2)의 결과를 비교한 표는 아래와 같다. 다른 지수들은 별도의 설명이 필요 없지만, $R^2_{Pseudo}(\%)$의 경우는 모형0의 결과에서는 보고되지 않은 값이다. 이 값은 PRE와 개념적으로 동일하다. 즉 $R^2_{Pseudo}(\%)$는 아래의 공식과 같으며, 연구의 속성변수를 투입하였을 때 감소한 τ_{00}의 비율을 %로 표현한 지수다(Raudenbush, 2009).

$$R^2_{Pseudo} = \frac{\tau_{00_{RE}} - \tau_{00_{ME}}}{\tau_{00_{RE}}}$$

표 36. 메타회귀분석 모형추정 결과 비교

	모형0	모형1	모형2
고정효과			
절편	−.7452* [−1.1098, −.3806]	.3010 [−.1197, .7217]	.1288 [−.4785, .7361]
ablat		−.0315* [−.0438, −.0192]	−.0302* [−.0457, −.0147]
notrandom			.2293 [−.2287, .6874]
τ_{00}	.3378	.0504	.0966
Q	163.1649	25.0954	25.0624
I^2	92.07	57.39	66.53
H^2	12.61	2.35	2.99
$R^2_{\text{Pseudo}}(\%)$		85.06	71.39
모형적합도			
AIC	29.15	**21.8717**	23.0936
BIC	30.12	**23.0653**	24.3040

알림. * 95% 신뢰구간이 0을 포함하지 않음.

위의 결과에서 명확하게 드러나듯 세 모형들 중 모형1이 데이터에 가장 잘 부합하는 것을 알 수 있다. 또한 집단간 분산을 가장 잘 설명하는 상위수준 변수는 연구가 진행된 절대고도이며(모형1: γ_{01}=−.0315, 95% CI [−.0438, −.0192]), 실험처치방법이 무작위 배치인지 아니면 비무작위 배치(체계적 배치나 교대배치)인지는 실험간 효과크기의 분산을 적절하게 설명하지 못하는 것으로 나타났다(모형2: γ_{02}=.2293, 95% CI [−.2287, .6874]).

이제 모형1과 모형0을 비교해 보자. ablat 변수를 고려할 경우 Q지수의 값이 급격히 감소하며(163.1649 → 25.0954) 설명되지 않은 분산을 나타내는 I^2는 92.07에서 57.39로 줄었다. 다시 말해 ablat 변수는 "전체분산 중 약 35%의 분산"을 설명한다. 또한 ablat 변수는 "집단간 분산에만 한정할 경우 약 85%의 분산"을 설명한다(PRE의 관점에서 설명하자면 랜덤효과의 85%가 감소하였다).

이상과 같이 혼합효과 메타-회귀모형은 백신의 효과가 연구마다 다른 이유가 무엇인지를 확인하는 매우 유용한 연구방법이며, 다층모형과 매우 밀접하게 연관되어 있다.

## 04장

일반화추정방정식(GEE)

위계적 데이터를 분석할 때 다층모형과 함께 혹은 경쟁하는 분석기법으로 일반화추정 방정식(generalized estimating equation, GEE)을 언급하지 않을 수 없다(Hubbard et al., 2010). 그렇다면 다층모형과 GEE의 차이점은 무엇일까? 가장 큰 차이점은 모형추정 결과다. 앞서 설명하였듯 다층모형은 고정효과와 랜덤효과로 구분되며, 여기서 랜덤효과는 상위 수준 개체들 사이의 분산을 의미한다. 다시 말해 다층모형 분석과정에서 상위수준의 개체는 고유하게 취급된다. 구체적으로 예를 들어 보자. 시간수준과 개인수준으로 구성된 시계열 데이터의 경우 시간변화에 따른 변화패턴은 개인에 따라 다르다고 가정되었다. 예를 들어 어떤 사람은 절편이 큰 대신 기울기가 완만하고, 어떤 사람은 절편이 작은 대신 큰 기울기를 갖는다고 가정된다. 또한 고정효과는 이런 랜덤효과가 통제된 상태에서 독립변수의 변화가 종속변수 변화에 미치는 효과를 의미한다. 그러나 GEE 모형추정 과정에서 랜덤효과는 고려되지 않는다. GEE는 위계적 데이터에서 나타나는 독립변수의 고정효과에 대한 편향 없는(unbiased) 추정값을 얻는 것이 목적이다(“편향 없는 추정값”이라는 표현의 의미에 대해서는 조금 이따 소개하기로 한다). 이러한 GEE의 특징 때문에 흔히 GEE로 추정된 모수를 “모집단 평균(population average)” 추정치라고 부른다. 거칠게 요약하자면 다층모형이 상위집단 개체의 고유성을 인정한 후 모수를 추정한다면(subject specific or unit specific model), GEE는 상위집단 개체들의 고유성을 통제한 후 전반적인 모수를 추정한다(population average model).

다층모형과 GEE의 차이점을 염두에 둔다면, 어떤 경우에 어떤 모형을 사용하는 것이 보다 적합한지 추측할 수 있다. 언급한 시간수준 및 개인수준의 시계열 데이터에서, 시간에 따른 변화패턴이 개별 응답자에게서 어떻게 다르게 나타나는가를 알아보는 것이 연구목적이라면 다층모형을 사용하는 것이 보다 적합할 것이다. 반면 전반적으로 시간변화에 따른 변화패턴이 어떻게 나타나는지를 알아보는 것이 연구목적이라면 GEE를 사용하는 것이 보다 적절할 것이다.

흔히 다층모형에 비해 GEE의 장점으로 '편향 없는 추정값'이 언급된다. 모수추정값에 편향이 없다는 말은 모수에 대한 테스트 통계치 산출시 GEE에서 사용하는 표준오차(standard error, SE)가 소위 말하는 "후버 샌드위치 추정후 조정값(Huber sandwich estimator)" 혹은 "강건한(robust) SE"를 사용하기 때문이다. 언급했던 GEE에서는 개체고유의 모수(다층모형에서 말하는 랜덤효과)보다 개체들에서 일반적으로 나타나는 모수를 추정하는 것이 목적이다. 따라서 흔히 GEE를 선호하는 연구자들은 모형의 오차항 구조[앞부분의 설명에 따르면 랜덤효과의 분산/공분산 구조(τ 행렬)]를 잘못 파악하고 적용했다고 하더라도 '강건한 SE'로 인해 고정효과 부분의 모수추정치에 큰 문제가 발생하지 않는다고 주장한다. 저자도 이러한 주장의 타당성을 부정하지는 않지만, 프리드만(Freedman, 2006)의 주장처럼 오차항의 구조 부분은 모형에 대한 이론적 숙고 과정을 통해 해결해야 할 문제이지, 분석기법의 기술적 해결책으로 모든 것이 해결된다고 이야기하는 것은 적절치 않다고 생각한다. 그러나 다층모형을 사용하려는 연구자는 GEE를 선호하는 연구자들의 주장에 주목할 필요가 있다. 왜냐하면 랜덤효과의 구조를 제대로 확정 짓지 못한 다층모형은 모수추정에 문제가 발생할 가능성을 피할 수 없기 때문이다(위계적 데이터 분석시 다층모형과 GEE의 장단점이 무엇인지에 대한 최근의 논의로는 다음을 참조하라; Hubbard et al., 2010).

제3부에서 다층모형을 적용했던 위계적 데이터들을 대상으로 다층모형 추정결과와 GEE 추정결과를 비교해 보자. 구체적으로 종속변수에 대해 정규분포를 가정할 수 있는 **my2level_cluster.csv**와 이항분포를 가정하는 **my2level_dich.csv** 데이터들을 살펴보자. GEE의 경우 오차항의 구조로 분석수준 사이의 독립성 가정을 적용하였고(다시 말해 상위수준의 개체들이 서로 무관하다는 가정; corstr='independence'), 다층모형의 경우 세 데이터 모두 랜덤절편효과만을 추정하였고 랜덤기울기효과는 고려하지 않았다.

우선 **my2level_cluster.csv** 데이터의 독립변수들이 종속변수에 미치는 효과가 다층모형과 GEE에서 어떻게 다르게 나타나는지 살펴보자. GEE 분석의 경우 R의 **gee**

라이브러리를 이용하였다. 제3부에서 사용한 사전처리 과정을 거쳐 다음과 같이 다층모형을 추정한 결과는 아래와 같다. 독립변수의 효과, 즉 고정효과를 살펴보는 것이 목적이기 때문에 summary() 결과물 중 coefficients만을 살펴보았다.

```r
> #라이브러리 구동
> library('lme4')
> library('lmerTest')
> library('tidyverse')
> #정규분포인 경우
> setwd("D:/data")
> clus <- read.csv("my2level_cluster.csv",header=T)
> #데이터 사전처리
> clus <- group_by(clus,gid) %>%
+    mutate(gm.ix1=ix1-mean(ix1),gm.ix2=ix2-mean(ix2),
+           gmix1=mean(ix1),gmix2=mean(ix2),gsize=length(y))
> temp <- group_by(clus,gid) %>%
+    summarise(gx1=mean(gx1),gsize=mean(gsize),
+              gmix1=mean(gmix1),gmix2=mean(gmix2))
> temp <- mutate(temp,am.gx1=gx1-mean(gx1),
+                am.gsize=gsize-mean(gsize),
+                am.gmix1=gmix1-mean(gmix1),
+                am.gmix2=gmix2-mean(gmix2))
> temp <- select(temp,gid,am.gx1,am.gsize,am.gmix1,am.gmix2)
> clus2 <- inner_join(clus,temp,by='gid')
> # MLM 추정
> mlm.identity <- lmer(y ~ am.gx1*(gm.ix1+gm.ix2)+(1|gid),
+                      data=clus2,REML = FALSE)
> summary(mlm.identity)$coefficients
               Estimate Std. Error         df    t value      Pr(>|t|)
(Intercept)  3.62246543 0.13967495   32.98141  25.934968  0.000000e+00
am.gx1       0.10662923 0.08209491   32.97440   1.298853  2.030040e-01
gm.ix1       0.11367212 0.02170556 1284.98156   5.237005  1.905096e-07
gm.ix2       0.16091732 0.01890583 1284.98156   8.511520  0.000000e+00
am.gx1:gm.ix1 0.02044624 0.01294655 1284.98156   1.579281  1.145178e-01
am.gx1:gm.ix2 0.06421177 0.01122794 1284.98156   5.718926  1.331867e-08
```

이제 같은 데이터에 대해 GEE를 적용해 보자. **gee** 라이브러리의 **gee()** 함수의 형태는 **lm()** 함수나 **lmer()** 함수와 크게 다르지 않지만, 단 종속변수에 대해 정규분포를 가정한다고 해도 **gee()** 함수에서는 **glm()**이나 **glmer()** 함수에서와 같이 **family=gaussian(link='identity')**를 지정해 주어야 한다. **summary(gee.norm)**의 결과는 제시하지 않았으나 제시할 경우 대각요소(diagonal element)에 1이 부여되고 나머지에는 0이 부여된 오차항 구조를 확인할 수 있을 것이다(결과가 너무 길어 제시하지 않았으니 독자들이 개별적으로 확인하기 바란다). 여기서는 독립변수의 효과에 초점을 맞추고 있기 때문에 **summary(gee.norm)\$coefficients**의 결과를 살펴보기로 한다.

```
> # GEE 추정: independence 옵션
> library('gee')
> gee.norm <- gee(y ~ am.gx1*(gm.ix1+gm.ix2),id=gid,data=clus2,
+                 family=gaussian(link='identity'),
+                 corstr='independence')
Beginning Cgee S-function, @(#) geeformula.q 4.13 98/01/27
running glm to get initial regression estimate
 (Intercept)         am.gx1          gm.ix1          gm.ix2 am.gx1:gm.ix1
  3.61935163      0.10535594      0.11367212      0.16091732    0.02044624
am.gx1:gm.ix2
   0.06421177
> summary(gee.norm) #Correlation 자료가 매우 많이 나옴
                [분량이 너무 많아 제시하지 않음]
> summary(gee.norm)$coefficients
                Estimate Naive S.E.    Naive z Robust S.E.   Robust z
(Intercept)   3.61935163 0.02899365 124.832578 0.137906348  26.244996
am.gx1        0.10535594 0.01700044   6.197248 0.075168873   1.401590
gm.ix1        0.11367212 0.03299511   3.445120 0.024898609   4.565400
gm.ix2        0.16091732 0.02873917   5.599233 0.016281601   9.883385
am.gx1:gm.ix1 0.02044624 0.01968034   1.038917 0.015323800   1.334280
am.gx1:gm.ix2 0.06421177 0.01706785   3.762148 0.009767438   6.574065
```

독자들은 위의 GEE 결과 중 **Robust S.E.**와 **Robust z**라는 이름의 결과값에 주목하기 바란다. 이것이 바로 앞서 이야기했던 강건한 SE, 혹은 후버 샌드위치 추정후 조정된 표준오차이다. 반면 **Naive S.E.**와 **Naive z**라는 이름이 붙은 결과는 일반선형모형

(여기서는 OLS 분석)을 적용하였을 경우의 표준오차와 테스트 통계치의 값이다. 독자들은 이러한 방식으로 표준오차(SE)를 조정해 준 결과가 어떤지 눈으로 쉽게 확인할 수 있을 것이다. 일단 다층모형과 GEE의 추정결과를 보기 편하게 아래의 표와 같이 정리해 보자.

```
> mysummary <- cbind(summary(mlm.identity)$coefficients[,c(1,4)],
+ summary(gee.norm)$coefficients[,c(1,3)],
+ summary(gee.norm)$coefficients[,c(1,5)])
> round(mysummary,3)
              Estimate t value Estimate Naive z Estimate Robust z
(Intercept)      3.622  25.935    3.619 124.833    3.619   26.245
am.gx1           0.107   1.299    0.105   6.197    0.105    1.402
gm.ix1           0.114   5.237    0.114   3.445    0.114    4.565
gm.ix2           0.161   8.512    0.161   5.599    0.161    9.883
am.gx1:gm.ix1    0.020   1.579    0.020   1.039    0.020    1.334
am.gx1:gm.ix2    0.064   5.719    0.064   3.762    0.064    6.574
```

일단 위의 결과는 위계적 데이터에 대해 일반선형모형을 적용할 경우 제1종 오류 (type-I error)를 범할 가능성이 높다는 것을 명확하게 보여준다(Naive z 결과를 볼 것). 그러나 회귀계수는 일반선형모형이나 GEE의 결과는 동일하다(다시 말해 GEE는 표준오차를 조정하는 방식으로 테스트 통계치를 조정한다). 다음으로 다층모형 추정결과와 GEE 추정결과를 비교해 보면 패턴이 유사한 것을 확인할 수 있다. 절편과 집단수준의 독립변수인 **am.gx1**의 기울기가 조금 다를 뿐 계수값들은 거의 큰 차이가 없다(아주 미미한 차이가 있을 뿐이다). 그러나 테스트 통계치[1]는 조금 다른 것을 발견할 수 있다. 언제나 통용되는 진리라고 말하기는 어렵지만, 만약 독립변수의 효과 추정에 관심이 있다면 GEE가, 독립변수 효과와 아울러 개체의 고유한 패턴에 관심이 있다면 다층모형을 고려하는 것이 보통이다. 그러나 아주 특별한 경우가 아니라면 다층모형과 GEE의 추정결과는 크게 틀리지 않는 것이 보통이다.

다음으로 이항분포의 종속변수 형태를 갖는 위계적 데이터에 대한 다층모형 추정결과

1　*t* 통계치와 *z* 통계치를 동일하게 비교하기는 어렵지만, 두 통계치 모두 회귀계수를 표준오차로 나누어준 것이라는 점에서는 동일하다.

와 GEE를 비교해 보자. 모형추정 결과의 패턴이 앞서 살펴본 것과 비슷하지만, 이번에는 회귀계수의 값이 상당히 크게 달라진 것을 확인할 수 있을 것이다. 즉 종속변수에 정규분포를 가정하는 경우에는 회귀계수는 그대로 유지되고, 표준오차의 조정으로 테스트 통계치가 변하는 반면, 이분변수일 경우에는 회귀계수는 물론 테스트 통계치도 표준오차의 조정으로 달라진다. 이러한 현상에 대해 흔히 정규분포가 가정되는 선형모형의 경우 동등한 회귀계수 추정치라고 이야기하고(estimates equivalent), 이분변수가 종속변수인 경우에는 동등하지 않은 회귀계수 추정치라고 이야기한다(estimates not equivalent; Hubbard et al., 2010).

```
> #이항분포인 이분변수가 종속변수인 경우
> L2.dich <- read.csv("my2level_dich.csv",header=T)
> head(L2.dich)
  gid ix1 ix2 gx y
1   1   3   3  6 0
2   1   5   3  6 0
3   1   4   4  6 0
4   1   5   4  6 0
5   1   5   5  6 0
6   1   4   5  6 0
> #데이터의 사전처리
> L2.dich <- group_by(L2.dich,gid) %>%
+   mutate(gm.ix1=ix1-mean(ix1),gm.ix2=ix2-mean(ix2),
+          gmix1=mean(ix1),gmix2=mean(ix2),gsize=length(y))
> temp <- group_by(L2.dich,gid) %>%
+   summarise(gx=mean(gx),gsize=mean(gsize),
+             gmix1=mean(gmix1),gmix2=mean(gmix2))
> temp <- mutate(temp,am.gx=gx-mean(gx),
+                am.gsize=gsize-mean(gsize),
+                am.gmix1=gmix1-mean(gmix1),
+                am.gmix2=gmix2-mean(gmix2))
> temp <- select(temp,gid,am.gx,am.gsize,am.gmix1,am.gmix2)
> L2.dich <- inner_join(L2.dich,temp,by='gid')
> #MLM 추정
> mlm.logit <- glmer(y ~ am.gx*(gm.ix1+gm.ix2)+(1|gid),
```

```
+                          data=L2.dich,
+                      family=binomial(link='logit'))
> #GEE 추정
> gee.logit <- gee(y ~ am.gx*(gm.ix1+gm.ix2),id=gid,
+                  data=L2.dich,
+                  family=binomial(link='logit'),
+                  corstr='independence')
> mysummary <- cbind(summary(mlm.logit)$coefficients[,c(1,3)],
+                    summary(gee.logit)$coefficients[,c(1,3)],
+                    summary(gee.logit)$coefficients[,c(1,5)])
> round(mysummary,3)
              Estimate z value Estimate Naive z Estimate Robust z
(Intercept)    -0.644  -1.714   -0.364  -6.813   -0.364   -1.589
am.gx          -0.289  -1.553   -0.219  -8.135   -0.219   -1.877
gm.ix1          0.439   5.444    0.246   4.091    0.246    6.169
gm.ix2          0.554   7.061    0.304   5.428    0.304    5.682
am.gx:gm.ix1    0.010   0.271    0.011   0.359    0.011    0.584
am.gx:gm.ix2    0.152   4.104    0.094   3.448    0.094    3.206
```

5부

마무리

요약

　지금까지 다층모형 이해를 위한 개념들, 데이터 사전처리 방법, 다층모형의 유형과 유형별 모형추정 R 명령문과 결과해석, 그리고 다층모형과 연관된 다른 데이터 분석기법들의 관계에 대해 간략하게 살펴보았다. 제5부에서는 앞서 다룬 개념들과 다층모형 관련 기법들을 다시금 정리한 후, 다층모형 사용시 주의할 점과 논란이 되는 점들에 대해 소개하기로 한다.

　제1부에서는 다층모형의 필요성과 위계적 데이터에 OLS 회귀모형과 같은 일반선형모형(GLM)을 적용할 때 어떤 문제가 발생하는지를 살펴보았다. 일반적으로 위계적 데이터(hierarchical data)는 여러 시점에 반복측정된 측정치들이 동일한 개인에 배속되는 시계열 데이터(longitudinal data)와 여러 개체들이 동일한 집단에 배속된 군집형 데이터(clustered data)로 구분된다. 만약 이러한 하위수준에서 측정된 변수들의 관계가 상위수준 개체들에 따라 다를 경우, 일반선형모형으로 얻은 모수추정치는 편향될 가능성이 매우 높다. 제1부에서는 간단하고 직관적으로 이해될 수 있는 사례를 통해 위계적 데이터의 경우 다층모형이 왜 일반선형모형보다 더 나은 모수추정이 가능한지를 설명하였다. 이를 바탕으로 다층모형을 이해하기 위한 필수적 개념들로 "랜덤효과(random effect)란 무엇이며 고정효과(fixed effect)와 어떻게 다른지?", "집단평균 중심화변환(group-mean centering)은 무엇이며 일반선형모형에서 주로 사용되는 전체평균 중심화변환(grand-mean centering)과는 어떻게 다른지?", 그리고 "일반선형모형에서 널리 사용되는 최대우도 추정법(ML)과 다층모형 추정시 권장되는 제한적 최대우도 추정법(REML)은 어떻게 다른 것인

지?"에 대해 살펴보았다.

제2부에서는 다층모형 추정 이전의 데이터 사전처리 기법에 대해 살펴보았다. 첫째, 위계적 데이터는 측정수준이 다른 데이터가 식별번호(아이디, identification number)를 통해 합쳐진 데이터다. 서로 다른 수준의 데이터를 합치기 위한 방법으로 R 베이스의 **merge()** 함수와 타이디데이터 접근법(구체적으로 dplyr 라이브러리)의 **inner_join()** 함수 사용법을 구체적 사례와 함께 제시하였다. 둘째, 위계적 데이터 중 시계열 데이터의 경우 종속변수를 측정시기에 따라 별도의 변수로 입력해 놓은 '넓은 형태(wide format)' 데이터로 저장되는 경우가 많다. 그러나 다층모형에는 '긴 형태(long format)' 데이터가 투입되어야 한다. 데이터의 형태 변환을 위한 방법으로 R 베이스의 **reshape()** 함수와 타이디데이터 접근법의 **gather()** 함수 사용법을 제시하였다. 셋째, 다층모형에서 매우 자주 사용되는 집단평균 중심화변환 방법의 경우 타이디데이터 접근법을 사용하는 것이 매우 효율적이고 효과적이다. **group_by()** 함수와 **mutate()** 함수를 같이 이용하면 집단평균 중심화변환을 쉽게 수행할 수 있으며, 상위수준 데이터에 대해 전체평균 중심화변환을 수행할 경우 **group_by()** 함수와 **summarise()** 함수를 같이 이용하면 매우 효율적이다. 모든 데이터 분석도 마찬가지겠지만, 데이터 사전처리는 모형을 추정하기 위해 필수적인 작업이다.

제3부에서는 여러 유형의 다층모형들을 살펴보았다. 우선 하위수준의 사례들과 상위수준 사례들이 완전한 위계적 관계를 갖고 있는 완전한 위계적 데이터(completely hierarchical data)의 사례들을 설명하였다. 먼저 가장 간단한 형태의 위계적 데이터로 "시간수준-개인수준"의 2수준 시계열 데이터와 "개인수준-집단수준"의 2수준 군집형 데이터에 적용되는 2층모형을 lme4 라이브러리의 lmer() 함수를 통해 어떻게 추정할 수 있을지 소개하였다. 다음으로 측정수준이 2개에서 3개로 증가한 3층모형 추정방법을 소개하였다. 다음으로는 종속변수에 대해 정규분포 가정을 적용하지 않는 상황으로 일반다층모형을 glmer() 함수로 추정하는 방법에 대해 소개하였다. 먼저 이항분포가 가정된 종속변수인 경우 사용되는 로지스틱 다층모형을 소개하고, 다음으로 포아송 분포가 가정된 종속변수에 적용되는 포아송 다층모형을 소개하였다. 끝으로 하위수준 사례들이 두 가지 (혹은 그 이상) 상위수준 사례들과 위계적 관계를 맺고 있는 불완전한 위계적 데이터(incompletely hierarchical data)의 사례로 교차분류모형(cross-classified model)을 설명하였

다. 모든 다층모형의 분석사례들에 대해서는 (1) 예시데이터의 구조를 소개한 후 어떻게 사전처리하는지, (2) 각 수준별 방정식들은 어떻게 구성되고 통합되는지, (3) 오차항의 분산과 랜덤효과를 파악하고, (4) 상위수준의 독립변수를 투입한 후 모형비교를 통해 최종 모형을 선정한 후 결과를 해석하고, (5) 그래픽을 이용해 모형추정 결과를 제시하는 순서를 따랐다.

제4부에서는 구조방정식모형(SEM), 문항반응이론(IRT) 모형, 메타분석(meta-analysis) 기법, 일반화추정방정식(GEE) 등의 다른 통계적 기법들과 다층모형이 어떤 면에서 비슷하고 어떻게 다른지 소개하였다.

## 02장

다층모형을 둘러싼 논란

위계적 데이터의 경우 다층모형은 가장 널리 사용되는 모형 중 하나이며, 사용의 필요성에 대해 부정하는 연구자는 없을 정도다. 그러나 다른 기법들에 비해 비교적 최근에 주목을 받고 있는 기법이기 때문에 다층모형을 어떻게 쓸 것인가를 둘러싸고는 논란이 없지 않다. 저자가 인지하는 범위에서 중요한 몇 가지 논란들과 현재의 다층모형 추정결과 보고시의 문제점들을 언급하고 이에 대한 저자의 생각을 밝히자면 다음과 같다.

첫째, 모형추정시 제한적 최대우도법(REML)을 사용할 것인가, 최대우도법(ML)을 사용할 것인가? 제1부에서 설명했지만, 다층모형 연구자들 대부분은 위계적 데이터의 경우 REML이 ML보다 더 나은 모형추정법이라는 데 동의하고 있다. 그러나 이러한 합의에도 불구하고 다음과 같은 논란들은 여전히 존재한다. 우선 저자와 같이 데이터 분석을 응용하는 입장에서는 로지스틱 다층모형이나 포아송 다층모형 추정시 REML을 사용할 수 없는 상황이다(왜냐하면 glmer() 함수나 저자가 경험해본 다른 상업용 프로그램들의 경우 ML만이 가능하다). 물론 일반화다층모형에서 REML의 적용가능성을 제안하는 논문들이 속속 제안되고 있음에도(Lee & Lee, 2012; Noh & Lee, 2007), 일반 연구자는 현실적 제약으로 인해 REML을 사용할 수 없다. 다시 말해 종속변수의 분포에 따라 모형 추정법을 다르게 적용할 수밖에 없는 상황이다. REML과 관련된 두 번째 이슈는 통계적 유의도 테스트 가능성이다. 물론 통계적 유의도 테스트가 과용되고 있다는 지적에 대해 저자도 통감하지만, 논문에서 연구가설을 테스트해야 하는 일반 연구자에게 우도비 테스트(log-likelihood ratio, LR, test)와 같은 통계적 유의도 테스트가 불가능한 REML의 경우 매력이 적을 수밖에 없다. 실제로 다층모형을 소개하는 책들은 상위수준 사례수가 많을 경우 REML 대신 ML을 사용해도 무방하다는 조언(?)을 제시하고 있다(Finch, Bolin, & Kelley, 2014; Snijders & Bsoker, 1999).[1] 이런 조언(?)을 바탕으로 고정효과 및 랜덤효과 추정 결과를 제시할 때는 ML보다 이론적으로 우수한 REML을, 로그우도 테스트를 이용해 모형 적합도 테스트를 실시할 경우에는 REML이 아닌 ML을 이용하는 연구들도 존재하는 상황이다. 또한 위계적 데이터에 대한 다층모형 추정결과와 다른 분석모형(이를테면 SEM)의 추정결과를 비교할 경우 REML을 적용하는 것이 불가능하기 때문에, 일관성의 관점에서 ML을 사용하기도 한다[일례로 구조방정식모형 관점에서 SEM과 다층모형을 비교한 것으로 백영민(2017b)을 참조]. 즉 REML과 ML의 차이를 통계이론적 관점에서 볼 것인지, 아니면 현실 데이터에 이용하는 응용적 관점에서 볼 것인지에 따라 그 선호가 달라질 수 있다. REML을 사용할 것인가, 아니면 ML을 사용할 것인가에 대해서는 불행하게도 분명한 가이드라인이나 합의가 없으며, 따라서 분석기법을 배우고 응용하는 이용자는 어떤 추정법을 사용해야 할지 모호하게 느낄 수밖에 없다(이는 저자 역시도 마찬가지다).

둘째, 동일한 데이터에 대해 동일한 다층모형을 추정해도 통계처리 프로그램에 따라 모수추정값이 조금씩 다르다. 예를 들어 R의 `lme4` 라이브러리의 `lmer()` 함수로 추정한 결과는 다른 경쟁 프로그램(SAS의 PROC MIXED, STATA의 xtmixed, SPSS의 MIXED, HLM, Supermix 등)을 이용해 추정된 결과와 (상당히 유사하지만) 완전히 동일하지 않다. 일반적으로 고정효과의 경우 어떤 통계처리 프로그램을 사용해도 거의 유사하지만, 랜덤효과의 경우 다층모형 프로그램에 따라 그 추정결과가 조금씩 (상황에 따라 두드러질 정도로) 다르다. 적어도 저자가 알고 있는 한 다층모형 추정 프로그램에 따라 모형추정 결과가 현격하게 다른 경우는 없는 것으로 알고 있다. 그러나 동일한 데이터에 동일한 모형을 적용했는데 다른 랜덤효과가 나온다는 사실은 이용자 측면에서 그다지 반가운 사실이 아니다. 왜냐하면 GEE와 다층모형을 비교하는 부분에서 언급하였듯, 다층모형은 상위수준의 개별사례별 고유한 효과패턴을 추정할 수 있다는 점이 강점인데, 어떤 분석 프로

---

1 사회과학자들이 많이 사용하는 STATA 프로그램의 매뉴얼에서는 저자가 보았을 때 다소 충격적인 결론을 내리기도 한다(StataCorp, 2013, p. 299). 원문과 이에 대한 번역은 다음과 같다: "결국, 어떤 추정법을 사용하는가의 문제는 여러분의 필요와 개인적 취향에 달려 있습니다(In the end, which method to use should be based both on your needs and on personal taste)"

그램을 사용하는가에 따라 이 '고유한 효과패턴', 즉 '랜덤효과'가 조금씩 (혹은 어떤 맥락에서는 크게) 달라질 수 있기 때문이다. 데이터와 다층모형이 동일할 때 추정된 고정효과와 랜덤효과가 어떻게 다른지에 대한 구체적인 비교사례를 제시한 연구로는 올브라이트와 마리노바(Albright & Marinova, 2010)를 참고하기 바란다.

셋째, 본서에서 제시한 모형구성과정 절차와 다층모형의 추정과정이 완전하게 일치하지 않는다. 본서에서는 먼저 종속변수와 하위수준의 독립변수의 관계와 이에 따른 랜덤효과의 구조(랜덤절편효과, 랜덤기울기효과, 그리고 공분산)를 확정 지은 후, 상위수준의 독립변수를 추가로 투입하였을 때 감소하는 랜덤효과의 크기가 얼마인지 살펴보았다[오차감소비율(PRE)을 떠올리기 바란다]. 그러나 이와 같은 저자의 모형구성 절차에 대해 동의하지 않는 연구자도 없지는 않을 것이다. 왜냐하면 다층모형은 우선 고정효과로 인한 분산을 먼저 추정한 후, 랜덤효과로 인한 분산을 추정하기 때문이다. 이 문제로 인해 상위수준의 독립변수를 투입해도 상위수준의 랜덤절편효과나 랜덤기울기효과가 감소하지 않고 심지어 증가하는 현상이 발생하기도 한다(제3부에서 제시한 모형들의 랜덤효과항들을 자세히 비교해 보기 바란다). 다시 말해 모형구성과정에서는 상위수준의 랜덤효과를 설명되지 않은(unexplained) 집단수준의 개체 사이의 분산으로 정의한 후 상위수준의 독립변수가 투입되어 어느 정도의 분산이 설명되는지(explained) 살펴본다고 가정하였지만, 실제 모형추정과정에서 이 가정이 부합된다는 경험적 증거자료를 얻었다고 확신하기 어렵다. 저자의 경우 사회과학적 관점에서 설명되지 않은 분산인 랜덤효과가 고정효과로 얼마나 설명되었는가를 가정하는 것이 타당하다는 가정에 기반하여 모형을 추정하였다.

넷째, 최적의 모형이 수렴(convergence)되지 않는 경우가 종종 발생한다. 모형수렴에 실패하는 원인은 크게 '데이터의 문제'와 '기술적 문제' 두 가지로 나눌 수 있다. 우선 대표적인 데이터의 문제로 랜덤효과 모수가 매우 0에 가까운 값(구체적으로는 10^{-6})이 나올 경우를 들 수 있다[흔히 특이성(singularity)라고 부르는 상황이다]. 즉 연구자가 추정하고 싶은 랜덤효과가 데이터에서는 추정될 수 없는 상황이며, 이 경우 랜덤효과를 0으로 고정한 후(다시 말해 해당 랜덤효과항을 추정하지 않으면) 모형수렴 문제는 쉽게 해결된다. 사실 모형수렴에서 논란이 되는 문제는 기술적 문제다. 기술적 문제를 해결하는 방법들에는 반복계산(iteration)의 횟수를 늘리거나 모형수렴 기준(tolerance)을 완화시키는 방법, 그리고 모형추정 알고리즘을 바꾸는 방법 등이 언급된다. 우선 모형수렴 기준을 완화시키는 것은 가능하면 시도하지 않는 것이 낫다(만약 모형수렴 기준을 .001보다 완화시킬 경우 어떤 기준을 사용했는지 밝힐 것을 권한다). 저자의 경험에 따르면 반복계산을 늘려서 문제가 해결되는 경우는 없었다(물론 그때그때 데이터에 따라 문제가 해결될 수도 혹은 해결되지 못할 수도 있다). 기술적 문제로 인해 모형수렴이 실패했을 경우, 흔히 사용되는 방법이 모형추정 옵티마이저를 바꾸어 보는 것이다. 실제로 본서의 경우 제3장에서 종속변수가 이항분포를 따르는 이분변수일 때, 모형수렴 알고리즘을 `Nelder_Mead` 옵션으로 바꾸는 방법을 제시한 바 있다. 현재 R의 `lme4` 라이브러리에서는 **bobyqa** 옵션을 모형추정의 디폴트 옵티마이저로 채택하고 있으며, 만약 이 옵션이 작동하지 않는 경우에 대안적으로 `Nelder_Mead` 옵션을 제시하고 있다. 그렇다면 모형추정 옵티마이저 변화가 고정효과와 랜덤효과 같은 모수추정 결과에 영향을 미치지 않는 것일까? 두 가지 가능성을 제시할 수 있다. 우선 모형추정에 실패한 옵티마이저로 얻은 모형추정 결과와 모형추정에 성공한 옵티마이저로 얻은 모형추정 결과(모형적합도, 고정효과, 랜덤효과)가 거의 다르지 않은 경우에는 큰 문제가 없지만, 옵션변화로 모형추정 결과가 다를 경우에는 수렴에 성공한 옵티마이저로 얻은 모형추정 결과를 조심스럽게 혹은 제한적으로 받아들일 필요성이 제기되고 있다(Nash, 2014; Nash & Varadhan, 2011).[2]

다섯째, 적어도 저자가 보았을 때, 추정된 모수의 효과크기(effect size) 측정치에 대해서는 아직 충분한 관심이 부족한 편이다. 다층모형 추정결과를 제시한 대부분의 논문들은 모형적합도와 고정효과 및 랜덤효과 추정결과를 보고하는 데 집중하고 있으며, 효과크기에 대해서는 별 관심이 없는 상황이다. 그러나 대부분의 사회과학 분과에서 실험설계 결과보고시 부분 η^2이나 부분 ω^2을 반드시 보고하도록 요구한다는 점, 그리고 메타분석을 실시할 경우 효과크기 측정치를 사용한다는 점에서 다층모형에서도 효과크기에 대한 필요성과 수요가 대두될 것으로 생각한다. 먼저 랜덤효과항의 경우 급내상관계수(ICC)나 오차감소비율(PRE)은 일반선형모형에서의 R^2과 마찬가지로 0~1의 값을 갖기 때문에 상대적으로 쉽게 표준화된 해석이 가능하다. 다음으로 고정효과의 경우 효과크기를 구하는 방법은 아직 보편화되어 있지 않은 듯하다. 독립변수가 명목형 변수인 경우

---

2 이 문제를 구체적인 사례와 함께 제시한 온라인 자료로는 다음을 참조하기 바란다.
　　https://rstudio-pubs-static.s3.amazonaws.com/33653_57fc7b8e5d484c909b615d8633c01d51.html

는 코헨의 d를 응용한 계산 방법이 알려져 있다(예를 들어 Hedges, 2007 참조). 만약 독립변수가 연속형 변수인 경우에는 코헨의 f^2를 사용할 수 있다(이에 대해서는 Selya, Rose, Dierker, Hedeker, & Mermelstein, 2012 참조).

끝으로, 다층모형의 통계적 검증력(statistical power)을 측정하고 이를 기반으로 표본의 크기(sample size)를 추정하는 영역은 아직 적극적으로 탐구되지 못하고 있다. 효과크기 측정치와 마찬가지로 이 부분 역시 몇몇 연구자에 의해 최근에서야 시도되고 있는 영역이다. 우선 R 이용자의 경우 시뮬레이션에 기반하여 통계적 검증력을 측정하는 `sim.glmm` 라이브러리를 사용할 수 있다(Johnson, Barry, Ferguson, & Müller, 2015). 저자의 능력 부족일 수 있지만, 저자 경험상 `sim.glmm` 라이브러리는 이용자가 쉽게 이용할 수 있는 라이브러리는 아닌 듯하다. `sim.glmm` 라이브러리가 버겁게 느껴지는 독자라면, http://glimmpse.samplesizeshop.org/#/ 사이트를 고려해 보기 바란다(Kreidler et al., 2013).

지금까지 다층모형이 무엇이며, R을 이용하여 다층모형을 추정하는 일련의 과정(데이터 사전처리, 모형추정, 결과의 해석 및 제시)을 간략하게 살펴보았다. 다층모형은 위계적 데이터를 분석할 때 각 측정수준별 효과를 보다 정확하게 추정할 수 있는 유용한 분석기법이다. R을 통해 위계적 데이터를 체계적이고 효율적으로 분석하는 데 본서가 기여하였길 바란다.

참고문헌

백영민 (2017a). 『R를 이용한 텍스트 마이닝』. 파주: 한울.

백영민 (2017b). 『R를 이용한 사회과학데이터 분석: 구조방정식모형 분석』. 서울: 커뮤니케이션북스.

백영민 (2016). 『R를 이용한 사회과학데이터 분석: 응용편』. 서울: 커뮤니케이션북스.

백영민 (2015). 『R를 이용한 사회과학데이터 분석: 기초편』. 서울: 커뮤니케이션북스.

Albright, J. J. & Marinova, D. M. (2010). *Estimating multilevel models using SPSS, Stata, SAS, and R.* available at: www.indiana.edu/~statmath/stat/all/hlm/hlm.pdf

De Boeck, P., Bakker, M., Zwitser, R., Nivard, M., Hofman, A., Tuerlinckx, F., & Partchev, I. (2011). The estimation of item response models with the lmer function from the lme4 package in R. *Journal of Statistical Software, 39*(12), 1–28.

Embretson, S. E., Reise, S. P. (2000). *Item response theory for psychologists.* Mahwah, NJ: Lawrence Earlbaum.

Finch, W. H., Bolin, J. E., & Kelley, K. (2014). *Multilevel modeling using R.* Boca Raton, FL: CRC Press.

Fox, J. P. (2007). Multilevel IRT modeling in practice with the package mlirt. *Journal of Statistical Software, 20*(5), 1–16.

Freedman, D. A. (2006). On the so-called "Huber sandwich estimator" and "robust standard errors". *The American Statistician, 60*(4), 299–302.

Heck, R. H., & Thomas, S. L. (2015). *An introduction to multilevel modeling techniques: MLM and SEM approaches using Mplus.* Routledge.

Hedges, L. V. (2007). Effect sizes in cluster-randomized designs. *Journal of Educational and Behavioral Statistics, 32*(4), 341–370.

Higgins, J. P., Thompson, S. G., Deeks, J. J., & Altman, D. G. (2003). Measuring inconsistency in meta-analyses. *BMJ: British Medical Journal, 327*(7414), 557–560.

Higgins, J. P. T., & Thompson, S. G. (2002). Quantifying heterogeneity in a meta-analysis. *Statistics in Medicine, 21*, 1539–1558

Hox, J. J., Moerbeek, M., & van de Schoot, R. (2010). *Multilevel analysis: Techniques and applications*. Routledge.

Hubbard, A. E., Ahern, J., Fleischer, N. L., Van der Laan, M., Satariano, S. A., Jewell, N. Bruckner, T., & Satariano W. A. (2010). To GEE or Not to GEE: Comparing Population Average and Mixed Models for Estimatingthe Associations Between Neighborhood Risk Factors and Health. *Epidemiology, 21*(4), 467–474.

Hunter, J. E., & Schmidt, F. L. (2004). *Methods of meta-analysis: Correcting error and bias in research findings (2nd ed.)*. Thousand Oaks, CA: Sage.

Johnson, P. C., Barry, S. J., Ferguson, H. M., & Müller, P. (2015). Power analysis for generalized linear mixed models in ecology and evolution. *Methods in Ecology and Evolution, 6*(2), 133–142.

Knapp, G., & Hartung, J. (2003). Improved tests for a random effects meta-regression with a single covariate. *Statistics in Medicine, 22*, 2693 – 2710.

Kreidler, S. M., Muller, K. E., Grunwald, G. K., Ringham, B. M., Coker-Dukowitz, Z. T., Sakhadeo, U. R., ... & Glueck, D. H. (2013). GLIMMPSE: Online power computation for linear models with and without a baseline covariate. *Journal of statistical software, 54*(10).

Laird, N. M., & Ware, J. H. (1982). Random-effects models for longitudinal data. *Biometrics, 38*(4), 963–974.

Lee, W., & Lee, Y. (2012). Modifications of REML algorithm for HGLMs. *Statistics and Computing, 22*(4), 959–966.

Long, J. S. (1997). *Regression models for categorical and limited dependent variables*. Thousand Oaks, CA: Sage.

Mair, P. & Hatzinger, R. (2007). Extended Rasch modeling: The eRm package for the application of IRT models in R. *Journal of Statistical Software, 20*(9), 1–20.

McCoach, D. B. (2010). Hierarchical linear modeling. In Hancock, G. R., & Mueller, R. O. (Eds.). *The reviewer's guide to quantitative methods in the social sciences (pp. 123-140).* New York: Routledge.

Muthen, L. K. & Muthen, B. O. (2010). *Mplus User's Guide (6th ed.).* Los Angeles, CA: Muthen & Muthen

Nash, J. C. (2014). On best practice optimization methods in R. *Journal of Statistical Software,* 60(2), 1−14.

Nash, J. C., & Varadhan, R. (2011). Unifying optimization algorithms to aid software system users: optimx for R. *Journal of Statistical Software, 43*(9), 1−14.

Noh, M., & Lee, Y. (2007). REML estimation for binary data in GLMMs. *Journal of Multivariate Analysis, 98*(5), 896−915.

Petty, R. E., & Cacioppo, J. T. (1986). Message elaboration versus peripheral cues. In Petty, R. E., & Cacioppo, J. T. (Eds.). *Communication and Persuasion (pp. 141-172).* New York: Springer.

Preacher, K. J., Zhang, Z., & Zyphur, M. J. (2011). Alternative methods for assessing mediation in multilevel data: The advantages of multilevel SEM. *Structural Equation Modeling, 18*(2), 161−182.

Preacher, K. J., Zyphur, M. J., & Zhang, Z. (2010). A general multilevel SEM framework for assessing multilevel mediation. *Psychological methods, 15*(3), 209−233.

Raudenbush, S. W. (2009). Analyzing effect sizes: Random effects models. In H. Cooper, L. V. Hedges, & J. C. Valentine (Eds.), *The handbook of research synthesis and meta-analysis (2nd ed., pp. 295–315).* New York: Russell Sage Foundation.

Raudenbush, S. W., & Bryk, A. S. (2002). *Hierarchical linear models: Applications and data analysis methods.* Thousands Oak, CA: Sage.

Selya, A. S., Rose, J. S., Dierker, L. C., Hedeker, D., & Mermelstein, R. J. (2012). A practical guide to calculating Cohen's f^2, a measure of local effect size, from PROC MIXED. *Frontiers in Psychology, 3.* 1−6

Snijders, T. A. B., & Bosker, R. J. (2012). *Multilevel analysis: An introduction to basic and advanced multilevel modeling*. Los Angeles, CA: Sage.

StataCorp (2013). *STATA multilevel mixed-effects reference manual (Release 13)*. College Station, TX: STATA Press Publication.

Viechtbauer W. (2005). Bias and Efficiency of Meta-Analytic Variance Estimators in the Random-Effects Model. *Journal of Educational and Behavioral Statistics, 30*(3), 261-293.

Viechtbauer, W. (2010). Conducting meta-analyses in R with the `metafor` package. *Journal of Statistical Software, 36*(3), 1-48.

Viechtbauer, W., López-López, J. A., Sánchez-Meca, J., & Marín-Martínez, F. (2015). A comparison of procedures to test for moderators in mixed-effects meta-regression models. *Psychological Methods, 20*, 360-374.

찾아보기

번호
1-모수 로지스틱 모형 244
1종 오류 87, 131, 271
2-모수 로지스틱 모형 244
2종 오류 18
3-모수 로지스틱 모형 244

A
ANOVA with repeated measures 59
attrition 22

B
baseline model 80
between-subject variance 13

C
clustered data 13, 21, 52, 105, 277
common variance 11, 17
completely hierarchical data 218, 219, 278
contrast coding 73, 204
cross-classified model 70, 218, 219, 278

D
data reshaping 25
deviance 179~181, 193, 196, 208, 210, 249, 251, 252, 263
dummy coding 73

F
fixed effect 20, 21, 27, 80, 277

G
GLM 4, 13, 17, 175, 177, 178, 181, 192, 277, 286, 287
grand-mean centering 21, 41, 131, 277
group-mean centering 19, 21, 41, 131, 277
growth curve model 14, 59, 241

H
hierarchical data 3, 10, 13, 18, 52, 218, 219, 277, 278

I

identity function   175

incompletely hierarchical data   219, 278

independence assumption   13

L

link function   174

logistic multi-level model   174

longitudinal data   13, 21, 52, 70, 140, 277, 286

M

meta-analysis   7, 240, 257, 279, 286, 287

mixed model   14, 84, 86, 87, 89, 95, 118, 120, 122, 123, 126, 157, 164, 175, 193, 208, 209, 229, 249, 251, 252, 286

multicollinearity   30

multi-level model   13, 174, 175

multistage cluster sampling   15

O

one-parameter logistic (1PL) model   244

P

Poisson distribution   70, 174

Poisson multi-level model   174

population average   100, 258, 267

R

random effect   14, 20, 21, 27, 258, 277, 286

random effect model   14

random intercept effect   28, 79, 80, 116, 152, 189, 207, 220

random intercept model   19

random slope effect   28, 82, 116

S

statistical power   19, 284

subject specific   99

T

tidy data   25, 56

type II error   18

W

within-subject variance   13

가

개체간 분산　13

개체고유　99, 102, 103, 105, 133, 171, 172, 201, 203, 214, 215, 268

개체내 분산　13

검증력　18, 19, 20, 284

고정효과　6, 19, 20, 21, 27, 29, 42, 48, 49, 79, 80, 82, 84~91, 93, 96, 97, 100, 105, 115, 122~125, 129, 130, 131, 156, 158, 159, 161~163, 167, 168, 173, 192, 195, 196, 198~200, 209, 211, 212, 216, 224, 226, 230, 231, 233, 251~253, 258, 266~269, 277, 281~283

공유분산　11, 12, 13, 17

교차분류모형　7, 70, 218~222, 224, 226, 229, 230, 232, 234, 237, 238, 278

구조방정식모형　25, 47, 59, 241, 281

군집형 데이터　6, 7, 13, 21~23, 26, 27, 41, 52, 53, 55, 62, 70, 71, 105, 106, 111, 125, 126, 137, 139, 140, 141, 143, 145, 149, 152, 156, 160, 162, 183, 218, 241, 242, 257, 277, 278

급내상관계수　29, 80, 85, 99, 105, 115, 151, 157, 193, 226, 230, 258, 283

기본모형　80, 83, 84, 115, 118, 151, 157, 189, 192, 193, 207, 208, 224, 228, 229, 248, 249, 251, 252, 254, 261, 265

긴 형태 데이터　25, 26, 59, 60, 74, 144

나

난이도 모수　244, 256

넓은 형태 데이터　25, 59, 60, 73, 74, 144, 169

다

다단계 군집표집　15, 22

다중공선성　30, 41, 42, 87

다층모형　10, 11, 13~15, 19, 20~22, 25~29, 41, 42, 46~49, 51, 52, 55, 57, 59~64, 67, 69~74, 79, 80, 83, 84, 87~89, 91, 92, 99, 100, 103, 105, 106, 115, 117, 118, 121, 124~126, 128, 129, 131~134, 137~141, 143, 145, 149, 151, 156, 161, 162, 165, 167~169, 173~175, 182, 188, 189, 192, 193, 198, 199, 203, 206~209, 212~222, 224, 233, 237~~241, 243, 244, 246, 253, 258, 259, 261~263, 266~269, 271, 272, 277~284

더미코딩　73

데이터 재배치　25

독립성 가정　13, 17, 268

동일함수　175

라

랜덤기울기효과　82, 86, 116, 120~123, 125, 126, 131, 132, 138, 153, 154, 156, 158, 162, 168, 190, 195, 199, 207, 213, 219, 226, 227, 231, 241, 268, 282

랜덤절편 모형　19

랜덤절편효과　28, 79, 80, 82, 85, 86, 116, 120, 125, 126, 132, 138, 152~154, 156, 157, 163, 168, 189, 190, 207, 213, 219, 220, 225~227, 229~231, 234, 241, 252, 268, 282

랜덤효과   14, 19~21, 27~29, 41, 42, 48, 49, 77, 79, 80~84, 86~ 93, 96~105, 115, 116,
          118~129, 131, 133, 135, 136, 138, 151, 152, 154, 156, 158~168, 170~173, 188,
          189, 192,~196, 198~201, 206, 211, 212, 216, 220, 224~226, 228~231, 233, 234,
          238, 241, 242, 248~254, 256, 258, 262~264, 266~268, 277, 279, 281~283
랜덤효과 모형   14
로지스틱 다층모형   70, 174, 182, 192, 193, 203, 206~209, 213, 215~217, 278, 280

마
메타분석   240, 257, 258, 259, 261, 262, 264, 279, 283
모집단 평균   99, 101, 103, 105, 133, 171, 172, 201, 215, 267
무작위추정 모수   245
문항반응이론   7, 240, 244, 279

바
반복측정 분산분석   59
부분점수모형   244
분산팽창지수   30
불완전한 위계적 데이터   219, 220, 237, 278
비교코딩   73, 74, 93, 96, 142, 143, 204, 222

사
승산비   180, 199, 261, 262
시계열 데이터   13, 14, 21~27, 29, 41, 52, 59, 61, 62, 67, 70~72, 85, 93, 104, 105, 111,
          115, 118, 121, 126, 133, 137, 139~141, 143, 145, 149, 152, 156, 159, 162, 170,
          204, 207, 218, 241, 267, 268, 277, 278

아
연결함수   174, 175, 188
오차감소비율   29, 98, 105, 129, 132, 168, 213, 234, 253, 258, 264, 282, 283
완전한 위계적 데이터   219, 220, 222, 234, 237, 238, 278
위계적 데이터   10, 13, 15, 17, 18~22, 26, 29, 46, 48, 49, 52, 59, 63, 67, 70, 80, 85, 104,
          105, 115, 139, 140, 169, 173, 182, 206, 216, 218~220, 222, 234, 237, 238, 240,
          247, 267, 268, 271, 277, 278, 280, 281, 284
위계적 선형모형   14
응답등급모형   244
이탈도   179
이항분포   70, 174, 176~179, 182, 203, 215, 268, 271, 272, 278, 283
일반선형모형   4,13, 15, 17, 19, 21, 22, 27~29, 41, 42, 47, 84, 89, 100, 174, 175, 188, 192,
          208, 217, 240, 241, 270, 271, 277, 283
일반최소자승 회귀모형   4
일반화추정방정식   240, 267, 279

자
전체평균 중심화변환   21, 29, 41~46, 106~108, 113, 128, 131, 133, 143, 182, 184, 185, 222,
          251, 277, 278

제한적 최대우도 추정법 22, 47, 277
집단평균 중심화변환 19, 21, 29, 41~46, 52, 57, 62~65, 74, 81, 108, 112, 131, 133, 135, 136,
        142, 144, 151, 153, 160, 182, 184, 201, 202, 205, 222, 277, 278

차
최대우도 추정법 22, 47, 262, 277

타
타이디데이터 25, 56~58, 60~65, 67, 74, 143, 278
통계적 검증력 19, 20, 284
티블 데이터 58

파
판별력 모수 245
포아송 다층모형 70, 174, 182, 203, 206, 207, 209, 212, 213, 215, 278, 280
포아송 분포 70, 174, 177, 178, 181, 182, 188, 208, 214, 215
표본손실 22

하
혼합모형 14, 49, 175, 241
효과크기 29, 261, 262, 264, 266, 283, 284

함수 찾아보기

car 라이브러리
   vif() 35, 36, 37

eRM 라이브러리
   RM() 254

gee 라이브러리
   gee() 270

lme4 라이브러리
   glmer()   47, 192, 194, 195, 197, 198,
       206, 208, 211, 212, 216, 217, 219,
       220, 242, 246, 248, 256, 270, 278,
       280
   lmer()   47, 83, 84, 93, 96, 105, 118,
       125, 126, 129, 131, 156, 158~161,
       164~166, 168, 192, 194, 195, 197,
       198, 206, 208, 211, 212, 216, 217,
       219, 220, 229~233, 242, 246, 248,
       256, 270, 278, 280, 281
   VarCorr() 87, 119

metafor 라이브러리
   rma() 259, 261, 262, 264

ordinal 라이브러리
   clmm() 216, 217, 246

R base
   aggregate() 57, 64
   AIC() 91, 126
   BIC() 91, 126
   glm() 84, 175~179, 182, 192, 270
   lm() 84, 175~179, 182, 192, 270
   merge() 53, 55, 56, 62, 278
   plot() 16, 31, 45
   reshape()   25, 59~61, 74, 143, 144,
       204, 278

stringr 라이브러리
   str_replace() 60

tidyverse 라이브러리
   arrange() 57, 64, 65
   filter() 57, 64
   gather() 59~61, 134, 143, 278
   ggplot() 72, 75, 76, 100, 102~104, 109,
       110, 134~136, 146, 147, 171, 172,
       201, 202, 214, 215, 235, 236, 237
   group_by() 57, 63, 64, 74, 77, 112, 134,
       135, 142~144, 149, 170, 184, 205,
       234, 235, 278
   inner_join() 53, 56, 143, 185, 278
   mutate() 57, 63, 65, 107, 112, 142, 144,
       184, 185, 205, 278
   select() 57, 64, 108
   spread() 25, 60, 254
   summarise()   57, 63, 66, 74, 77, 134,
       143, 149, 184, 234, 235, 278
   ungroup() 63, 77